NEW INDUSTRIAL URBANISM

DESIGNING PLACES FOR PRODUCTION

新工业城市主义：为生产而设计

[以] 塔利·哈图卡（Tali Hatuka）

[美] 埃兰·本－约瑟夫（Eran Ben-Joseph） 著

王安琪　陈前虎　潘　蓉　译

中国建筑工业出版社

审图号：GS京（2025）1634号

著作权合同登记图字：01-2025-0506号

图书在版编目（CIP）数据

新工业城市主义：为生产而设计 /（以）塔利·哈
图卡（Tali Hatuka），（美）埃兰·本－约瑟夫
（Eran Ben-Joseph）著；王安琪，陈前虎，潘蓉译.
北京：中国建筑工业出版社，2025.10. -- ISBN 978-7-
112-31287-0

Ⅰ. TU984

中国国家版本馆CIP数据核字第2025NX4702号

责任编辑：刘　静　孙书妍

责任校对：李欣慰

新工业城市主义：为生产而设计
NEW INDUSTRIAL URBANISM
DESIGNING PLACES FOR PRODUCTION

[以]塔利·哈图卡（Tali Hatuka）　　　　　　　著
[美]埃兰·本－约瑟夫（Eran Ben-Joseph）

王安琪　陈前虎　潘　蓉　译

*

中国建筑工业出版社出版、发行（北京海淀三里河路9号）

各地新华书店、建筑书店经销

华之逸品书装设计制版

建工社（河北）印刷有限公司印刷

*

开本：787毫米×1092毫米　1/16　印张：16½　字数：260千字

2025年8月第一版　　2025年8月第一次印刷

定价：**168.00**元

ISBN 978-7-112-31287-0

（45276）

译者序
重塑生产与城市的共生纽带

自工业革命以来,从"生产主义"主导到"消费主义"崛起,再到"新质生产力"的范式跃升,生产与城市的关系历经深刻演变。当前,全球产业链重组、科创浪潮奔涌与可持续发展共识深化,共同推动制造业发展范式从规模扩张转向生态营造。《新工业城市主义:为生产而设计》一书直面第四次工业革命浪潮,提出将生产活动重新引入并深度嵌入城市肌理的革新理念,有力挑战了传统"产城分离"的规划范式,系统构建了制造业与城市空间融合共生的新理论框架与实践路径。

当前我国正处于创新驱动转型的关键时期,城市的生产功能正经历从传统低端制造向"研发-转化-应用"全链条创新的深刻转型。2025年中央城市工作会议更是明确提出将"城市作为新质生产力阵地"的战略定位。地方实践中,深圳南山区"机器人谷"、杭州中心城区"科创独角兽生态"等积极探索,生动印证了产城融合新范式的巨大潜力与积极效应。然而,挑战依然严峻:诸多城市仍面临工业空间衰败、生产性用地被消费性用地简单置换、创新生态系统割裂、产城融合机制不畅等问题。该书的翻译和出版,旨在引入全球前沿理念与实践经验,以国际化视野重新审视产城关系的演变逻辑,为中国城市空间结构优化与高质量发展提供坚实的理论支撑与宝贵的实践镜鉴。

该书由以色列特拉维夫大学塔利·哈图卡教授与美国麻省理工学院埃兰·本-约瑟夫教授联袂撰写。两位权威学者以"人、场所、生产"三要素的协同重构为核心主线,系统构建了新工业城市主义的整体行动框架。全书逻辑严密,共分三大部分:

第1部分，历史脉络与范式转型，追溯工业空间建筑形态的百年流变（第1章），揭示产城关系演进的四个历史阶段特征（第2章），并最终提出"新工业城市主义"的发展战略与核心主张（第3章）；第2部分，空间策略与场所营造，聚焦三类核心空间干预策略——新兴产业集群培育（第4章）、工业区重建（第5章）及复合功能区营造（第6章），并总结提炼生产性空间重塑的关键设计策略（第7章）；第3部分，治理路径与未来展望，关注三条核心治理路径——区域尺度的政府—业界—学界"三螺旋模型"（第8章）、城市尺度的混合用地制度创新（第9章）及建筑尺度的灵活适应性设计（"共时型建筑"概念的提出）（第10章），最终系统阐释新工业城市主义的关键规划概念并展望其未来发展前景（第11章）。

该书理论联系实际，基于对荷兰、瑞典、中国、美国、新加坡、德国、西班牙、哥伦比亚、比利时、加拿大、英国等国家的典型案例剖析，深刻揭示了新工业城市主义发展的全球图景与共通经验，为中国城市破解产城融合难题提供了极具价值的启示。诚如作者所言："制造业和新工业城市主义的未来就是我们城市的未来。"放眼国内，与低效工业用地、空置商业楼宇形成鲜明对比的是，上海西岸智慧谷、深圳全至科技创新园等实践，正通过贯彻三生（生产、生活、生态）融合、推动用地功能混合、倡导建筑功能复合等先进规划理念，展现出蓬勃的城市活力。而在杭州拱墅区武林广场旁的汇金国际和滨江区峰达创意园，诞生了深度求索（DeepSeek）、宇树科技等全球知名新兴科技企业。当生产与城市真正实现深度共生，生产力成为城市活力与韧性之源，高质量发展方能真正镌刻在城市的空间基因之中。

该书的翻译工作由浙江工业大学城乡规划专业师生共同完成。其中，研究生王承泽、朱琳、何诗佳、罗崴、夏舒骏、徐玉（按姓氏笔画排序）承担了初译和校对工作，过程中得到了杭州市规划设计研究院副院长潘蓉教授级高工的点评和指导，全书由王安琪、陈前虎老师进行统校和统稿。囿于译者学识与翻译水平，书中难免存在疏漏或表述未尽妥帖之处，恳请广大读者不吝批评指正。期待本书的出版，能够激发城市研究领域的学者、规划师、政策制定者乃至社会公众的深入思考与思想碰撞，共同推动中国城市向更创新、更包容、更可持续的未来迈进。

译者

2025年7月

前　言

我们拥有技术、资源和创新的能力去塑造无数可能的未来。正如今天的大多数工作在一个世纪前尚未被创造出来一样，21世纪的许多工作在今天也有待去创造。当前的挑战和机遇在于创造属于未来的工作。

哈图卡，本－约瑟夫，2020年

技术创新日新月异，我们的生活也随之改变。在未来，技术创新还将进一步改变我们的劳动力市场、制度和商品生产。但目前有两个核心问题亟待解决：第一，如何充分利用现代的教学方法、培训技术和新制度，对劳动者及其劳动技能的培养进行投资，帮助他们从事未来的工作（Hatuka et al.，2020）；第二，如何引导城市和区域的物质空间发展以适应这些专业化的转变。当今政策讨论的重点往往是制造业对经济增长和社会韧性的重要作用。学者们认为，制造业对国家和地区经济增长仍然至关重要，作为"增长的飞轮"，制造业产值增加率的提升往往会推动制造业和服务业生产率的增长（Pike，2009）[59]。随着新技术的发展，工业生产对专业化和高技能劳动力需求的增加正在成为共识（Pisano et al.，2012；Plant，2014）。尽管对都市制造业的经济论证和支持政策日趋成熟，但与其相关的社会和空间策略仍处于萌芽阶段。诚然，经济策略对制造业的发展至关重要，但如果这些策略与社会和空间政策不相关联，那它们就很难成为完全成熟的策略。

这即是本书的出发点，它基于两个相互关联的前提假设：

第一，先进制造业对城市发展至关重要；第二，需要扶持各种社会－空间策略，以支持制造业发展，并使城市中多样化的社会群体受益。统筹协调制造业、社会和空间三者间的关系有助于解决以下问题：日益加剧的全球资源、投资和项目竞争问题；全球化背景下制造业向新兴市场和发展中经济体转移带来的失业问题；货物运输的能源消耗问题。尽管不应将经济发展与社会或空间发展分开考虑，但目前大多数关于制造业的研究都聚焦于经济策略或环境策略。本书反其道而行之，提出先关注与都市制造业相关的社会和空间问题，再以此为基础进一步研究和制定未来的经济策略。本书将人与空间放在首位，通过构建与先进制造业相关的社会－空间框架来回应"第四次工业革命（工业4.0）"，而不是将目标局限在发展先进制造业本身。

要发展能支持先进制造业的社会－空间框架，就必须转变以往对产城关系的理解。我们提议将"新工业城市主义"作为一个新的概念框架，将人、场所和生产这三者重新联系起来。技术变革和市场创新的实现，既是机遇也是挑战，这需要我们通过合作创建复杂的行动网络，并采用多样化的方法来进行城市设计。新工业城市主义既不是一个模式，也不是一个静态的概念，而是一个灵活的框架，是一套需要对场所进行反思的理念。事实上，不同地方的生产流程各不相同，某个城市的经验可能并不适用于另一个城市。每个城市都有其独特的优势，城市领导者和城市规划者应当深刻理解其所在地区或城市的机遇，并利用这些机遇为居民谋求权益。问题的关键在于，城市规划者和设计者该如何以具有社会和空间韧性的方式来引导城市适应第四次工业革命。

"新工业城市主义"框架的构建始于新冠大流行之前。然而，这场全球危机并没有削弱这一框架的价值，反而强调了其重要性。在新冠大流行期间，旅行、购物和知识传播等全球普遍存在的行为或被停止，或发生了重大变化。曾经习以为常的事，如在网上下单购物并在几天后收到货品，已不再是理所当然。对短缺物资的迫切需求，加深了我们对产品从发明、制造、运输，到最终到达商店货架或我们家门口的全过程认识。关键产品和货物的短缺暴露了全球供应链的脆弱性，并清楚地表明，要获得战略优势，需要各国和各地区重新制定针对制造业和供应链短板的政策。地方性的力量和生产从未像现在这样重要。

本书结构

本书通过三个部分专门探讨这些理念和策略。第1部分介绍了当代工业和城市发展的理念，共三章。第1章"工人、工厂和制造"，回顾了20世纪初的情况，重点关注生产环境中的劳动者。该章通过介绍制造业场所的建筑和项目发展，简要描绘了当代工作空间的类型，以及人与生产之间不断演变的关系。第2章"产城关系"，探讨了城市与工业环境这两者空间关系的非同步发展，并描绘了工业发展类型图。第3章"前进之路：新工业城市主义"则展望未来，介绍了制造业发展的主流趋势，这些趋势正影响着与工业相关的政策制定和城市地区的发展。

第2部分概述了当今城市和区域工业区发展的空间规划与设计策略。第4章"新兴产业集群"介绍了当前产业集聚的趋势。产业的集聚主要发生在食品科学、生物技术和网络技术等依赖知识共享的产业，此类产业通常受益于主要参与者（包括学术机构）之间的物理空间邻近性。第5章"重建工业区"重点关注存量工业用地及其更新改造策略。第6章"组建复合区域"基于一个前提而展开，即融合与混合多种用途是保护和促进城市工业区发展的主要政策。复合型工业区对集约化发展、新型建筑引入、土地利用多样化和空间连续性增强有着支撑作用。最后，第7章"工业和场所"对集群、更新、混合这三种路径进行了反思，总结了它们共同的前提和策略，以及它们对未来规划的影响。

第3部分对城市内部工业的未来进行了思考，并提出了利用当今制造业的创新潜力发展城市工业中心的想法。该部分提供了基于区域、城市和建筑等不同尺度的发展经验和策略，认为政府、私人开发商和规划师应鼓励多元主体及各类生产生活行为的融合，以创建充满活力的多功能制造业经济集群。采用这种方法将有助于支持下一阶段的"城市－产业－地区"演变。第8章"推进区域发展"总结了为发展工业生态系统而设计并实施的主要区域策略和理念。第9章"整合城市－工业系统"重点关注城市尺度，并讨论了城市在重塑工业区过程中试行的用地编码和规范化管控流程。第10章"工作、生活与创新"，介绍了将工业生产与其他用途（尤其是住宅和公共设施）相结合的新建筑类型。最后，该部分以第11章"新工业城市主义"的愿景收尾，这是一个将制造业融入城市和区域结构中的社会空间概念。这一框架通过优先考虑生活质量、多样化建成环境并允许更多选择，为我们提供了一个重塑未来的契机。

在工业革命开始两个多世纪后，我们有机会重新思考以工业为中心进行场所营造、支持就业和维持环境可持续性的发展路径。我们相信，制造业和新工业城市主义的未来就是我们城市的未来。

致谢

任何经过漫长旅程取得的成果都离不开他人的帮助。在编写本书的过程中，我们非常感谢能够与朋友、同事、学生和专业人士合作，他们都非常有智慧，善于质疑，对改善建成环境充满热情。我们非常感谢Lee Ben Moshe为本书绘制插图。插图是文字的补充，也是本书的重要组成部分。在我们的众多同事中，我们要特别感谢Amy Glasmeier、Dennis Frenchman、Tim Love、Elisabeth Reynolds、Matteo Robiglio和Larry Vale，感谢他们与我们共同探究和思考，并提供了不可或缺的真知灼见。我们要特别感谢Patricia Baudoin的编辑协助和周到建议。我们还要感谢Shoshana Michael-Zucker的校对，Rachel Freedman的版面设计和创意。我们还要感谢Routledge的编辑Kathryn Schell、Sean Speers、Christine Bondira和Tom Bedford，感谢他们的有益意见、乐于接受的态度和兴趣。

我们必须感谢特拉维夫大学和麻省理工学院的往届生和在校生，特别是Roni Bar、Anne Hudson、Minjee Kim、Sunny Menozzi Peterson、David Kambo Maina、Hen Roznek和Dorothy Tang，他们在本项目中发挥了重要作用，值得肯定。我们也非常感谢参与了与本项目相关的各种项目的许多其他往届学生：Ayelet Bar Ilan、Merav Battat、Neha Bazaj、Ran Benyamin、Efrath Bramli、Max Budovitch、Carlos Caccia、Jonathan Crisman、Rebecca Disbrow、Yulia Furshik、Coral Hamo Goren、Carmel Hanany、Shelly Hefetz、Gili Inbar、Michael Jacobson、Karen Johnson、Michael Kaplan、Stephen Kennedy、Noah Koretz、Elizabeth Kuwada、Louis Liss、Hila Lothan、Nina Mascarehas、Max Moinian、Zoe Mueller、Kfir Noy、Einat Pragier、Jared Press、Nofar Ramer、Christopher Rhie、Yael Saga、Alice Shay、Naomi Stein、Tianyu Su、Merran Swartwood、

Gary Tran、Alexis Wheeler、Zixiao Yin 和 Yoav Zilberdik。

我们还要感谢特拉维夫大学和麻省理工学院提供的研究基金和其他帮助。

本书部分内容涉及在各种期刊、会议论文集和专业报告中发表的文章和工作论文。最后，如有错误、误引及考虑不周之处，均由我们负责。

哈图卡，本－约瑟夫，2021年

目录

中国无锡希捷工厂
图片来自Flickr网站，由Robert Scoble 提供（CC by 4.0）。

第1部分

生产至上

右图：保加利亚，索非亚

图片由Yaroslav Boshnakov on 提供。

下图：俄罗斯托利亚蒂的伏尔加汽车工厂

图片由minsvyaz.ru提供。

第1部分
生产至上

自工业革命以来，城市和工业发展齐头并进，城镇和大都市区围绕工厂和不断发展的工业逐渐形成。尽管工业和城市密不可分，但公众往往聚焦于制造业和工业的负面形象。活跃的工业区常被视作污染、环境退化及劳动力剥削的代名词。在经济发达的城市和国家，凋敝和废弃的工业用地意味着制造业的衰落，实际现状也支撑了这些大众熟知的观点。不可否认，工业城市出现雾霾、空气污染等现象在全球范围内依然普遍存在。然而，在经济发达的城市和国家，工业用地的转型和再开发是城市发展和产业升级的必然趋势，这种趋势不仅体现了技术进步对工业领域的影响，也推动了城市设计和发展变革。制造业正在经历从大规模、集中式生产向小规模、分散式生产的转变，这一过程中，清洁和可持续的生产流程减少了对环境的影响，同时，对高技能专业人才的需求，取代了对非技能工人的需求。数字技术的发展和全球化程度的加深，促进了信息、商品和服务的跨境流动，为工业和商业活动带来了新的机遇，同时也为国际合作和生产贸易创新提供了更加便利的条件（Berger et al.，2013）。

其中一个主要转变是技术变革在取代现有工作的同时也在创造新工作。然而，劳动生产率的提高并没有转化为收入的普遍增加，因为劳动力市场的体制和政策已经失灵（Autor et al.，2020）。研究认为，提高就业质量需要劳动力市场制度的创新（Autor et al.，2020），也需要城市发展和规划的创新。

随着技术的不断进步和社会挑战的日益凸显，政治家、利益相关者及政策制定者开始意识到重新评估制造业与城市发展关系的迫切性（Berger et al.，2013；Davis，2020；Helper et al.，2012；Lane et al.，2020；Leigh et al.，2012）。支持重新审视这一关系的学者警告那些推行后工业化政策的行为：国家若对生产关注不足，将面临严重的消极后果。例如，他们指出，将工厂转移到劳动力成本较低的国家作为降低生产成本的手段，并不是一个可行的长期战略，因为切断生产与发展之间的紧密联系将严重削弱原产国的创新能力（De Backer et al.，2015；Manyika et al.，2012；Pisano et al.，2012）。

因此，制造业与城市发展的相互作用正在被重新审视，这直接影响着城市规划和区域发展策略，本书将其概念化为"新工业城市主义"。它作为一种社会空间概念，呼吁重新评估和塑造城市、人与工业三者之间的互动关系。新工业城市主义强调，城市的区位和环境优势可以增强工业的竞争力，这些优势包括但不限于提供高技能劳动力、教育机构（如研究中心和实验室）及接近客户市场。基于这一创新理念，城市需要我们在理解和解决城市、地区生产问题上转变社会空间范式。

作为阐述"新工业城市主义"愿景的第一步，第1部分"生产至上"介绍了产城关系的主要历史、当代概念、工厂类型及构建工作空间的方法。本部分重点关注规划、设计和建筑，着眼于20世纪至今工业和城市是如何相互联系及相互影响的。第1部分的最后介绍了工业领域近期发生的变化，这些变化对

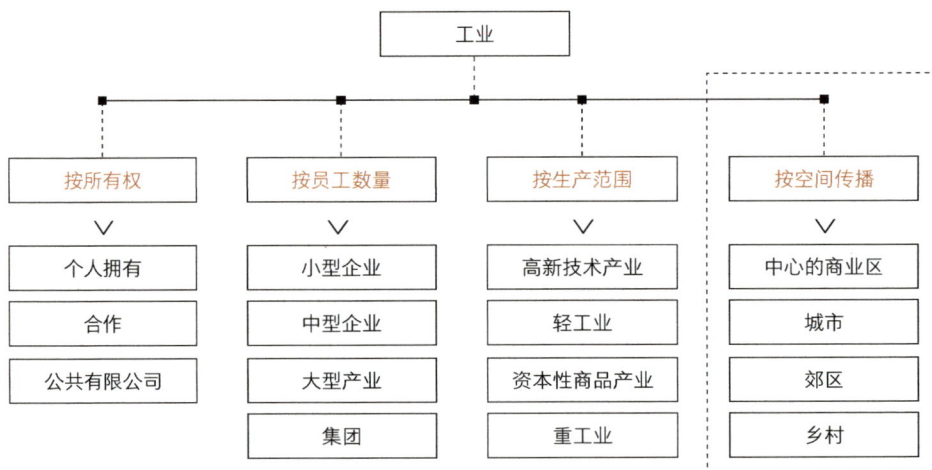

工业			
按所有权	按员工数量	按生产范围	按空间传播
个人拥有	小型企业	高新技术产业	中心的商业区
合作	中型企业	轻工业	城市
公共有限公司	大型产业	资本性商品产业	郊区
	集团	重工业	乡村

城市化及设计建筑发展的空间方法产生了影响，这种从空间视角来理解城市工业的做法，是对经济学家和社会学家观点的补充（经济学家和社会学家倾向于根据产权、规模、雇员数量和流动、产品对工业进行分类），并表明工业是城市经济发展和振兴的重要工具。

上述主要观点和趋势，是反思当代城市工业发展的出发点，也是解决本书关键问题"工业将通过何种方式塑造我们未来的城市"的出发点。

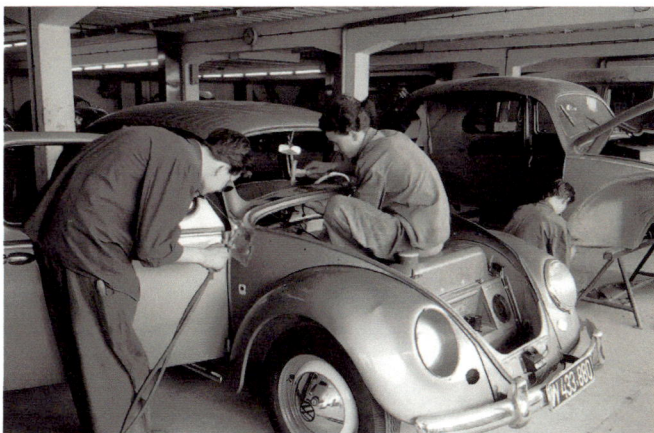

右图：1957年工人在一辆大众甲壳虫上工作
图片拍摄者未知，奥地利国家图书馆。

下图：机器制造
图片由 Lenny Kuhne 提供。

1

工人、工厂和制造

　　生产制造的核心是生产者，所有工作都离不开劳动者的参与。尽管我们通常将工作和产业视为实现特定目标的手段，但对于大多数人来说，工作也有助于我们的身份认同——它定义了我们是谁、我们的生活方式，以及我们一生中能够实现的成就。实体工作环境，即员工出卖劳动力以积累个人财富的场所，是每个人生活中的重要场所。工作环境反映了雇主、其雇员及其产品之间的动态关系，而这些关系受到场所空间设计、生产技术、雇佣条件和全球市场竞争等多种因素的影响。因此，工厂的空间设计是一个多维度的挑战，它不仅影响着在其中工作的人，也影响着城市格局。

　　理解工作空间或生产单元的方法有多种。第一种是制度方法，即把工作空间视为一个经济单位，它是不断演变和积累的技能和知识架构，以应对市场的不确定性；第二种是文化方法，将工作空间视为员工之间文化、社会和认知的共识，而员工共同助力了复杂知识和生产流程的发展；第三种是工具方法，将社会视为一种临时联盟，旨在以一种对组织所有成员都有利的方式，在特定时间点实现目标。上述三种方法都试图打破那种单纯从经济理性角度出发，以利润和效率为唯一衡量标准的工作环境认知（Taylor et al.，2006）。基于此，以下讨论试图扩展经济理性的概念，关注经济领域与人类领域之间的依存关系（Barnes，2001；Biggs，1996），以及生产过程、空间场所和地点之间的依存关系。更具体地说，将重点讨论建筑在生产过程中扮演的角色，以及社会理论如何影响这些空间的建筑设计。本节将通过介绍工厂与车间的多种类型，并结合具体实例进行阐述，进而探讨工作空间规划的演变趋势及其对建筑空间格局所产生的影响。

工厂、建筑师和工作空间设计

工业的空间演变是从单一工作站到复杂工厂网络的过程。"工厂"是一个通用的术语，指用于加工物质或材料的建筑物或一系列建筑物。它源于早期术语"制造厂"的缩写，指制造产品的地方，尤其是手工制作物品的地方（*Oxford English Dictionary*，2020）。但与制造车间不同，"工厂"已经演变成部分机械化生产的地方（Bradley，1999）[6-7]，其特点是有一个中心控制力量。在欧洲和北美地区，"工厂"一词自20世纪初已被广泛使用，并与资本主义企业的形象紧密相连，这要求企业主具备会计、市场洞察、持续的产品供应和对运营因素的深入审查能力。社会学家和经济学家都认为，在20世纪初，工厂是生活的中心，他们对工人在工厂中的角色和地位展开了辩论。例如，马克斯·韦伯认为工厂最显著的特征，特别是自18世纪以来，是企业家作为工作、生产和原材料的超级协调者的角色（Weber，1968），工作集中于工厂并采取措施约束工人的做法，为后来机械化生产的大规模应用创造了条件。不仅技术进步改变了工厂性质，增加了生产规模，摆脱了人力或畜力限制，工厂也推动了技术创新，降低了生产成本和产品价格，并创造了新产品（Weber，1981）[305-306]。

19世纪的工业建筑起初多为规模较小的多层结构，高度为4层或5层，且倾向于邻近能源供应的水源，以满足动力需求（Ackermann et al.，1991）。此类工厂由工厂主与工程师合作建造。令人惊讶的是，尽管在19世纪工厂就已在欧洲出现，但建筑师们在20世纪初才开始对工业建筑的设计产生兴趣。这一转变部分归因于建筑师自身对现代工业化重要性和影响力的深刻认识（Le Corbusier，1970）。然而，建筑师参与工业设计更主要的原因，是工厂主和开发商认识到，随着工人健康状况和舒适度的提升，产品质量也会相应提高

工人、工厂和制造

美国纸业公司，霍利约克山，马萨诸塞州，美国，1936年。图片由Lewis Hine提供，美国国会图书馆收藏。

午夜玻璃厂，印第安纳州，美国，1908年。图片由Lewis Hine提供，美国国会图书馆收藏。

汉密尔顿手表公司，兰开斯特，宾夕法尼亚州，美国，1936年。图片由Lewis Hine提供，美国国会图书馆收藏。

机枪生产，弗林特，密歇根州，美国，1942年。图片由美国Ann Rosener拍摄，美国国会图书馆收藏。

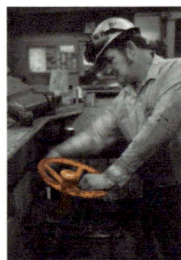

弗吉尼亚-波卡洪塔斯煤炭公司，里奇兰，弗吉尼亚州，美国，1974年。图片由Jack提供，美国国家档案馆收藏。

1908   **1936**   **1942**   **1974**

1917   **1940**   **1962**

山楂树农场，哈扎德维尔，康涅狄格州，美国，1917年。图片由Lewis Hine提供，美国国会图书馆收藏。

法兰克福兵工厂，费城，宾夕法尼亚州，美国，1940年。图片由未知电影公司提供，美国国家档案馆收藏。

锦星无线电厂，韩国，1962年。图片来源未知，韩国国家档案馆收藏。

光电器件装配线，2006年。图片由
Steve Jurvetson提供（CCBY 2.0）。

提花织布厂的工作，帕特森市，新泽西
州，美国，1994年。图片由美国Cooper
Martha提供，美国国会图书馆收藏。

缝纫厂，2006年。图片由Maruf
Rahman（CC）提供。

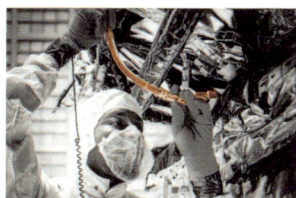

戈达德太空飞行中心的无尘室，美国国家航
空航天局。图片由美国宇航局的Chris Gunn
提供。

1994   **2006**   **2015**

1985   **2010**   **2019**

机械生产公司，威滕贝格，德国，
1985年。图片由Wolfried Paetzold
提供，德国联邦档案馆收藏。

食品厂，巴西，2010年。图片由雀巢公司提供
（CC BY 2.0）。

人机协作，2019。图片由通用机器人公司提供。

（Bradley，1999）[24]。这种认识促使他们在设计中考虑工人的福利，如工厂在采光、通风和材料选择上都体现出对工人健康与安全的关注。此外，工厂的规划开始考虑员工服务、浴室、餐厅、诊所等设施，以满足工人的福利需求（Biggs，1996）[3]。除了关注工厂的内部空间，工厂的形象也受到重视，包括特殊外墙、入口和访客区的设计，这些都旨在展示工厂的生产过程（Biggs，1996）[25-54]，工厂内部结构的不同，以及工厂附近空地的规划。

自 20 世纪初以来，随着钢铁和混凝土在建筑中的广泛应用，以及劳动力组织中新兴社会观念的兴起，建筑师在工业建筑设计中开始扮演更加重要的角色。他们的核心理念是与工程师合作，打造一个既生产高效又环境美观的工厂。这种将工厂视为一个理性生产系统的观点源于启蒙运动，该运动强调理性主义和进步是推动社会发展的关键力量。在该思想的指导下，工厂设计被视为一种理性工具，将生产流程与工厂结构的（再）组织紧密结合。负责工厂规划和设计的工程师与建筑师往往将工厂视为一个可控系统，通过系统性地组织生产活动，以节约劳动力，规避现有的生产问题，并适应先进的生产技术。在这种设计思路中，人的因素作为众多变量之一被纳入生产过程的优化中，以实现生产效率和工作环境的双重提升。

建筑师的参与及其与工业世界变革的联结，促进了具有标志性的、与众不同的工厂建造。AEG 涡轮机厂（AEG turbine plant）是德国一家实力型企业，其工厂建造就是一个有代表性的案例。该工厂由建筑师彼得·贝伦斯（Peter Behrens，1868—1940）与工程师卡尔·伯恩哈德（Karl Bernhard，1859—1937）合作设计，位于柏林现有建筑群内。工厂于 1910 年开业，需要建造一个新的空间来满足生产需要。贝伦斯面临的设计要求包括：建造一个大型中央生产车间，配备能够在工作平面以上搬运重型机械的大型起重机，在车间周围增设起重机，并最大限度地增加照明。他将工厂设计成一个长盒子的形式，上半部分是一个由玻璃、铁和混凝土等工业化代表性材料制成的三节拱门。建筑的主厅长约 207 米，主楼的立面面向街道，另一个面向大院的立面是两层的副楼。贝伦斯使用玻璃和铁这些新兴的建筑材料不是为了追求透明或轻盈的感觉，而是用来强调材质的厚重感，试图建立一种"古典与现代"的统一。这种设计方法体现了德国对工业力量与文化融合的愿景，可以理解为是将以工业力量为基础的文化打造成一座"新自然"里程碑式的实体工厂（Anderson，2000）[129-145]。

当时的另一个标志性工厂是位于德国阿尔费尔德市的法格斯鞋厂（Fagus shoe factory）。这家工厂是后来被称为包豪斯学校创始人的沃尔特·格罗皮乌斯（Walter Gropius，1883—1969）的首批作品之一，由他与阿道夫·迈耶（Adolf Meyer，1881—1929）共同设计。正如西格弗里德·吉迪恩（Siegfried Giedion）所描述的那样，这座工厂是格罗皮乌斯的第一件作品，在这件作品中，使用钢材和玻璃的新工程建造技术成为"真正的"建筑设计的核心。（Giedion，1992）[23-24]。格罗皮乌斯和迈耶的合作始于1911年，双方要求重点设计外立面，使其忠实地体现出现代工厂的精神，并以效率最大化为原则（Jaeggi，2000）[6, 21-22]。在设计的第一阶段，格罗皮乌斯和迈耶将重点放在了外墙及工厂的主要生产车间上。他们的设计意向是减少材料的体积，限制形式、材料和颜色并保持工厂各部分的统一性。因此，所有建筑都矗立在40厘米高的黑色砖块基座上，基座支撑着如同飘浮在空中的墙体。墙体的正交形状既突出了外部轮廓，又清楚地划分了楼层和方形大玻璃窗（Jaeggi，2000）[25-31]，自然光通过玻璃照射进来。该工厂最著名的特点是无柱转角，两面玻璃墙相接处没有任何明显的支撑物。这是第一个使用新工程手段、凸显以无胜有的工厂设计实例。

意大利的菲亚特林格托工厂（Fiat Lingotto factory）是这一时期最著名的代表性案例，它清楚地展示了工程美学的胜利，并被视为现代欧洲的象征。工程师贾科莫·马特·特鲁科（Giacomo Mattè Trucco）设计了这座被柯布西耶冠以"进步与速度的圣殿"的工厂。该工厂于1914年至1926年在意大利都灵建成（Darley，2003）[153]。该设计参考了建筑师阿尔伯特·卡恩（1869—1942）的作品，在底特律以创新生产线而闻名的福特工厂。在福特工厂，生产过程根据重力作用设计，整辆汽车在地面层出厂。特鲁科设计了一个长方形混凝土结构，包括两个平行的、长约500米的大楼，由三个中间结构连接，他们颠覆了福特工厂的模式：将生产流程的终点放在工厂的屋顶上。这种生产序列的倒置不仅意味着将汽车测试跑道置于建筑顶部——这后来成为该工厂的标志性特征，更使整个装配流程呈现出失重般的视觉效果，将工厂本身转化为展示其产品的舞台。（Costa，1997）[91-94]。

这些例子展示了部分20世纪初建造的标志性工厂。这些工厂基于科学理性主义原则，将工作方法、工厂结构和工业城市系统之间的共生关系转化为物质现实，重组了工作空间和生活环境。最重要的是，这些工厂反映了弗雷德里克·温斯洛 – 泰勒（Frederick Winslow Taylor）的"科学管理"理念（Flink，1988；Raushenbush，1937）。

泰勒的"科学管理"理念将产业工人理解为"经济动物"，认为应鼓励他们出卖自己的劳动力，让管理者代替他们思考。泰勒认为，这种方法为雇员和雇主取得最大成果，并消除他们之间的冲突（Taylor，1967）。科学管理包括系统分析和优化工厂任务；由管理人员组织工作，将计划与执行分开，将准备工作和生产任务分开；使用时间表和控制系统作为协调所有工作要素的工具；以及通过经济激励来稳定生产活动。员工与主管之间的关系是分等级的。此外，泰勒的研究假定员工是受奖励驱动的，并为每项任务分配的时间和每项任务应包括的常规体力工作制定了标准。关键的理念是，基于效率和职业道德提供奖励。基于此理念，泰勒建议员工和管理人员进行脑力休息，并将此视为提高产量的一种手段。一般来说，管理工作的重点是思考、分配责任、设计产品、安排日程和检查执行情况。这些活动通常在位于生产区上方的透明空间内进行。因此，生产组织被压缩，产品的设计和生产相互分离，控制过程成为核心。工作变成了一系列具体且重复的任务。这种模式遍布美国和欧洲，强调数量而非质量和创新。

然而，这种遍布全球的理性主义观念在20世纪60年代开始暴露弊端，尤其是在欧洲和美国。新的观念开始强调社会系统在工厂中发挥的重要作用、工人参与生产过程，以及工人之间的联系（Herzberg，1996）。这些更新的方法取代了泰勒等人的管理理念，转而将工业组织视为一个"社会系统"，一个不断寻求稳定的鲜活的有机体。这种心理人文主义支持工作中的过程思考、规划工作和小组合作。

这一新观念也影响了工作环境的设计。例如，由建筑师理查德·罗杰斯（Richard Rogers）设计的英摩斯微处理器工厂（Inmos Microprocessor Factory）的建筑就被认为是新兴电子工业繁荣和传统工业衰退时期产物的一部分（Powell，2008）[229]。该工厂于1982年在南威尔士建成，采用了预制建筑技术，并在约14个月内迅速完工。与国际惯用打着功能性旗号但最终依赖于僵化的规则和结构不同，罗杰斯专注于一项灵活且可扩展的计划（Rogers et al.，1996）[78-83]，以应对新技术不断变化的需求。对灵活性的需求意味着在工厂选址方面存在一定的不确定性，而工厂早期的设计模型并不适合特定的选址。在这种情况下，与20世纪初的工厂一样，客户要求建筑师设计的工厂除了要满足新工业的独特功能需求外，还要具有标志性的结构（Rogers et al.，1996）[233]。

厂房平面呈长方形，中间被一条中央走廊隔开，一翼是生产楼，另一翼是办公室和餐厅楼。厂房采用桁架结构，它的中心是一条长约106米的可伸展中柱，从中柱上伸出的拉紧杆系统支撑着结构内部的柱子，这些柱子可以伸展，以增加灵活性。从远处就能看到环绕其四周的蓝色条纹，墙面装饰材料包括不透明、半透明和透明部分。除了最大限度地提高工厂的清洁度和效率，罗杰斯还认识到并强调工作环境中社交空间的重要性。例如，罗杰斯设计了一条"中央大街"，作为工厂内活跃的社交空间。这种将社交空间视为工作环境的重要思维方式，促进了"街道"或"广场"等城市术语的使用。这些理念在各种工作空间和工厂的设计中被采用，至今仍具有影响力。

另外两个当代实例也能进一步说明工作环境的规划、设计和规模的发展。第一个是苹果公司在加利福尼亚州库比蒂诺市的规划项目（苹果公园）。该项目位于城市边缘，是硅谷郊区连续体的一部分。该建筑由Fosters+Partners公司设计，共4层，占地24155平方米，计划容纳约12000名员工。地下停车场可容纳2400辆车，健身房占地10000平方米。大楼还设计了多个餐厅，包括一个可容纳3000人的餐厅。建筑的规模和提供的服务创造了一个自成体系的世界，风景式的开发及种植在建筑群中的数千棵果树（如桃树、柿子树和苹果树）为这一自成体系的世界提供了进一步的支持，这也是对加利福尼亚农业

■ 法格斯鞋厂的设计与使用

法格斯鞋厂
1911—1925

沃尔特·格罗皮乌
斯和阿道夫·迈耶，
萨克森，德国

建筑内部的混凝土柱，使
外墙自由伸展。全玻璃外
墙转角，无结构元素。

强调建筑设计的社会性，强调通过增加日光、新
鲜空气和提升卫生条件来提高工人的满意度，从
而提高整体产品质量。

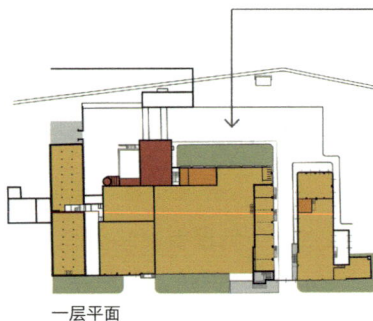

生产
办公
公共设施
电力中心
宿舍
绿色/开放空间

一层平面

项目关系

■ 英摩斯微处理器工厂的设计与使用

英摩斯微处理器工厂
1982

理查德·罗杰斯，
新港，威尔士，英国

40米（130英尺）长的钢架使室内无
柱，并提供灵活性和自然采光。

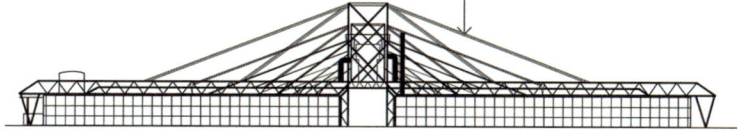

可以通过增加或减少模块化托架的
数量来改变建筑的大小。

生产
办公
公共设施
电力中心
宿舍
绿色/开放空间

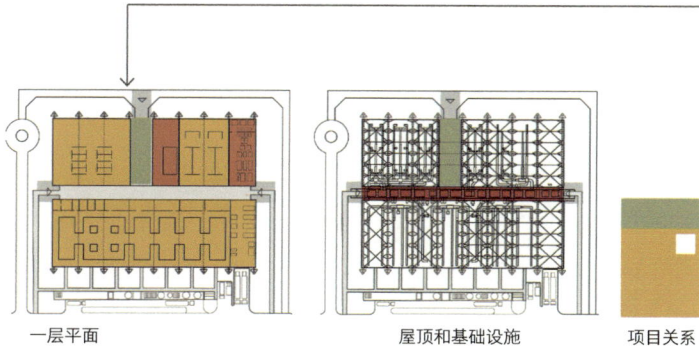

一层平面　　　　屋顶和基础设施　　　　项目关系

苹果公园的设计与使用

苹果公园
2017

诺曼·福斯特，
库比蒂诺，
加州，美国

环形建筑外形简洁，包含几个核心元素：用于协作的公共"吊舱"空间、用于集中的私人办公空间，以及宽阔的玻璃外围人行道——采用了有史以来最大的曲面玻璃，使建筑与景观连成一体。

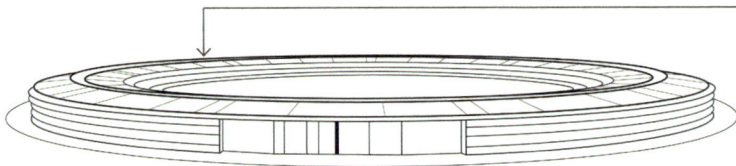

公园拥有的设施包括一个10万平方英尺的健康中心、一座山顶剧院、一条755英尺的入口隧道和4层高的玻璃门，让咖啡馆向室外开放。

数千棵树木被从加利福尼亚州的苗圃移植过来，环绕着这座牙齿形状的建筑。这些树木的种植是为了美化场地和吸收大气中的碳。

生产
办公
公共设施
电力中心
宿舍

绿色/开放空间

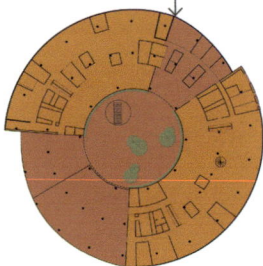

一层平面

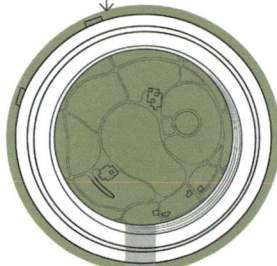

底层屋顶和基础设施项目关系

成都微芯医药工业生产厂的设计与使用

**成都微芯医药
工业生产厂**
2018

中国医药集团重庆医
药设计院（CPIDI），
Yuanism建筑事务所，
成都，中国

该立面作为标志，其灵感来自生物基因
芯片的代码翻译，将该建筑和产品联系
起来。

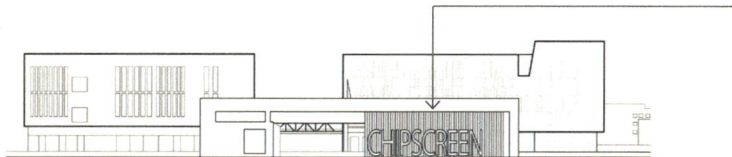

这个工厂被分为两大功能部分：药品生产、办公
和生命支持系统。

该设计通过半封闭的共享庭院和宿舍连接了一系
列的公共空间，创造了一个整体的生态系统。

生产
办公
公共设施
电力中心
宿舍
绿色/开放空间

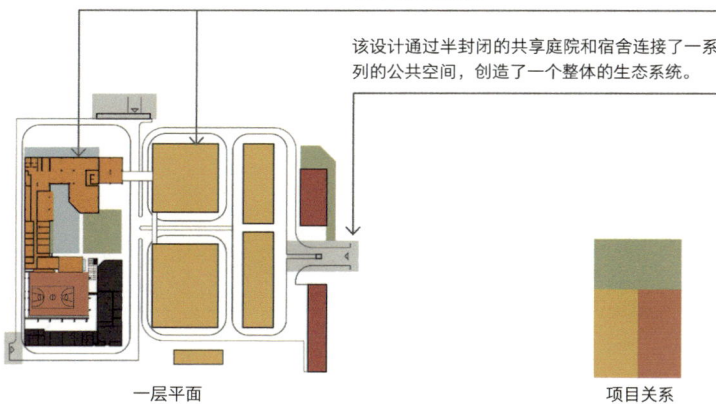

一层平面

项目关系

工厂的设计和使用：一个历时性的视角

工厂作为生产空间

工厂作为图标
法格斯鞋厂

工厂作为创新者
英摩斯微处理器工厂

1900

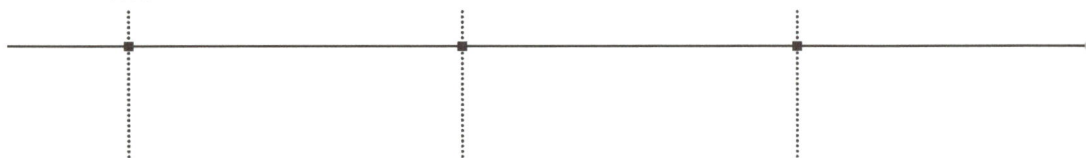

设计 | 如果有的话占比最小
项目 | 生产

设计 | 专注于美学、结构、图像
项目 | 生产、办公、环保

设计 | 专注于技术、基础设施、灵活性
项目 | 生产、办公、公共性、绿色

一次性使用

工厂作为一种营销工具
苹果公园

工厂作为生态系统
成都微芯医药工业生产厂

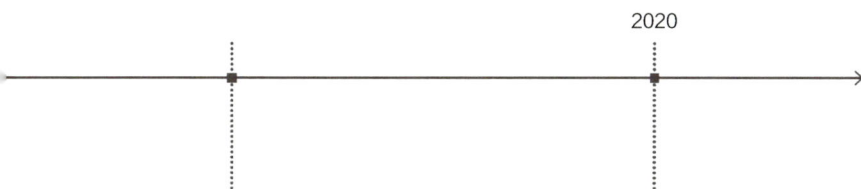

2020

设计 | 专注于品牌、技术、生态学
项目 | 办公、公共性、绿色

设计 | 专注于生产、生活、品牌、技术、生态
项目 | 生产、办公、公共性、绿色设施

生态系统

生产

办公

公共设施

绿色/开放空间

和销售传统的一种致敬。环形结构和景观开发强调了非连接结构及其作为自足系统的强大控制力和功能性，具有最大的控制能力。在2001年成立的深圳奇普斯瑞生物科技有限公司（Shenzhen Chipscreen Biosiences Co.），是为员工提供一切服务的工厂，其综合大楼占地40000平方米，位于四川省成都市高新区西区（即成都微芯药业有限公司）。它的设计打破了传统厂房的单一功能布局，通过半封闭的共享庭院，将会议、培训、展览、运动、食堂和休闲酒吧等公共空间、办公区和生活区连接起来。建筑群的社区活动空间采用了水景、景观台阶、架空走廊、活动平台和休闲露台等设计元素。办公楼外立面以"基因芯片表达谱"为主题和标志，体现了企业精神。

我们可以从这组不全面的案例中学到什么呢？首先，工厂是可以代表社会概念的具体建筑。建筑师设计的目的是建立一种身份认同，通过营造归属感和承诺感，加强工人与组织之间的联系；通过建立品牌，加强组织与更广泛环境之间的联系。其次，开发商和建筑师在工作空间的概念化方面都发生了显著变化，这两大变化为：①功能范围的扩大，从生产空间扩展到包括各种休闲和娱乐设施的结构，以满足工人的所有需求，这种扩展是加强创新和促进生产的一种手段；②建筑象征性作用的加强，以支持包括创新技术、生态、美学和品牌在内的各种功能。

工厂的设计还在不断发展，可预见它将受到未来技术的极大影响。大型制造企业正在规划未来的工厂，在某些情况下，他们"已经在建立早期模型和试点项目"（Helper et al.，2021）[8]。在未来的不确定中推测工厂设计。未来工厂的模式并不统一，企业会根据自己的市场定位采用不同的模式。"一些企业技术水平的提高使得生产过程更加灵活、反应更加迅速、定制化程度更高，而不仅仅是提高产量。另一些企业可能则恰恰相反，它们希望将工人所从事的少数剩余工作全都自动化"（Helper et al.，2021）[8]。未来工厂的发展方式多种多样，"有的是劳动密集型的灵活生产，有的是技术密集型的大规模生产"（Helper et al.，2021），这也将影响工厂的设计、选址和规划。劳动密集型工厂可能位于城市附近或城市中部，能在建筑物内提供各种便利设施，而技术密集型的大规模生产工厂则会远离城市，提供较少的便利设施。

工作空间：构建类型和程序

在过去的100年中，生产空间、社会价值观和城市发展的相互作用关系经历了持续演变，这一过程影响了工作空间的设计、规模和选址。这种演变发展形成了五种主要建筑类型：街道型、综合体、园区、箱型和大厦型（Hatuka et al.，2014）。每种类型都与建筑环境形成了独特的关系，并为员工、城市居民和路人提供了多样化的日常体验。

在工业化之前，工厂常常沿着街道布局，形成一系列相邻的单元，这些单元通常是单层或双层建筑，与现有的城市结构融为一体。街道型工厂是提供服务和进行小规模生产的理想选择。在城市层面，街道的显著特点是其空间的多功能性，能够满足展示工作的多样化需求。尽管在20世纪下半叶，许多城市和工业区的街道被高层建筑占据，但随着对长途运输的环境、社会和经济成本认识的提高，工厂街道型模式正在经历一种复兴。

早在20世纪初出现的另一种建筑类型是"综合体"，为适合于各种用途（生产、开发、研究、培训、服务）的灵活空间，高达2~5层。20世纪初，大多数规划的工业建筑（如AEG涡轮机厂和法格斯鞋厂）都是以这种建筑类型为基础的，它有助于建造具有鲜明形象的标志性工厂，试图重塑生产流程。综合体由多个建筑单元组成，共享一个共同的连续空间，通常将嘈杂的生产流程和促进公司形象的工厂管理分开。

20世纪50年代和60年代的工业景观以适合生产的街道和综合体建筑类型为主，但在20世纪70年代发生了变化。这一时期，西欧、美国和加拿大的大部分重工业都转移到了其他地方，如非洲、南美洲和亚洲。经济发达的国家想方设法进一步减少生产，规避环境限制和劳动法，进而从制造业经济转向服务业经济。因此，从20世纪70年代开始，分工发生了变化，并表现为生产、开发和服务的严格分离，这促进了新建筑类型的发展，即园区、箱型和大厦型。

园区是综合体的延伸，是随着大型工厂的发展，以及将生产、研究和服务区分开的需求趋势而发展起来的。这种需求促成了有边界的空间，集聚了一系列能自主开展活动但需要集中管理的区域，以支持不同的功能结构和目的。这种集中式管理模式适用于企业公司，能够灵活控制交通、资源开发和管理等许多其他变量。近几十年来，随着经济、消费和知识流动之间关系的不断变化，以园区为表现形式的分散式工厂逐渐占据了一席之地；后者同时也降低了场所和区位的重要性。

这种方式也促进了箱型建筑的发展。箱型建筑被视为运输货物的临时空间，是一个无需与自然和人文环境建立联系的存储空间。箱型建筑是一种独立于周围环境的自主结构。它通常被分为几个部分，主要的存货区占据了建筑物的大部分空间，还有一系列货架用于存放货物。在气温方面，箱体可根据所储存货物的类型进行控制，而在大多数情况下，货架的摆放工作通过先进的机器人技术和计算来完成，人工操作十分有限。生产流程的分散化，从郊区工业环境中存在的园区和箱型建筑中可见一斑，同时也促进了城市中高层大厦的出现。大厦型建筑是对土地资源的营利性利用，它高耸入云，在建筑设计上提供了一个外壳，企业可以灵活地租用或购买自己想要的空间，并根据自己的需要设计内部环境。大厦型建筑就像一个容器，里面的内容可以根据公司的特点和不断变化的组织文化来塑造。为了尽可能多地满足公司的需求，这些建筑在设计上都是通用的，公司可以选择在外立面上放置自己的标志。为了适应尽可能多的公司，这些结构在设计上是通用的，并为公司提供了将其标志放在立面上的选择。大厦通常设有商业区和餐饮区，在地下一层还设有储藏、服务和停车区，以满足员工的需求。一般来说，大厦都有复杂的机械化系统，包括交通和气温控制，使严格执行和监督成为可能。

这些发生在20世纪的项目和建筑类型变化不仅对人们的工作方式产生了重要影响，同时也影响了工作空间的区位。因此，我们看到在不同的地理区域，特定的建筑类型比其他建筑类型得到了更多使用，如位于城市中心的大厦和街道与位于外围的园区、综合体和箱型建筑。建筑类型的地理分离代表了开发（通常位于城市）、生产（往往位于外围）、仓储和服务阵列之间的项目分离。这种分离方案也塑造了全球生产地图，同时将实体生产推向外围，强化了不平等的阶级分化（Massey et al.，2004）。

然而，在过去的十年中，新生产模式随着一种新的建筑类型——共时型综合体（见第10章）而出现，使之前这种项目分离过程受到了挑战。共时型综合体的特点是将住宅和工业用途融为一体（Hatuka et al.，2020）。与混合用途不同的是，共时型支持不同业务在同一建筑空间内并行存在和运作，在优化资源共享的同时互不干扰。共时型作为一种概念方法，在应对新冠疫情全球危机时得到了进一步加强，迫使企业重新思考工作管理模式和工作空间。混合性是使这种新建筑类型得以应用的一个重要的相关概念，它既"向公司保证了远程工作的好处（提升灵活性、减少碳足迹、优化劳动力成本和提高员工满意度），也保留了传统的、在同一地点工作的关键优势（更顺畅的协调、非正式的网络、更强的文化社交、更大的创造力和面对面的协作）"（Mortensen et al.，2021）。尽管这种混合管理模式和共时型建筑类型仍处于萌芽阶段，但它们预示着新工作空间的发展。预计在未来20年内，随着机器人和自动化技术发挥越来越重要的作用，以及混合工作模式的采用，共时型综合体将更多地出现在城市中。没有强有力的历史或当代证据表明这一趋势将彻底改变工业格局；相反地，历史经验告诉我们，这种新型建筑将会加入现有的建筑类型体系中。这种新型建筑，与那些我们熟知的在空间中广泛分布的建筑类型相结合，将共同塑造出城市与产业之间的新型关系。

■ 当代的项目和建筑类型

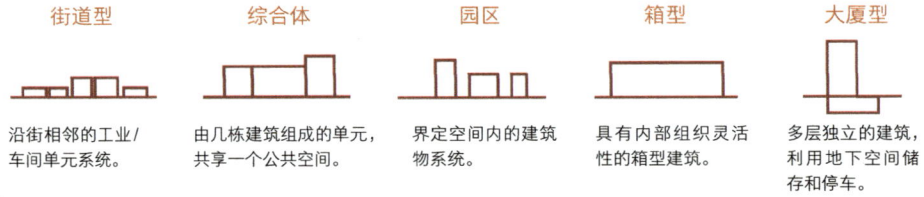

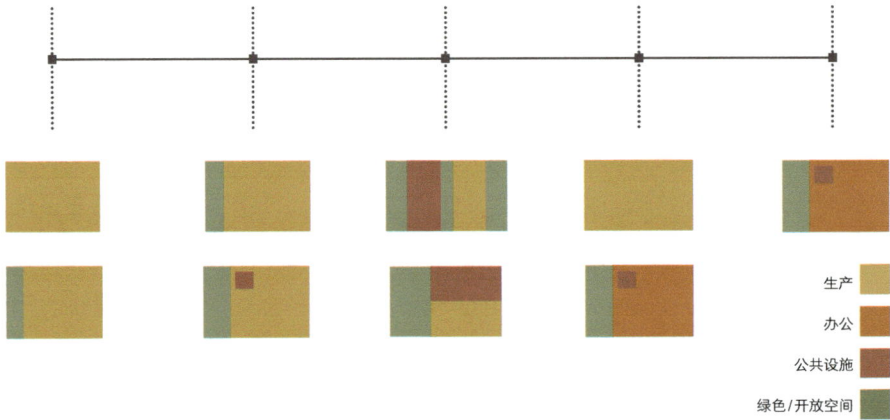

街道型	综合体	园区	箱型	大厦型
沿街相邻的工业/车间单元系统。	由几栋建筑组成的单元，共享一个公共空间。	界定空间内的建筑物系统。	具有内部组织灵活性的箱型建筑。	多层独立的建筑，利用地下空间储存和停车。

生产

办公

公共设施

绿色/开放空间

2

产城关系

　　城市与工业的关系是渐进式的。从历史上看，18世纪前，人类早期的生产方式是依托独立家庭的手工制造；因此，日常生活中的生产活动与其他活动，尤其是居住和商业活动紧密结合。商业城镇依托商品批发贸易发展起来，成为当时西方发达国家城市化发展最迅速的模式之一。然而，工业革命推动了大规模城市化的进程，伴随着水车、燃煤蒸汽动力和城际铁路等新技术的应用，极大地改变了城市面貌。

　　自18世纪50年代以来，城市与工业之间不断演变的空间关系可以划分为四个阶段（Hatuka et al.，2014，2017；Kim et al.，2013）。

　　第一阶段（1750—1880）与"工业城市"的出现有关。纺织制造和蒸汽机技术的发展彻底改变了生产流程，城市顺理成章地成为生产中心，工业城市的规模很快超过了过去的城市（Hoselitz，1955）。工业也受益于城市的劳动力储备、交通条件和企业家数量（Rappaport，2011），从而得到快速发展。因此，城市经历了前所未有的人口增长，制造业推动了城市化和经济发展。然而，住房、水和垃圾处理等基本生活需求在当时并未得到满足，同时，其他因素如煤炭带来的环境污染，使得人们开始重新评估工业与周边环境的关系。这种重新评估催生了许多规划和模式，旨在探索如何建立城市生活与生产之间的平衡。

　　第二阶段（1880—1970）可以看作是对理想工业城市的探寻，即一个既

■ 工业革命与产城关系

1750—1870   **1870—1950**

第一次工业革命
创新 | 水力、蒸汽动力、机械化

第二次工业革命
创新 | 电力和大规模生产

规划 | 未经规划的工业发展

规划 | 分区合并、田园城市、公司城、综合
城市的延续

重点 | 城市生活和生产之间的矛盾

重点 | 寻找理想城市——田园城市、分区城市

■ 工业
■ 城市
■ 绿地/开放空间

1950—2000

2000……

第三次工业革命
创新 I 自动化、计算机化

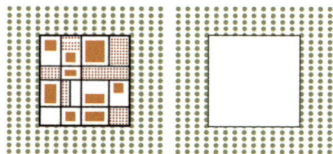

规划 I 郊区和老城区工业园区的建设、工业用地
的废弃、适应性再利用

重点 I 产业＋生态园区
工作场所边缘化和去工业化

第四次工业革命
创新 I 数字化、物联网、网络系统

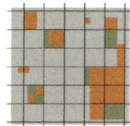

规划 I 工业城市化，工业与非工业用途混合的
有计划综合发展

重点 I 工业回归城市
一个精致的"综合城市"

能满足企业需求，又能提供宜居环境的城市。19世纪末，学者提出了新的分区模式法规以解决工厂扰民问题。埃比尼泽·霍华德（Ebenezer Howard）（1898）提出了"田园城市"的概念，期望为工厂的工人提供更健康的生活条件。该理念成为第一次世界大战结束后许多城镇建设的典范。霍华德认为，工业是田园城市经济的必要组成部分，工厂应位于城市范围内，并最大限度地利用城市交通系统，特别是铁路运输。以色列（Hatuka，2011）、伊朗、瑞典和日本等国在建设新城镇时也贯彻了这些原则，将工业用地作为新规划城市中的一部分。这些工业用地的选址通常是为了尽可能地减少对居民区的影响。建筑师托尼·加尼埃（Tony Garnier，1869—1948）提出了另一种乌托邦式的居住模式，即在高山和河流之间建造居民点，以方便水力发电（Garnier，1917）。功能分区的核心理念后来被国际现代建筑大会（Congrès International d'Architecture Moderne，CIAM）的成员采纳，并最终影响了工业城市的设计。

另一个重新评估产城关系的重要模式是"公司城"，它融合了生产和生活功能。公司城以单一雇主为主体，在其附近或围绕其建造，由于创始公司特性的差异，它们获得了不同程度的成功（Porteous，1970）。第一批公司城在18世纪出现，作为在工业快速扩张进程中容纳新工厂和工人的一种模式。公司城通常由单一雇主委托，如新罕布什尔州的洛厄尔（纺织品）、伊利诺伊州的普尔曼（铁路车厢）、德国埃森（钢铁厂）和英国的萨尔泰尔（毛纺织品）。

第二次世界大战及由此导致的工业生产的重要地位，极大地推动了这些模式的普及。工业需求的快速增长带动了生产设施的发展，而这些生产设施已不再适宜布局于现有的城市结构中。环境污染的加剧，导致人们希望将工业与居住分开，并制定更严格的环境法律法规。

第三阶段与20世纪70年代开始的"去工业化"进程有关。在这一时期，许多经济发达的国家，特别是西欧和北美的国家，减少了工业产能或生产活动，并制定了将工业与其他用途土地隔离的规划措施（Lever，1991）。这一进程的产生有几个原因：首先是对经济自由发展的强调，以及产业从农业和采矿业向批量化生产、服务业和知识密集型产业的逐步过渡；其次是贸易专业化，这为专门从事特定经济活动的地区提供了比较优势，并在很大程度上解释了劳动密集型产业为何从西方向东方转移。

跨国公司在利用全球生产成本差异而进行地理转移的工业化过程中，若遭遇失败或面临投资不足的困境，会削弱其竞争力（Pike，2009）。"去工业化"进程在不同国家和地区，以及不同行业、企业、社会团体和个体身上表现得并不均衡（Massey et al.，2004；Pike，2009）。在许多城市，由于整体趋势不利于制造业发展，再加上分区管制规划在根本上更倾向于保障商业和住宅用地的使用，导致了工业用地的流失。"去工业化"还以其他方式重塑了工业的地理格局：仓储和配送设施通常位于土地价值最低的腹地，工业园区则往往位于郊区或城市边缘（Harrington et al.，1995）。留在城市里的工厂开发强度较低，现在被用作办公。这些遗留在城市中的工厂提醒人们，在那个被遗忘的时代，城市曾经是生产的场所。

当下的第四阶段伴随着第四次工业革命而发展起来（Schwab，2015），并强调产与城的"功能混合"，这一理念解决了分区管制的局限性及城市中居住环境与制造业分离的问题。功能混合理念鼓励集约化发展，通过建造复合型建筑提高工业区的步行可达性，从而促进替代型交通和社区零售（Love，2017）。这一理念认为，工厂如今可以作为混合建筑布局在多功能社区中，因为现代工厂规模更小、更清洁、更安静（Rappaport，2015）。

城市与工业之间这种不断演变的关系已在地理空间上留下了足迹。这些足迹影响着世界各地劳动者的日常生活。

工业格局与城市生活演变

汽车通勤成本和货物运输成本的降低是20世纪发生的重大变化之一，它不可逆转地改变了城市，尤其是城市生产。再加上受补贴的高速公路建设，对工业区横向扩张造成了非常迅速且重要的影响（Leigh et al.，2012）。新的工业用地格局并不是统一的，而是多种多样的，主要可划分为三种类型的工业空间：融合型、相邻型和自治型（Hatuka et al.，2014）。每种类型对城市生活和经济发展的影响各不相同，有些城市在其行政边界内也存在不止一种类型的工业空间。工业空间采用何种类型往往是历史、文化、政治和经济等多因素综合影响的结果。

融合型工业空间。这种类型的首要特点是生活与工作的共生，这种共生状态影响着城市的形态和结构；第二个特点是它通常位于城市中的飞地，以更好地利用土地资源，获得更高的利润并增加税收；第三个特点是在行政层面，发展该类型工业空间的城市有责任满足企业和居民的需求，并解决因地理位置邻近而产生的矛盾。融合型工业空间可为多样化的主体带来不同的利益：居民可就近就业；工业区的企业可就近享受服务（如餐饮或办公用品）和既有的基础设施（公共交通）；市政当局可促进城市经济发展。然而，这种地理上的融合也可能引发问题，特别是环境污染、噪声、异味及交通拥堵。在许多情况下，这种类型空间的演变是没有规划的，有时会造成难以解决的冲突。毗邻居住区的工业区可能是城市发展的主要动力。

德国慕尼黑就是一个融合型工业空间的代表。慕尼黑以电子和先进制造业而闻名，是德国领先的制造业地区之一，涵盖了从小型手工艺品到创新服务和高科技组装的广泛生产活动。该市最著名的制造企业之一慕尼黑宝马工厂于20世纪20年代开始经营，主要生产飞机引擎和动力装置。厂址原为农村土地，周边地区一直未被开发，直到二战后城市扩张，工厂才逐渐被住房和商业的开发所包围。这种格局在1972年后发生了变化。当时慕尼黑奥林匹克公园在工厂西侧开启，形成了厂区的最终边界。从那时起，工厂开始纵向而非横向扩张。40年间，工厂周围逐渐形成了住宅区和商业区。如今，厂区位于一个主要火车站的南面，距慕尼黑市区仅15分钟车程。宝马工厂周围还有一些小型的制造业工厂和相关设施，它们的用途各不相同，既有汽车制造企业，也有服务型企业。

另一个例子是芝加哥市的工业空间分布。芝加哥拥有270万居民，是美国第三大城市，也是除纽约和洛杉矶之外的第三大都市区。由于其优越的地理位置，该市在19世纪末成为主要的交通枢纽，并因此成为重要的制造、零售和金融中心。芝加哥的城市布局以网格状街道为特色，主要的干道和铁路从市中心向外辐射。20世纪80年代，随着国际竞争的加剧及住宅和商业发展的压力，该市的工业就业机会有所减少。1988年，芝加哥市首次设立了"计划制造区"（planned Manufacturing District，PMD），以保留工业用地，防止就业机会进一步流失。得益于芝加哥对制造业的积极保护，目前该市已有24个工业廊道。大部分被划为制造业用地的土地都位于或毗邻工业廊道（Chicago Department of Housing and Economic Development，2011）。这些工业廊道与住宅和商业用地紧密相连，是芝加哥城市格局的重要组成部分。PMD被认为是促进芝加哥制造业活动的有效手段，因为它们确保了那些希望在该市各区投资和扩张的工业企业的长期稳定性。PMD集中在主要交通网络沿线，如干线公路、铁路和河流，形成一个向密歇根湖和中心城区汇聚的同心指状模式。这样的发展模式贯穿了芝加哥的发展历史，芝加哥1904年的工业和铁路地图及1965年的综合规划也清楚地表明了这一点（Chicago Department of Housing and Economic Development，1965；Talbot，1904）。基础设施网络支撑着PMD的发展，庞大的铁路系统和公路网络将它们与更大的运输系统连接起来。密集的地方道路网展现了PMD与芝加哥建成区之间的典型关系：PMD与城市的其他结构紧密结合，形成了一种在城市中容纳工业用途的都市格局。

融合型工业空间意味着住宅和工业用途的融合或接近。这种类型通常是（无计划的）城市发展的结果，它使制造业成为城市结构和网格的组成部分，尽管其地块划分可能有所不同且提供了超出工业用途所需大小的地块和街区。除了工厂周围经常出现的围墙和障碍物外，这些区域通常没有明显的边界，往往会融入城市环境中。在一些城市，小规模的制造业仍存留在居民区内，保留了以家庭为基础的所有制模式，以及相邻近的家庭与工作场所。

相邻型工业空间。这种类型的工业空间基于分区管制及生活与工作的分离而形成。城市间的道路、铁路和开放空间往往加剧了城市和工业区之间的分隔。相邻型工业空间的出现与20世纪初新的城市发展模式的应用有关，这些模式试图通过提供理想的工业城市模板来解决工业化带来的困扰。其主要特点是地理和行政上的二元性，工业区靠近城市或与城市相连。尽管居民间的雇佣关系与产业发展并不互斥，还有些雇员就是从其他地方来工作的，但是地理上的邻近性在当地就业市场中仍然发挥着至关重要的作用。

从建筑上看，相邻型工业空间的特点是占地面积大，建筑构造不规则，层高通常比较低，尤其当周边地区的存量土地较多时，这些特点更为明显。在管理方面，虽然该类型园区相对独立，但其运作仍受市政法律法规的约束。尽管地理位置相近，但这种模式往往会造成两者之间的物理隔离，并从感知上增加城市工业区与其他生活区之间的距离。

以色列的基里亚特加特（Kiryat Gat）就是相邻型工业空间的一个例子。基里亚特加特位于特拉维夫以南50公里、贝尔谢巴以北40公里处，周围是开阔的干旱土地，专门用于农业生产和野生动物保护。这座小城拥有英特尔最大的制造工厂之一，该工厂与其他高科技企业一起，正在推动这座城市的工业复兴。自20世纪50年代这座以色列新城建立以来，制造业在这座城市的经济中一直发挥着至关重要的作用。20世纪80年代，经济衰退的威胁迫使政府采取激励措施来吸引外商投资，使基里亚特加特的制造业结构从制糖和纺织转向先进生产，除英特尔外，日立、真明和惠普等企业也纷纷在此建厂。这种激励机制使基里亚特加特的工业区由多种类型的制造业组成，包括传统制造业、大型工厂和封闭式高科技园区。尽管制造业对整体经济有一定的影响，但它在空间上仍然与城市的其他部分相距甚远。单一用途的分区模式表现为西部住宅区与东部工业发展区之间的明显分隔。基里亚特加特的发展模式是两极分化的，既有相对密集的住宅区，也有明显的工业区。这种分化也反映在基里亚特加特市的社会经济格局中。该市拥有不同社会经济条件下的多元化社区，但这些社区却很少从毗邻的工业区中获取经济利益。在该市的东半部，工厂员工与基里亚特加特市中心缺乏联系，公司只能依靠封闭的园区为员工提供服务。这些工人大多居住在基里亚特加特城外，需要乘车才能前往市区。

韩国的浦项市是一个截然不同的例子。虽然浦项的起源可以追溯到两千年前的居民点，但它最初是在1949年建立的海滨城市。直到20世纪50年代末，浦项都只是一个渔港，海鲜售卖及加工是其主要产业。20世纪60年代，浦项制铁公司（POSCO）在韩国政府的公共补贴和支持下，建立了韩国第一家综合钢铁厂，浦项由此进入了一个重要的发展时期。浦项工业区位于陆地的爪形尖端，区内最大的钢铁制造企业浦项制铁公司占据了该区的大部分土地，较小的钢铁公司都位于浦项钢铁公司的南面。除了该地区第二大工厂现代钢铁公司外，其他较小的公司都依托于浦项钢铁公司的生产流程，使用其废金属和其他剩余资源。

由于浦项发展历史悠久且地形多山，因此其街道网络并没有形成有序的格局。尽管如此，浦项市内还是形成了两个独特的区域：桧山河以北是历史悠久的市中心，以南则是工业区。这条河将浦项东南部的工业区与城市的老住宅区和商业区在空间上分隔开来，一定程度上减轻了生产活动对环境的影响。一条主干道和一条铁路线横跨河流。20世纪80年代和90年代新建的住宅区分布在工业区的东南外围。该市港口东面森林环绕，西面濒临东海，为进出浦项的航运提供了便利，使浦项对企业颇具吸引力。

相邻型工业空间是指通过分区管制（或通过物理屏障或自然元素）有计划地隔离城市的工业区和住宅区，目的是隔离不兼容的土地用途，防止环境污染。如今，受市场和竞争动态的影响，这种类型的工业空间正在发生变化。工厂和公司正在纷纷迁往能提供更好的服务和基础设施的工业园区。

自治型工业空间。这类工业空间的特征是物理边界清晰的大规模工业建筑区。这些工业园通常位于交通基础设施发达的地段，便于前往机场或海港。它们与城市结构分离，往往难以为员工建立高效的公共交通系统，员工只能依靠自己的私家车或雇主提供的班车出行。虽然这些工业区往往位于城市外围，靠近自然空间或农业用地，但这些自然环境并没有融入工业空间。工业区的街道主要用于车辆通行，宽度由货车的大小决定。自治型工业空间内的地块相对较大，以便吸引资本周转率高的公司，例如雇用数百名工人的跨国公司。虽然自治型工业区往往在基础设施方面为地区发展作出了贡献，如修建公路、火车站和垃圾处理系统，但它们也与附近城市的老工业区形成竞争，有时还会削弱其经济。

洛兹敦是美国俄亥俄州东北部的一个村庄，位于克利夫兰和宾夕法尼亚州匹兹堡之间。该村最著名的企业是于1966年投产的通用汽车公司洛兹敦装

融合型工业空间

类型 |
融合型

生活与工作的共生。

结构 |
分层的

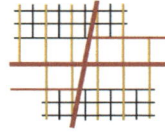

土地利用 |
混合用地

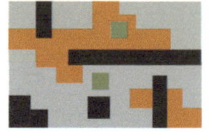

德国慕尼黑

位置

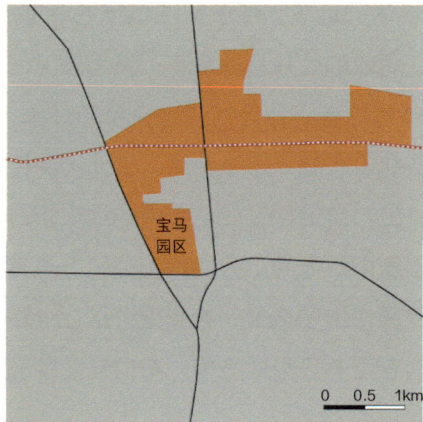

关系

美国芝加哥

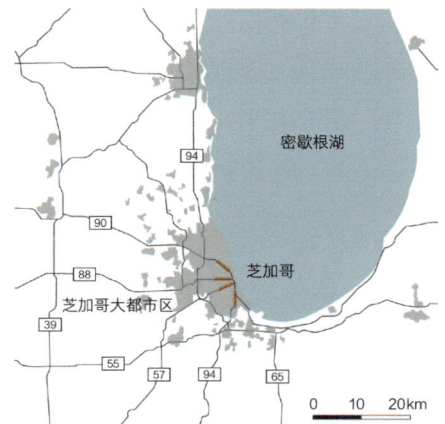

位置

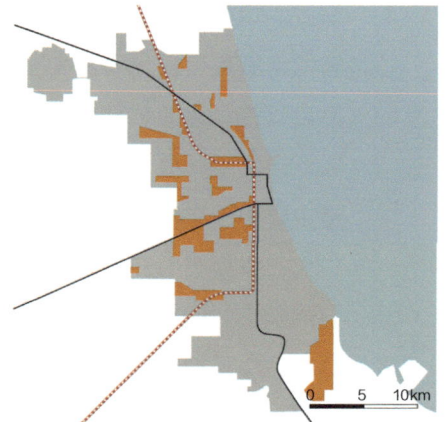

关系

	工业		居住		公共/商业		绿地/开放空间

德国慕尼黑

德国慕尼黑宝马总部和装配厂。图片由 Diego Delso 提供。

▬ 相邻型工业空间

类型 |
相邻型

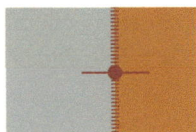

生活和工作的分区、分离。

结构 |
平行的

土地利用 |
局部分区管制

韩国浦项

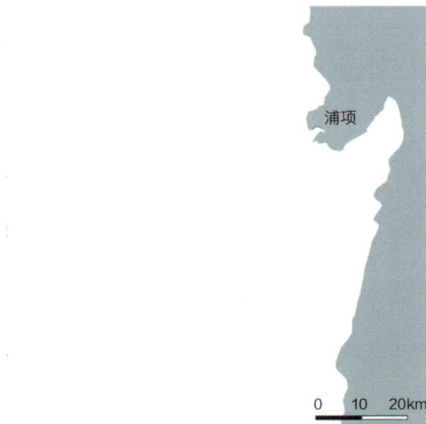

浦项

0   10   20km

以色列基里亚特加特

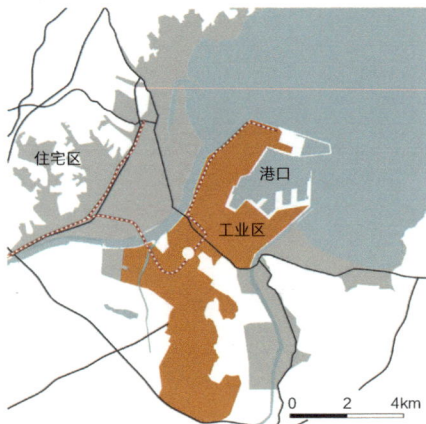

阿什杜德

阿什凯隆

基里亚特加特

斯德罗特

0   5   10km

位置

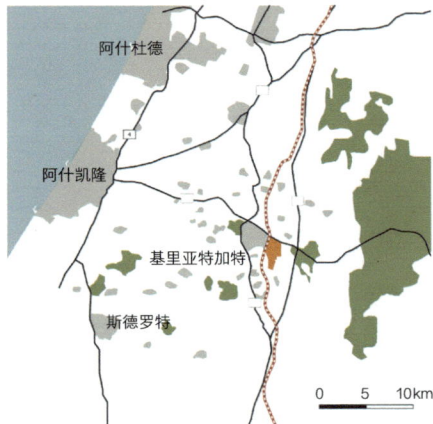

住宅区

港口

工业区

0   2   4km

位置

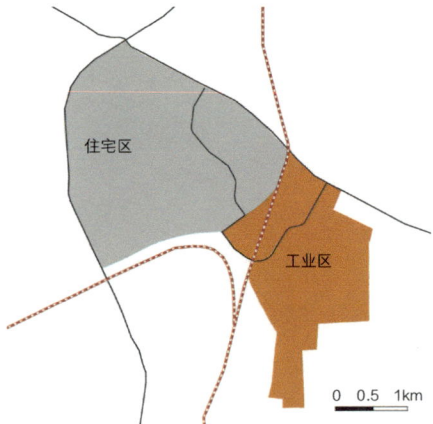

住宅区

工业区

0   0.5   1km

关系

关系

▬ 工业	▬ 居住	▬ 公共/商业	▬ 绿地/开放空间

以色列基里亚特加特

以色列基里亚特加特工业区。图片由基里亚特加特市政府提供。

自治型工业空间

类型 | 自治型		结构 | 统一的	土地利用 | 分区管制
	由统一的工业建筑占据并被各种物理边界包围的大型区域。	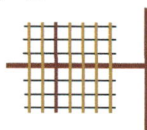	

美国洛兹敦

位置

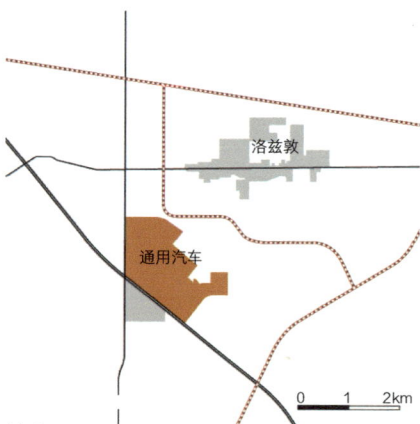

关系

美国亚特兰大

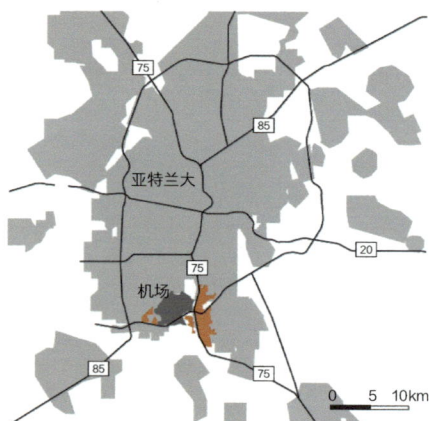

位置

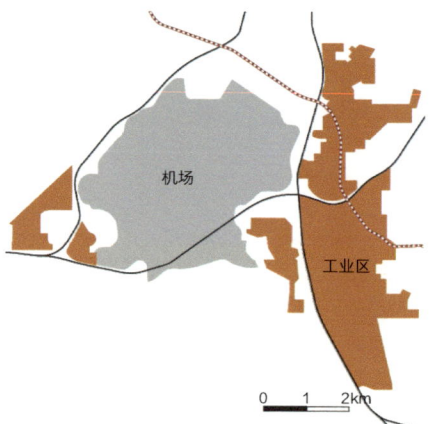

关系

	工业		居住		公共/商业		绿地/开放空间

美国亚特兰大
美国佐治亚州哈兹菲尔德－杰克逊亚特兰大国际机场附近的物流和工业区。图片由谷歌地图提供。

配厂。洛兹敦的大部分居民都在该厂工作。尽管该村面积不大，但在扬斯敦－沃伦－博曼大都市统计区内，它所提供的工业就业岗位却多于其他任何城市。该村大部分土地都是人口稀少的住宅区，只有一个小的市中心商业区。洛兹敦装配厂和铁路线约占土地总面积的四分之一，它们主导了洛兹敦的布局。该村的特点是依赖于工厂，通用汽车公司洛兹敦装配厂占据了该镇所有的工业用地，四周由农业区包围。尽管该工厂的许多员工居住在洛兹敦并使用其服务和设施，但工厂与社区实际上是分离的。工厂对面是公司住宅区，约有200栋独户住宅供员工居住。虽然有多条铁路线将工厂与全村各区连接起来，但汽车仍然是工厂员工主要的出行方式。洛兹敦厂址与周围的土地利用在物理上是隔离的，并有各自的基础设施。园区内有一个大型停车场，与80号和680号州际公路相连，这两条高速公路穿过周围的农田，将该园区与大扬斯敦地区连接起来。

美国佐治亚州的哈兹菲尔德－杰克逊亚特兰大国际机场（Hartsfield-Jackson Atlanta International Airport）周围的工业区是另一个自治型工业空间的例子。这些工业用地分布在三个不同的城市：机场东北面的亚特兰大市、东南面的福里斯特帕克市和西面的学院城。每个城市都有一个划定的工业用地群，这些工业用地群毗邻亚特兰大国际机场，周围是郊区开发项目和城郊小区。工业用地群内的企业从食品生产到汽车制造应有尽有。该工业区规划的制造业园区之一南城工业园区（SID）就是在一片棕地上开发的。SID由大量较小的地块构成，总体布局上按土地利用强度划分用途。布朗斯磨坊路和帝国大道沿线是重工业企业数量最多，交通流量最大的地区。Zip/Browns Mill/Empire地区则没有那么统一，地块较小，建筑物间距也不规则。新的南城工业园区有更多全新的、面积更大更均衡的轻工业地块，而Zip工业大道两侧则混合分布着各种服务业和其他较小规模的企业（Driemeier et al.，2009）[12]。亚特兰大位于SID的北面，与繁忙的75号和258号州际公路、铁路和小路相连。

自治型工业空间是指独立的工业/商务园区或大型工厂，从空间和管理的角度来看都是自主运营的。这些区域通常作为独立园区运作，周围往往有空地，靠近铁路、公路和机场等交通基础设施，以便于工人通勤和货物、产品运输。迄今为止，自治型工业园区已成为许多国家和企业的首选，这些国家和企业都希望创造一个国际化的地标式空间。工业向郊区和农村地区的蔓延进一步导致城市规划中缺乏对制造业的考虑，城市被视为生活、消费和休闲的场所，而外围地区才是生产空间。

这三种类型的工业空间——融合型、相邻型和自治型——揭示了制造业与城市的日益分离，工业区中央管理的加强，以及跨国企业对本地经济和物理空间格局的影响力。城市区域间发展计划和地理环境的变化，与城市之间的分异同时发生。从整体上看，这三种空间类型体现了经济发展、城市与工业之间，政治和空间关系发展的三大趋势（Hatuka et al.，2014）。首先，最显

■ 常见工业类型：模式、结构和土地利用

模式		结构	土地利用
自治型	这种类型的特点是大规模区域被统一的工业建筑占据，周围有各种物理边界。	统一的	分区管制
相邻型	以功能分区和生活与工作分离为基础。	平行的	局部分区管制
融合型	这种类型的主要特点是生活与工作的共生。	分层的	混合用地

著的趋势是"产业从城市向外转移"，这一进程始于20世纪初区域发展理念的深入。在田园城市、工业城市和辐射城市等模式出现之后，这一趋势因全球化经济发展而得到加强，因为全球化经济更倾向于集中且不依赖于区位的自治模式。第二个趋势是"集中管理模式"得到强化，特别是跨国公司的力量不断增强，并对地方经济产生了影响。这些力量改变了工业区的类型，促进了集中管理式工业园区的发展，使其具有学术性和技术性的形象。第三个趋势是优先发展"专业化的工业环境"，"创新"和"清洁"的环境被认为可以推动科学发展。他们希望创造一个"格格不入"的工业园区，一个既无背景又无历史、可以位于全球任何地方的乏味空间。

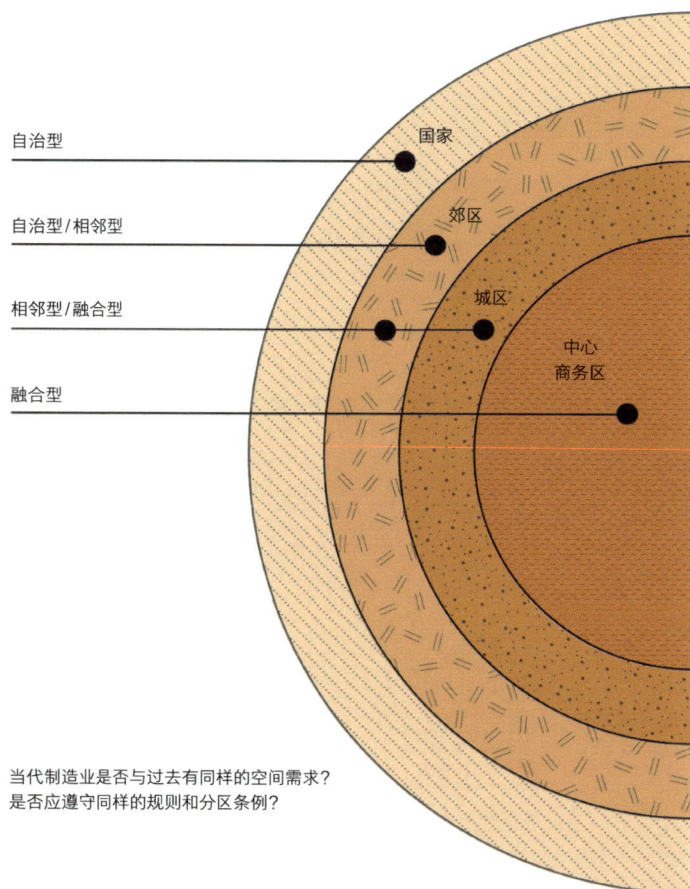

自治型 —— 国家

自治型 / 相邻型 —— 郊区

相邻型 / 融合型 —— 城区

融合型 —— 中心商务区

当代制造业是否与过去有同样的空间需求？
是否应遵守同样的规则和分区条例？

21世纪产城关系设想

制造业在世界经济活动总量中占有相当大的份额，工业用地占据了建成环境中的大面积区域，但我们往往只从经济或政治的角度来考虑工业发展，而缺乏对地理、区位或空间方面的考量，这导致了工业与城市之间的关系是简单粗放的。随着全球可持续发展运动的深入开展，社会中各领域可以缓解气候变化的潜力受到了监管。私营企业对此作出了强烈反应，因为他们不仅要遵守环境保护法规，还要增强企业社会责任感并提高营利能力。在此背景下，关于供应链管理的新思路，特别是关于地方性生产的新思路开始萌芽，逐渐取代现代主义生产阶段分离的理念。城市开始意识到工业在创造就业机会方面可以带来的机遇。得益于科技进步，将制造业引入城市之中再次成为可能（*The Economist*，2012）。诚然，没有人能精准预言未来的制造业需要什么，但城市已开始通过创造适配条件来满足企业的需求并接纳新的产业。简而言之，重新定义工业在城市中地位的重大机遇正在浮现，工业有机会成为城市结构中与居住和商业同样重要的组成部分。

要充分把握这一机遇，需要解决四个关键难题。第一个是概念上的难题。在生物技术、互联网数字媒体和数字产业快速发展的过程中，术语的使用存在混乱。当我们谈论"工业""制造"或"生产"时，它们到底指的是什么（Cohen et al.，2007）？第二个难题是公众意识。公众缺乏对现代工业的了解，往往会对工业活动产生过时和负面的看法且根深蒂固。第三个难题是缺乏与时俱进的规划政策，包括鼓励工业回归城市的地方性和区域性政策，以及在城市保留和吸引企业的手段（Leigh et al.，2012）。第四个难题是城市空间紧缺，这是城市中心工业用地供应有限且不断减少而导致的。

那我们为什么要应对这些难题，并解决都市制造业问题呢？有三个关键原因，第一是为了生产。从根本上说，都市制造业为经济发展状况一般的城市提供产品和就业机会。当企业为了降低成本开始将业务从城市转移到郊区时，工厂与城市的劳动力就分离了，这导致阶层与收入之间的"空间错配"。工人阶级通勤成本增加，城市交通负担加重。将制造业工作岗位带回城市中心地区，可以缓解工业无序扩张带来的有害影响（即现有结构的集约化），并将多样化的人群纳入劳动力市场。

第二是为了增长。都市制造业为人们能在生活的地方从事维持生计的工作提供了机会，而这一点却被那些拥护后工业时代就业的精明增长主义者所忽视（Leigh et al.，2012）。都市制造业缩短了员工通勤距离和企业间的货运距离，能带来可观的环境效益。由于知识外溢和劳动力市场强劲的积极影响，都市制造业邻近地区也能够增强经济集群的实力。制造业的乘数效应远远超过服务业，每增加或减少一个制造业岗位，就会影响两到三个相关联的工作岗位。促进都市制造业发展还是一项优质的财政政策，因为城市可以通过高效利用工业用地来创造额外收入。

第三是为了宜居。城市制造业赋予城市工业内核的特质，这种特质对于场所塑造和提升市民荣誉感至关重要。宜居关乎生产资料的联结、城市创造性和建设性精神的发掘。通过旧工厂的再利用和资源综合整治，以工业为基础的城市可以传承其作为生产中心的过去、现在和未来。此外，技术还可以帮助城市面对和解决工厂造成的诸多困扰。

3

前进之路：新工业城市主义

　　杰西卡·弗姆（Jessica Ferm）和爱德华·琼斯（Edward Jones）(2017)
认为，城市需要工业以维持城市的运转，为城市的企业和居民提供商品和服
务，处理城市的垃圾，为城市建设提供原材料等（Ferm et al., 2017）[6]。尽管
这听起来容易，但它并不是一项简单的地方性任务，因为工业并不是凭空发展
的，而是存在于一个联系日益紧密的全球化世界之中。随着传统制造业利润的
减少，向下一阶段的工业现代化转型已成为世界上许多国家的当务之急。许
多国家普遍开始从海外进口制成品和曾在本地生产过的中间品（如钢铁）。这
一趋势导致许多发达国家的制造业就业岗位减少，例如美国在1979~2010年
减少了近41%的制造业就业岗位（Helper et al., 2012）[3]。目前一些先进的
工业国家已经启动了促进本土化生产的激励政策（DeBacker et al., 2015）[29]
（Kotkin, 2012；Northam, 2014），一方面是为了应对地区性失业问题，另
一方面是因为发展中国家的工资增长，削弱了离岸制造业发展的经济驱动力
（Helper et al., 2012）。学者们也关注制造业活力及其对就业的影响，他们认
为制造业对地方、区域和国家的经济增长仍然至关重要，并起到"增长飞轮"
的作用，因为制造业产出的增长率往往会推动制造业和服务业生产率的提高
（Pike, 2009）[59]（Manyika et al., 2012）。随着新技术的发展，工业生产需要
专业化和高技能劳动力以保障生产和技术应用，发展制造业的重要性正在被广
泛接受（Pisano et al., 2012；Plant, 2013）。

■ 规划前进之路

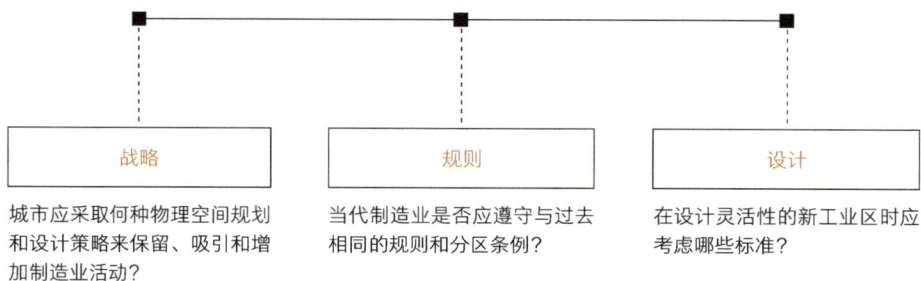

战略	规则	设计
城市应采取何种物理空间规划和设计策略来保留、吸引和增加制造业活动？	当代制造业是否应遵守与过去相同的规则和分区条例？	在设计灵活性的新工业区时应考虑哪些标准？

德国汉堡海港城西部老仓库城鸟瞰图
图片由 Thomas Fries 提供。

许多国家为了获取竞争优势，通过数字化技术、机器人技术，以及雇用数量更少但技能更高的劳动力来创造一系列有利条件，让企业迁回都市之中。现阶段的工业现代化有赖于高技能劳动力、创新场所（如教育机构）和政府资助（通常通过教育机构传导），这是城市再生和重新定义工业在城市中地位的机会。

在重新定义的过程中，大多数策略、政策和政府支持都侧重于经济激励措施（如税收激励、企业招商或投入研发经费），而很少考虑物理空间的规划和环境设计。事实上，无论是发展先进制造业还是传统制造业，都不仅只是一个经济问题，而应被视为一个综合的社会政治工程，其包含四个相关维度：经济维度上，全球投资和项目竞争的白热化；社会维度上，全球化背景下制造业向新兴市场和发展中国家转移带来的失业问题；规划维度上，人口增长和快速城市化发展趋势；环境维度上，货物运输中的能源消耗及成本变化。

因此，我们建议将经济学家提出的定量、抽象的分析框架扩展为包括物质环境的具体、可比较、多层次的框架。这一框架必须关注未来城市与工业之间的关系，以及当前城市规划与生产场所之间的关系。更具体地说，它着眼于城市中当代制造业在空间的内涵和表现：城市应采取何种物理空间规划和设计策略来保留、吸引和增加制造业活动？当代制造业是否应遵守与过去相同的规则和分区条例？在设计灵活性的新工业区时应考虑哪些标准？这些问题既是认识论问题，因为它们涉及我们当今对工业的定义；也是方法论问题，因为它们将影响我们如何采取行动来应对这些挑战。在解决这些问题时，应将发展制造业（无论是先进制造业还是传统制造业）视为一个复杂的社会政治工程，即"新工业城市主义"，以帮助未来城市发展。

新工业城市主义理念聚焦于城市，是一种将工业区融入城市的发展模式。这一替代性模式，可以避免自治型工业空间模式带来的城市无序扩张和郊区化（Hatuka et al.，2017）。新工业城市主义提出的前提条件是技术发展正在改变制造业的物理轨迹、分销流程与网络、交通方式及区位偏好。新工业城市主义基于城市区位具有竞争优势这一理念来塑造城市的空间形态。城市凭借其区位优势，更容易获取高技能劳动力、教育机构（研究和实验中心）和客户（Hatuka et al.，2017；Hatuka et al.，2017；Lane et al.，2020；Love,

2017；Rappaport，2011）。因为企业（包括知识密集型企业）对城市内部（尤其是学术机构附近）工业用地的需求日益旺盛，所以接纳这一理念将会对当地经济产生重大影响。这一理念也会对当地社会领域产生影响，它增强了中小型企业和个体企业家的实力（Markillie，2012），并可能使"本地化采购"的概率变高，从而巩固地方主义。要应对这一发展趋势，城市规划必须在一定程度上改革分区制度，以促进包括工业和商业在内的土地用途混合。新工业城市主义与当代工业发展的三个重要概念有关，即工业4.0、产业生态系统和工业生态学。

"工业4.0"指的是生产流程和消费品的数字化。它包括从人工智能、自动化设备到生物科学等领域的各项技术创新（Reynolds，2017；Schwab，2015）。工业4.0被视为工业化的一个阶段，它鼓励和支持不同类型企业之间在知识传播方面的融合、协作和交叉。这种现象有利于新产品和交叉技术的研发（Reynolds，2017；Schwab，2015）。此外，这些技术的发展有望提高能源利用效率，实现更清洁、更安静的工业生产流程（Love，2017）。但如果不加以控制，工业4.0也可能会加剧社会不平等，因为它对高知劳动者和低技能劳动者（尤其是在服务业）的需求最大，而对介于两者之间的劳动者（受过一定教育、中等技能的劳动者）的需求则小得多（Schwab，2015）。这些趋势或会给中产阶级带来压力，而中产阶级通常是维持社会稳定的重要力量。因此，工业4.0的机遇与挑战并存：城市需要在吸引先进企业的同时也要支持传统企业，以保持社会平衡。

"产业生态系统"是一个促进企业合作与交流的概念，它将制造业视为一个或多个生态系统，并鼓励各主体建立联系和开展交流（Berger，2013；Berger et al.，2013；Cortright，2006；Mills et al.，2008）。具体做法是在一个地理区域内发展可按产品区分的"集群"，以囊括参与产品生产不同环节（即供应链上下游）的企业。它将一个地区的经济及其企业视作一个系统，旨在通过企业、教育机构（尤其是大学）和政府机构（组织）的合作，鼓励创新，进而促进增长（Etzkowitz，2012）。此外，它还强调高科技和低科技制造商之间的联系，并将企业的多样性视为该系统的一个重要组成部分（Hansen et al.，2011）。社会资本对这一趋势的形成尤为重要，在社会领域，产业生态系统提倡：①学术界与产业界、政府与学术界、政府与产业界之间的跨部门关联；②初创企业与成熟企业或中小型企业与大型企业之间的跨规模关联；③供应商与生产商之间的上下游关联。领导力是推行该理念的关键，而领导力往往来自大学。众多研究型大学（如位于马萨诸塞州剑桥市的麻省理工学院和哈佛大学，位于北卡罗来纳州研究三角区的杜克大学、北卡罗来纳州立大学和北卡罗来纳大学教堂山分校）已成功引领了多个城市的跨部门合作，这些城市可以说已拥有了产业生态系统。

最后一个概念是"工业生态学"，指基于环境考虑，以可持续发展、高效利用能源和减少废弃物为目标的工业发展（Deutz et al.，2008；Kalundborg Symbiosis，1972；McManus et al.，2008）。在经济层面上，工业生态学旨在提高资源利用效率（例如改善能源、水资源的生产和利用），建立更可持续的闭环系统以杜绝浪费，这可以降低生产成本并节省开支。在社会层面，这一理念可作为一种代表性策略来影响公众的观念和舆论。工业生态学还包括建立一种工业副产品循环，在这个循环中，一家企业可以使用另一家的副产品，以

■ 工业发展中新的关键概念

新工业城市主义

城市制造业
更清洁、更安静、占地面积更小的工业
生活工作混合社区

工业4.0

增材制造
数字制造
自动化
人工智能

产业生态系统

跨部门协作
供应链上下游扩展
产业集群

工业生态学

零废弃物
副产品再利用
可持续发展

此类推减少工业废弃物的产生（Gibbs et al.，2007）。生态工业园区在空间上通常是自治化的园区，原则上致力于实践循环经济和支持其他环保行为（如绿色建筑技术、太阳能发电和太阳能利用、提高能源利用效率）。但建立工业生态循环的主要问题是自上而下的规划经常无法为其奠定基础，只有通过企业间的双边协议建立循环以满足特定需求，即循环由市场需求驱动时，循环效果才最佳。

新工业城市主义及工业4.0、产业生态系统和工业生态学这三个相关概念都在以相似的方式影响工业发展。首先，它们都重视工业区发展过程中各要素间的邻近度。根据这些概念，集聚于同一或相关行业的公司有更多机会与"专业工人、供应商和客户"及支持其生产的机构（如学术机构和研究中心）产生联系（Helper et al.，2012）[2]，企业间的相互关联、相互交叉创造了一个生态系统。将企业简单地划分为生产商或服务商是过时的经济思维和分类方法，尤其是在经合组织国家（De Backer et al.，2015）[29]。相关研究进一步支持了该立场：①强大的制造业并不需要低工资劳动力；②高密度的工业生态系统会留住工作岗位，阻止企业搬迁和工作岗位转移；③真正的创新发生在企业规模扩大和产业生态系统重构的过程中（Berger，2013）。其次，这些概念表明地方主义和社区化的力量正日益增强，因为技术变革加强了中小型企业和个人企业家的实力（Markillie，2012）。然而，这种本土化趋势并不意味着大型跨国公司会将其业务迁回原籍国（Pisano et al.，2012）。相反，对于大型跨国企业来说，扩大市场（尤其是新兴经济体的市场）比降低劳动力成本更具吸引力（De Backer et al.，2015）[13]。此外，这些概念还表明，需要有适应性和弹性的土地利用法规作为规划策略。因为交货速度是当前影响企业选址的一个重要因素，企业越来越多地不是根据土地成本，而是根据劳动力可用性和交通便利性（影响交货速度）来选址。这种转变表明，企业愿意竞相购买包括工业用途在内的多功能区土地。然而，当前的许多土地利用规划、分区制度和建筑规范仍在阻碍着各类企业（从药品生产到食品生产）在都市中建厂（Hatuka et al.，2017；Love，2017）。

总的来说，这些概念正在改变工业发展，并影响着经济地理、社会和城市规划。

■ 当代制造业面临的多重挑战

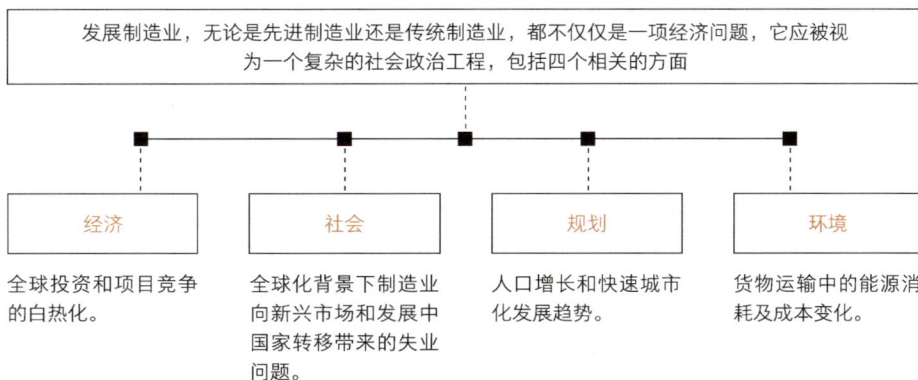

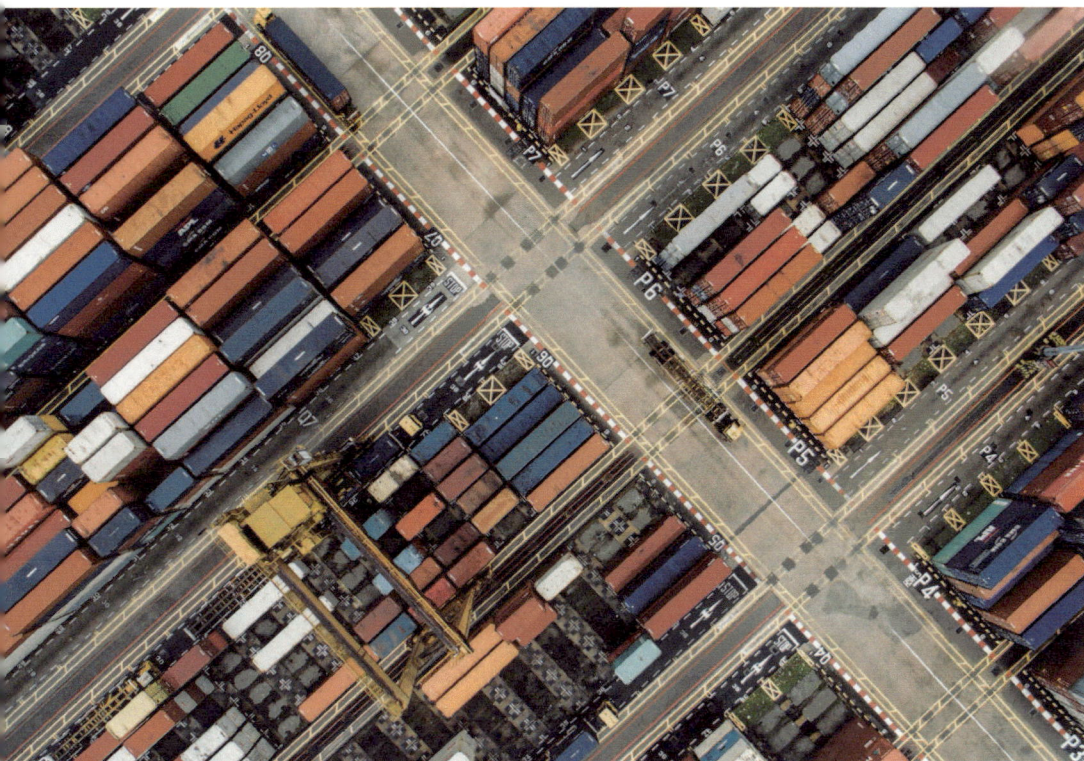

发展制造业，无论是先进制造业还是传统制造业，都不仅仅是一项经济问题，它应被视为一个复杂的社会政治工程，包括四个相关的方面

经济	社会	规划	环境
全球投资和项目竞争的白热化。	全球化背景下制造业向新兴市场和发展中国家转移带来的失业问题。	人口增长和快速城市化发展趋势。	货物运输中的能源消耗及成本变化。

新加坡武吉美拉

图片由 chuttersnap 发布于 Unsplash。

从总体构想到政策倡议

政府和城市当然不会对工业发展的主流趋势和变化无动于衷，它们在鼓励工业发展的政策、土地分配及承载和培育工业的规划策略方面作出了回应。那么，政策制定者在做什么呢？尽管不可能将所有政策都绘制成图纸，因为政策显然与当地的政治经济环境息息相关，但可以根据其基本目标对一些通用策略进行分类。根据分类，可以识别出四种通用策略及其相关政策：合作、专业、平衡和转化。

合作。 以合作为重点的策略将区域视为创新和发展的平台。该策略将大都市区及其企业视为一个系统，旨在通过企业、教育机构（尤其是学术机构）及政府机构（组织）之间的合作，鼓励创新，进而促进增长（Etzkowitz，2012）。它强调高科技企业和低科技企业之间的联系，并将企业多样性视为经济增长的重要组成部分（Hansen et al.，2011）。相关政策将大学视为创新和发展的加速器，强调了教育机构的经济职能、公私合作、机构－企业合作在推动增长方面的潜力（Youtie et al.，2008）。新英格兰委员会与麻省理工学院、哈佛大学及金融学家合作，于1946年成立了一家风险投资公司——美国研究与发展公司（ARD），将麻省理工学院和哈佛大学的研究商业化，这即是实施合作策略的典范（Etzkowitz，2012）[769]。

同样具有代表性的还有美国制造业协会（Manufacturing USA），该协会下设14个专门的制造业创新研究所，每个研究所都是公私合作关系。位于密歇根州底特律市的未来轻量化创新研究所（LIFT）是这14家研究所之一，由美国轻量化材料制造创新机构（ALMMII）运营。LIFT由一个广泛涵盖联邦和州政府、企业、专业组织和教育机构的联盟资助，其目标是彻底改变轻质材料的生产工艺。位于宾夕法尼亚州匹兹堡的先进工业机器人研究所（ARM）是14家研究所中的另一个例子，具有类似的资金结构，旨在推动机器人技术在特定制造业（如纺织业）中的早期快速应用。此外，合作政策将企业家视为经济增长的刺激因素，倡导实施吸引和培育创业者的举措（Hart，2008）。例如，纽约市前市长迈克尔·布隆伯格向各地大学征集建议书，希望在纽约市建立一所能提供创业培训的工程学院，以此创造新的商机和各种就业机会（Etzkowitz，2012）[766]。最终，康奈尔大学和以色列理工学院的提案胜出。康奈尔科技校区于2017年开学，其中包括琼和雅各布斯技术学院康奈尔学院（Joan & Irwin Jacobs Technion-Cornell Institute），重点开展数字时代下的跨学科研究，如人机交互、人工智能及数据建模。

专业。这是集群发展策略的总称，它通常包括一系列政策或举措，以在特定都市区内通过识别产业集群并进一步发展来刺激区域经济增长（Burfitt et al.，2008；Wolman et al.，2015；美国集群地图项目）。沃尔曼（Harold Wolman）与因卡皮耶（Diana Hincapie）（2015）列出了学者（Cortright，2006；Feser，2008；Mills et al.，2008；Rosenfeld，1997）建议政府用来支持集群发展策略的几项政策和手段，包括"招募集群需要的公司来填补空白以支撑集群扩张""发展和组织供应链协会"，以及"通过外部组织来代表集群利益，例如区域发展伙伴、国家贸易协会、地方、州和联邦政府等"（Wolman et al.，2015）[141]。属于这一类别的例子包括德克萨斯州奥斯汀、宾夕法尼亚州匹兹堡和加利福尼亚州洛杉矶的举措。奥斯汀商会、市政府和得克萨斯大学奥斯汀分校吸引了包括戴尔、摩托罗拉、IBM、AMD和美国应用材料公司在内的高科技企业在当地开设分公司或开展业务（Youtie et al.，2008）[1193]。在匹兹堡，阿勒根尼社区发展会议目前正致力于创建一个在天然气供应链中处于有利地位的制造业中心，这是其吸引企业进入大都市区并创造就业岗位的举措之一（Allegheny Conference on Community Development，2015）。另一个例子是洛杉矶的汽车设计产业集群。这是一个由洛杉矶县经济发展公司牵头的联合体，该公司成立了南加州先进交通中心，通过推广新型绿色技术和自动驾驶汽车来应对新兴趋势（Los Angeles County Economic Development Corporation，2017）。他们的愿景是该中心能够创造全新的高薪高技能工作岗位。最后，产业生态集群发展政策计划通过建立一个企业间副产品重复利用的循环，来减少工业废弃物（McManus et al.，2008）。这通常意味着需要建设特定的生态化工业园区。

平衡。这一策略要求利用一系列政策工具，促进工业生产在整个区域空间上的均匀分布（Labrianidis et al.，1990）。它包括许多常见的基本经济发展政策，例如激励资金投向大都市区中相对贫穷的社区，这些社区不仅有既定的社会经济状况，而且还缺乏工业资本和基础设施。针对这些地区的政策手段包括但不限于税收增量融资、免税债券融资及划定特别工业区。例如，芝加哥就通过税收增量融资为贫困地区的企业提供了帮助（Chicago Department of Planning and Development，2017）。而休斯敦则建立了得克萨斯企业区，希望通过退税来支持根植于这些区域的企业，以此振兴贫困地区。在这些区域内，得克萨斯州和休斯敦市根据企业的资本投入情况及其在当地创造的就业岗位数量，按比例退还企业合规支出的州销售税和使用税（Texas Wide Open for Business，2017）。

转化。这类策略旨在将区域内的工业资源（如土地、设施）从一种用途（如钢铁生产）转变为另一种用途（如航空制造），或用于生产多种不同产品。法国西南部的机械谷（MechanicValley）就是采用了这种策略（Guillaume et al.，2011）[1139-1141]。芝加哥发行工业发展收入债券的举措也是采取了这类策略。这些免税债券的收益可用于资助工厂建设或翻新。另一个例子是匹兹堡阿勒根尼社区发展会议发起的"Power of 32 Site 发展基金"项目。该基金牵头为那些可能对地区经济产生显著影响的地块建设提供用于开发前准备工作的优惠抵押贷款。

除这些现有政策外，为应对第四次工业革命，新政策也在不断涌现。这些政策大多涉及劳动力（社会）与生产（经济）之间的相互关联（Hatuka et al.，2020；Helper et al.，2021）。在劳动力方面，这些政策重点关注：①新技术支持下的技能和培训，包括在线教学、基于人工智能的引导式学习系统和虚拟现实工具，这些新技术提供的创新途径，使学生、工人和求职者在生命周期的各个阶段都更容易获得有吸引力且负担得起的培训；②提高就业质量，尤其是低薪服务工作的就业质量，例如清洁和场地维护、餐饮服务、安保、休闲娱乐及家庭健康援助（Hatuka et al.，2020；Helper et al.，2021）；③通过补贴培训学费和基于工作的教育（如实习）等激励措施，鼓励下一代投身制造业。

■ 工业发展战略

平衡	合作

平衡

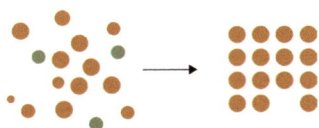

关注 | 地区发展

目标 | 鼓励在欠发达、服务不足地区
进行开发

政策 | 地方特有政策、税收减免、
财政激励措施

合作

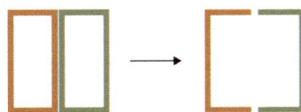

关注 | 区域创新

目标 | 刺激增长

政策 | 研发投资、大学主导的研发、
创业精神塑造

专业

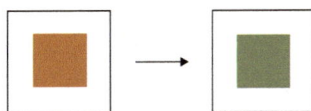

关注 | 产业集群发展

目标 | 发展以地方为基础的专业知识，
使地方成为产业的代名词

政策 | 成立行业协会；劳动力素质提升、
市场营销和品牌建设、工业生态
学应用、生态工业园区打造

转化

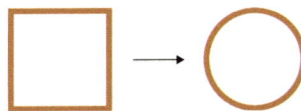

关注 | 工业改造

目标 | 重新开发废弃的工业设施和土地

政策 | 税收减免、财政激励

在生产方面，这些政策重点关注：①通过促进经济增长、建设卓越的研究／教育区及创造新岗位来扩大创新；②发展制造业生态系统，以创造积极的溢出效应，这种溢出效应来自各地区相连通的劳动者教育和培训系统。

各国政府往往采取整合这些不同要素的策略或政策。因此，将产业集群策略作为区域发展创新方法的一部分是很常见的。政府在实施区域发展策略或产业转化策略时偶尔会使用一些手段，如制定本地化要求，或规定"项目必须使用一定量的本地产品"（Johnson，2015）。而财政激励措施，尤其是各种形式的税收减免，是政府在实施上述任何策略，尤其是区域发展策略时经常使用的方法。总之，上述策略不是独立开展的，而是经常需要同步使用和动态调整以实现区域发展。

有时，政府的政策确实会强化和支持新工业城市主义，特别是在大都市区通过经济发展策略，培育跨部门合作关系时。此外，这些策略有时也用于分散平衡大都市区的工业投资，或用于将老旧设施转变为新工业用途。

工业的未来：从平行到融合

在过去十年中，温哥华、芝加哥、伦敦和旧金山等城市敏锐地应对了制造业变化、技术演进带来的新机遇及工业用地面临的威胁（Chicago Department of Planning and Development，2014；Mayor of London，2012；San Francisco Planning Department，2002；Port of Vancouver，2014）。这些拥有工业遗产的城市确实在提醒我们，两个多世纪以来，工业在城市中的作用和布局一直在演变，当前的趋势不过是这一持续过程中的又一个阶段。

毫无疑问，技术是城市结构和构成演变的首位驱动力。与以往的工业革命一样，技术仍然是影响建成环境、文化、经济和政治的重要力量。从社会角度看，现有产品的类型及制造和消费产品的方式似乎都将发生深刻的变化。技术将继续极大地改变日常生活，包括人们的职业及与之相关的社会经济地位。事实上，与之前的工业革命一样，进步掩饰着随之而来的问题，许多人可能会被第四次工业革命的变革抛在后面，从而加速社会分裂。正如Schwab所言，在当今的就业市场上，"高端和低端需求旺盛，但中间却出现了空洞"，而这有助于解释为什么如此多的劳动者感到失望，担心自己和子女的实际收入将继续停滞不前（Schwab，2015）。

从发展的角度来看，工业4.0、产业生态系统、工业城市主义和工业生态学等概念正在改变企业对区位（即中心与外围）和集群的重要性考量。这些变化促使企业家、官员对法规提出质疑，反映出对具有适应性和弹性的土地利用法规和建筑规范（即形式规范）的强烈需求。

在应对这些趋势时，我们应关注两组关系：首先，研究工业城市的当代背景（即不断变化的劳动力市场、创新和技术发展）与城市和大都市区再生的关系，要尝试重新定义工业在城市中的地位；其次，构建城市－工业的整体观，以重新理解工作与生活之间的关系。这些不断发展的关系要求我们在更广阔的经济框架中构建解决城市土地利用问题的新方法，同时达成城市发展和劳动力目标，提升劳动力、社区振兴和城市经济发展目标之间的协同性（Mistry et al.，2011）[4]。因此，重新评估制造业的地位应成为规划师、城市设计师和建筑师的首要目标，这对于全球城市的未来发展至关重要。

■ 工业革命

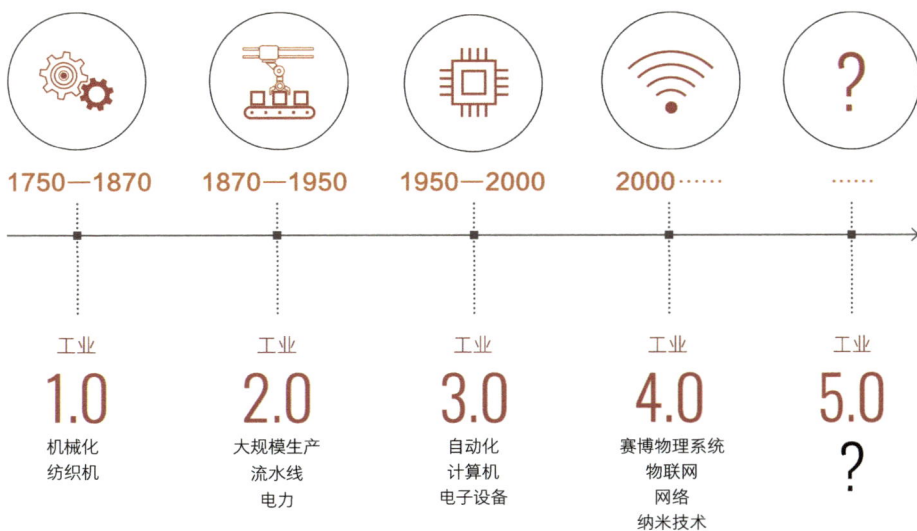

1750—1870	1870—1950	1950—2000	2000······	······
工业 1.0	工业 2.0	工业 3.0	工业 4.0	工业 5.0 ?
机械化 纺织机	大规模生产 流水线 电力	自动化 计算机 电子设备	赛博物理系统 物联网 网络 纳米技术	

1908

罗兹制造公司，美国北卡罗来纳州林肯顿，1908年。图片由Lewis Hine拍摄，美国国会图书馆收藏。

1942

美国得克萨斯州沃思堡的Consolidated Aircraf公司工厂，1942年。图片由Howard R. Hollem拍摄，美国国会图书馆收藏。

1957

美国弗吉尼亚州兰利NACA的IBM 704电子数据处理机，1957年。图片由NASA提供。

2020

美国伊利诺伊州莱蒙特阿贡国家实验室先进光子源（APS）的低能量分辨率非弹性X射线（LERIX）系统。图片由美国能源部发布于Unsplash。

第1部分参考文献

Ackermann, Kurt, and Michelle Spong.1991. *Building for Industry*. Godalming: Watermark.

Allegheny Conference on Community Development. 2015. "Our Work: 2015-2017 Agenda: Connecting People to Opportunity." Allegheny Conference on Community Development.

Anderson, Stanford. 2000. *Peter Behrens and a New Architecture for the Twentieth Century*. Cambridge, MA: MIT Press.

Autor, David, David Mindell, and Elisabeth Reynolds. 2020. *The Work of the Future: Building Better Jobs in an Age of Intelligent Machines*. Cambridge, MA: MIT Press.

Barnes, Roy C. 2001. "The Rise of Corporatist Regulation in the English and Canadian Dairy Industries." *Social Science History* 25, no. 3: 381-406.

Berger, Suzanne.2013. "An Overview of the PIE Study." Filmed September 20, 2013 at Production in the Innovation Economy Conference at the Massachusetts Institute of Technology, Cambridge, MA. Video.

Berger, Suzanne, and Philip Sharp. 2013. "A Preview of the MIT Production in the Innovation Economy Report." Task Force on Innovation in the Production Economy, MIT.

Biggs, Lindy. 1996. *The Rational Factory: Architecture, Technology, and Work in America's Age of Mass Production*. Baltimore, MD: Johns Hopkins University Press.

Bradley, Betsy H. 1999. *The Works: The Industrial Architecture of the United States*. New York: Oxford University Press.

Burfitt, Alex, and Stuart MacNeill. 2008. "The Challenges of Pursuing Cluster Policy in the Congested State." *International Journal of Urban and Regional Research* 32, no. 2: 492-505.

Chicago Department of City Planning. 1965. *Basic Policies for the Comprehensive Plan of Chicago: A Summary for Citizen Review*. Chicago, IL: ChicagoDepartmentofCity Planning.

Chicago Department of Housing and Economic Development. 2011.*Chicago Sustainable Industries*. Chicago, IL.

Chicago Department of Planning and Development. 2014. *Fulton Market Innovation District*. Chicago, IL.

Chicago Department of Planning and Development. 2017. *Economic Development Incentives*. Chicago, IL: Chicago Department of City Planning.

Cohen, Peter, MarkKlaiman, and the Back Streets Busi-nesses San Francisco Advisory Board to the Board of Supervisors and the Mayor. 2007. "Made in San Francisco."

Cortright, Joseph. 2006. "Making Sense of Clusters: Regional Competitiveness and Economic Develop-ment." The Brookings Institution.

Costa, Xavier. 1997. "Lingotto." *Quaderns d'arquitecturai urbanisme* 218: 91-94.

Darley, Gillian. 2003. *Factory*. London: Reaktion Books.

Davis, Howard. 2020. *Working Cities: Architecture, Place and Production*. New

York: Routledge.

De Backer, Koen, Isabelle Desnoyers-James, and Laurent Moussiegt. 2015. "Manufacturing or Services: That Is (Not) the Question."

Deutz, Pauline, and David Gibbs. 2008. "Industrial Ecology and Regional Development: Eco-Industrial Development as Cluster Policy." *Regional Studies* 42, no. 10: 1313-1328.

Driemeier, Kale, Nathanael Hoelzel, Rahul Jain, Jodi Mansbach, Edward Morrow, Charlie Moseley, Shelley Stevens and Ermis Zayas. 2009. *A Plan for Industrial Land and Sustainable Industry in the City of Atlanta*. Atlanta, GA: School of City and Regional Planning, Georgia Institute of Technology.

Economist, The. 2012. "Special Report Manufacturing and Innovation: A Third Industrial Revolution."

Etzkowitz, Henry. 2012. "Triple Helix Clusters: Boundary Permeability at University-Industry-Government Interfaces as a Regional Innovation Strategy." *Environment and Planning C* 30: 766-779.

Ferm, Jessica, and Edward Jones. 2017. "Beyond the Post-Industrial City: Valuing and Planning for Industry in London." *Urban Studies* 54, no. 14: 1-19.

Feser, Edward. 2008. "On Building Clusters versus Leveraging Synergies in the Design of Innovation Policy for Developing Economies." In *The Economics of Regional Clusters: Networks, Technology, and Policy*, edited by Blien Uwe and Gunter Maier, 191-213. Cheltenham: Edward Elgar.

Flink, James J. 1988. *The Automobile Age*. Cambridge, MA: MIT Press.

Garnier, Tony. 1917. *Une cité industrielle: étude pour laconstruction des villes*.

Paris: Auguste Vincent.

Gibbs, David, and Pauline Deutz. 2007. "Reflections on Implementing Industrial Ecology through Eco-Industrial Park Development." *Journal of Cleaner Production* 15: 1683-1695.

Giedion, Siegfried. 1992. *Walter Gropius*. New York: Dover Publications.

Guillaume, Régis, and David Doloreux. 2011. "Production Systems and Innovation in 'Satellite' Regions:Lessons from a Comparison between Mechanic Valley (France) and Beauce (Québec)." *Internation-al Journal of Urban and Regional Research* 35, no. 6: 1133-1153.

Hansen, Teis, and Lars Winther. 2011. "Innovation, Regional Development and Relations between Highand Low-Tech Industries." *European Urban and Regional Studies* 18, no. 3: 321-339.

Harrington, James, and Barney Warf. 1995. *Industrial Location: Principles, Practice, and Policy*. London: Routledge.

Hart, David M. 2008. "The Politics of 'Entrepreneurial' Economic Development Policy in the U.S. States." *Review of Policy Research* 25, no. 2: 149-168.

Hatuka, Tali. 2011. *The Factory: On Architecture and Industry in Argaman, Yavne*. Tel Aviv: Resling.

Hatuka, Tali, Roni Bar, Merav Battat, Yoav Zilberdik, Carmel Hanany, Shelly Hefetz, Michael Jacobson, and Hila Lothan. 2014. *City-industry*. Tel Aviv: Resling.

Hatuka, Tal and Eran Ben-Joseph. 2014. *Industrial Urbanism: Place of Production*. Exhibition Catalogue, Wolk Gallery, School of Architecture+ Planning, Massachusetts Institute of Technology, 5 September-19 December.

Hatuka, Tali, and Eran Ben-Joseph. 2017. "Industrial Urbanism: Typologies,

Concepts and Prospects." *Built Environment Journal* 43, no. 1: 10–24.

Hatuka, Tali, Eran Ben-Josef, and Sunny Menozzi. 2017. "Facing Forward: Trends and Challenges in the Development of Industry in Cities." *Built Environment* 43, no. 1: 145–155.

Hatuka, Tali, Gili Inbar, and Zohar Tal. 2020. "Synchronic Typologies: Integrating Industry and Residential Environments in the City of the 21th Century." [Hebrew].

Helper, Susan, Timothy Krueger, and Howard Wial. 2012. *Locating American Manufacturing: Trends in the Geography of Production*. The Brookings Institution.

Helper, Susan, Elisabeth Reynolds, Daniel Traficonte, and Anuraag Singh. 2021. *Factories of the Future: Technology, Skills, and Digital Innovation at Large Manufacturing Firms*. Cambridge, MA: MIT.

Herzberg, Fredrick. 1996. *Work and the Nature of Man*. Cleveland, OH: World Publishing.

Hoselitz, Bert. 1955. "Generative and Parasitic Cities." *Economic Development and Cultural Change* 3, no. 3: 278–294.

Howard, Ebenezer. 1898. *To-Morrow: A Peaceful Path to Real Reform.* London: Swan Sonnenschein.

Hurley, K. Amanda. 2017. "What Should Cities Make?" City Lab.

Jaeggi, Annemarie. 2000. *Fagus: Industrial Culture from Werkbund to Bauhaus.* Translated by E. M. Schwaiger. New York: Princeton Architectural Press.

Johnson, Oliver. 2015. "Promoting Green Industrial Development through Local Content Requirements: India's National Solar Mission." *Climate Policy* 16, no. 2: 178–195.

Kalundborg Symbiosis. 1972. Business Strategy.

Kim, Minjee, and Eran Ben-Joseph. 2013. "Manufacturing and the City." Paper presented at the Planning for Resilient Cities and Regions AESOP/ ACSP Joint Congress. University College Dublin, July 15–19.

Kotkin, Joel. 2012. "Cities Leading an American Man-ufacturing Revival." *Forbes*, May 24.

Labrianidis, Lois, and Nicos Papamichos. 1990. "Regional Distribution of Industry and the Role of the State in Greece." *Environment and Planning C* 8: 455–476.

Lane, Robert, and Nina Rappaport, eds. 2020. *The Design of Urban Manufacturing*. London: Routledge.

Le Corbusier. [1923] 1970. *Towards a New Architecture*. 1st paperback edition. London: Architectural Press.

Leigh, Nancey Green, and Nathanael Z. Hoelzel. 2012. "Smart Growth's Blind Side." *Journal of the American Planning Association* 78, no. 1: 87–103.

Lever, W. F. 1991. "Deindustrialization and the Reality of the Post-Industrial City." *Urban Studies* 28, no. 6: 983–999.

Los Angeles County Economic Development Corporation. 2017. "Advanced Transportation." Los Angeles County Economic Development Corporation.

Love, Tim. 2017. "A New Model of Hybrid Building as a Catalyst for the Redevelopment of Urban Industrial Districts." *Built Environment* 43, no. 1: 44–57.

Manyika, James, Jeff Sinclair, and Richard Dobbs. 2012. "Manufacturing the Future: The Next Era of Global Growth and Innovation." McKinsey Global Initiative and McKinsey Operations Practice.

Markillie, Paul. 2012. "A Third Industrial Revolution in *The Economist*." The

Economist.

Massey, Doreen, and David Wield. 2004. *High-Tech Fantasies: Science Parks in Society, Science and Space*. London: Routledge.

Mayor of London. 2012. "Land for Industry and Transport: Supplementary Planning Guidance."

McKenzie, R. D. 1924. "The Ecological Approach to the Study of the Human Community." *The American Journal of Sociology* 30, no. 3: 287–301.

McManus, Phil, and David Gibbs. 2008. "Industrial Ecosystems? The Use of Tropes in the Literature of Industrial Ecology and Eco-Industrial Parks." *Progress in Human Geography* 32, no. 4: 525–540.

Mills, Karen, Andrew Reamer, and Elisabeth B. Reynolds. 2008. "Clusters and Competitiveness: A New Federal Role for Stimulating Regional Economies."

Mistry, Nisha, and Joan Byron. 2011. "The Federal Role in Supporting Urban Manufacturing."

Mortensen, Mark, and Martine Haas. 2021. "Making the Hybrid Workplace Fair." *Harvard Business Review*, February 24.

Northam, Jackie. 2014. "As Overseas Costs Rise, More U.S. Companies Are 'Reshoring'." NPR.

Oxford English Dictionary. 2020. *Oxford English Dictionary*. Oxford: Oxford University Press.

Pike, Andy. 2009. "De-Industrialisation." In *International Encyclopedia of Human Geography*, edited by Rob Kitchin and Nigel Thrift, 51–59. Oxford: Elsevier.

Pisano, P. Gary, and Willy C. Shih. 2012. "Does America Really Need Manufacturing?" *Harvard Business Review*.

Plant, Robert. 2013. "The Experts: Will 3D Printing Live up to the Hype?" *The Wall Street Journal*, June 14.

Port of Vancouver. 2014. "Vancouver Fraser Port Authority Land Use Plan."

Porteous, J. Douglas. 1970. "The Nature of the Company Town." *Transactions of the Institute of British Geographers* 51: 127–142.

Powell, Kenneth. 2008. *Richard Rogers: Complete Works*. London: Phaidon Press.

Rappaport, Nina. 2011. "Vertical Urban Factory." *Urban Omnibus*.

Rappaport, Nina. 2015. *Vertical Urban Factory*. New York: Actar.

Raushenbush, Carl. 1937. *Fordism, Ford, and the Community*. New York: League for Industrial Democracy.

Reynolds, Elizabeth. 2017. "Innovation and Production: Advanced Manufacturing Technologies, Trends and Implications for U.S. Cities and Regions." *Built Environment Journal* 43, no. 1: 25–43.

Rogers, Richard, and Richard Burdett. 1996. *Richard Rogers: Partnership Works and Projects*. New York: Monacelli Press.

Rosenfeld, Stuart. 1997. "Bringing Business Clusters into the Mainstream of Economic Development." *European Planning Studies* 5: 3–23.

San Francisco Planning Department. 2002. "Industrial Land in San Francisco: Understanding Production, Distribution, and Repair."

San Francisco Planning Department. 2020. "Showplace/SoMa Neighborhood Analysis and Coordination Study."

Schwab, Klaus. 2015. "The Fourth Industrial Revolution: What It Means and How to Respond." *Foreign Affairs*.

Talbot, E. H. 1904. "Talbot's Industry and Railroad Map of Chicago."

Taylor, Frederick Winslow. 1967. *The Principles of Scientific Management*. New York: The Norton Library.

Taylor, Michael, and Päivi Oinas. 2006.

Understanding the Firm: Spatial and Organizational Dimensions. Oxford and New York: Oxford University Press.

Texas Wide Open for Business. 2017. "Tax Incentives."

Weber, Max. 1968. *Economy and Society: An Outline of Interpretive Sociology*. Edited by G. Roth and C. Wittich. Vol. 3. New York: Bedminster Press.

Weber, Max. [1927] 1981. *General Economic History*. New Brunswick, NJ: Transaction Books.

Wolman, Harold, and Diana Hincapie. 2015. "Clusters and Cluster-Based Development Policy." *Economic Development Quarterly* 29, no. 2: 135–149.

Youtie, Jan, and Philip Shapira. 2008. "Building an Innovation Hub: A Case Study of the Transformation of University Roles in Regional Technological and Economic Development." *Research Policy* 37: 1188–1204.

美国伊利诺伊州芝加哥市鹅岛
图片由芝加哥市政府提供。

第2部分

生产场所

第2部分
生产场所

　　本部分内容概述了当今城市和区域中工业区发展的空间规划和设计策略，它探讨了技术变革如何改变制造业的空间布局、建筑空间、物流配送网络、交通便利度及选址偏好。值得关注的是，这种变革正在改变劳动力与研发中心的所在地、市场及高素质劳动力这三者之间的互动关系。在城市和区域的发展中，要采取哪些空间规划和设计策略来保留、吸引并增加制造业活动？这些设计策略又该如何与其他城市政策相结合？这些策略是否能作为城市宏伟愿景的一部分？为了回答这些问题，本部分将探讨城市发展中的一个重要因素，即"城市与工业的动态机制"。由于运输成本和海外劳动力成本上升，以及在全球范围内重新评估国内生产和本地化供应链的迫切需要，这些动态机制在当下显得尤为重要。

　　在为应对当代工业动态发展而提出的各种规划策略中，我们主要解释并探讨了三种方式：集群、更新和混合。同时，我们用世界各地丰富的案例，强调了相应物质和空间策略的重要性及其深远影响。虽然每个案例中的术语都与特定情境有关，但为了便于讨论，我们对"工业"一词进行统一概括。在本部分中，"工业"是指对工业活动更宽泛的定义，即"生产、分销和维修"，其中包括建筑、制造、批发贸易、运输、仓储及通常出现在工业区的其他活动

（Howland，2010）。

具体而言，第4章"新兴产业集群"介绍了当前新兴产业的集聚趋势。这些趋势围绕食品科技、生物技术和网络技术等依赖资源和知识共享的产业而发展。因此，这些产业得益于与主要参与者（包括学术机构）的空间邻近。集聚可以使企业共享服务和基础设施，还可以鼓励面对面地互动，在互动中交流思想并促进创新。本章通过对瓦格宁根（荷兰）、基斯塔（瑞典）、新竹（中国台湾）和剑桥（美国马萨诸塞州）的案例分析，阐述了产业集聚过程的核心特征及其在空间规划中的应用，并强调了管理、文化和场所的重要性。第5章"重建工业区"深入探讨了工业遗产的活化利用与更新策略。本章包括对裕廊（新加坡）、汉堡（德国）、布鲁克林（美国纽约）和洛杉矶（美国加利福尼亚州）等地的案例分析，阐述了它们在空间重构上的多样性，重点关注发展、文化和场所。第6章"组建复合区域"认为功能融合与多元用途混合是保护和促进城市工业区发展的主要政策。复合型工业区可以促进产业集群发展、鼓励引入新型建筑、丰富土地利用类型及提升区域交通与信息网络的联通性。案例经验来自巴塞罗那（西班牙）、麦德林（哥伦比亚）、波特兰（美国俄勒冈州）和深圳（中

■ 工业/城市发展的主要路径

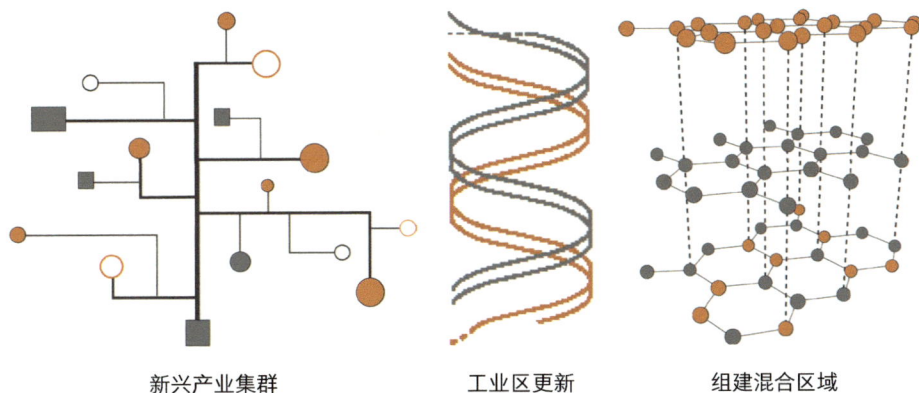

新兴产业集群　　　　工业区更新　　　　组建混合区域

国）。最后，第7章"工业和场所"回顾这三种方式，总结了它们的共同基础和实施策略，以及它们可能对未来规划产生的影响。

"集群、更新和混合"并不是应对当代城市与工业之间关系变化的全部方式。同时，采用的案例清单也并不能全面阐释这些方式。这三种方式表明了人们对工业在世界总体经济活动中发挥作用的日益认可。并且，不同方式之间并不是相互排斥的，可以在同一地区找到应用这三种方式的混合体。此外，三种方式在不同情况下的应用也有所不同。虽然这些案例提供了可借鉴的经验，但它们之间并不具有可比性，对案例的研究只能提供一些启示。这些案例告诉我们，工业发展依赖环境和文化，正是环境和文化要素的变化促成了不同类型产业生态系统的演变。

4

新兴产业集群

产业集群的特征

"集群"一般是指一组类似的事物或人在地理位置上或发生上紧密聚集在一起（Malmberg，2009）。尽管集群以其广泛的创造力和全球化传播的方式呈现，但究其根本，它们仍根植于特定的区位中（O'Connor et al.，2010）。从经济学视角拓展，集群是"地理区域内企业的集中密度"（Donaldson et al.，2018）[56]。这些企业以特定产品或服务为特征，并且经常能够在世界范围与其他集群建立层次分层关系（Brown et al.，2009；Hutton，2006；Rantisi et al.，2006）。集群的经济视角倾向于强调基于三螺旋模式（triple helix model）的协作，即学术界、产业界和政府三个关键利益相关者之间的相互作用（Etzkowitz et al.，1995；Etzkowitz，2012）。三螺旋被视为一种增强集群社交网络（cluster social network）的有效手段，该网络促进了以下三种关系：①学术界、产业界和政府之间的跨部门合作；②新创业者、大型成熟企业及其他小型企业之间的跨规模合作；③供应链上下游的供应商与生产者之间的联动（Hatuka et al.，2017）。

组织和公司的密集程度、三螺旋模式及社交网络的集聚效应，共同推动集群实现高度专业化，并不断提升其运作效率和效能。每家公司做精一个特定的生产环节（即供应链上的一个点），并依赖它们所属的更大网络，联结其

荷兰瓦格宁根大学及研究中心（Wageningen University and Research）
照片由 Van Gooien 拍摄（CC BY-SA4.0）。

他的特定生产环节（Brown et al.，2009）。正如艾伦·斯科特（Allen Scott）所写，区域经济集群"陷于全球相互依存的结构之中"（Scott，2000）[29]。在全球市场上竞争时，未成文的隐性知识，由于很难再生产，也很难被模仿，会变得越来越有价值（Celata et al.，2014）。

产业集群的核心特征之一是企业与组织之间的相互依赖。这种相互依赖关系离不开网络创新，而又反方向加强了网络创新依赖关系，进而通过协作促进了增长（Cicerone et al.，2020）。经济发展战略通常包含旨在提升这些要素和其他生产效率的政策或举措，以刺激区域经济的发展。这些职责包括支持"招募公司以填补集群发展中的空白并促进其扩展"，组织"供应链协会"，以及将"区域发展合作伙伴，国家行业协会，以及地方、州和联邦政府等外部组织利益置于集群利益之上"。（Wolman et al.，2015）[141]。

然而，如上所述，在过去的十年里，集群的核心特征已从"经济"转变为城市内产业的具体实践（O'Connor et al.，2010）。集群既得益于城市形象的提升，也为城市形象的建设作出贡献，此外，它们还深深融入城市的社会文化生活之中，成为城市不可或缺的一部分。从这个角度来看，产业集群与地域之间复杂的关系可以在不同的城市环境中演变，无论是在特大城市、小城镇还是农村地区。在评估某区域的创意经济增长潜力时，关键不在于该区域的地理位置本身，而在于该区域四个维度特征之间的关系：基础设施（如交通、空间、地方便利设施）、治理（如政策战略）、软基础设施（如文化和身份）及市场（如消费）（Comunian et al.，2010）。此外，从城市和地理的角度来看，集群是"一种由人、建筑和活动组成的社会空间集合，没有任何固定的中心、边界或规模"（Wood et al.，2015）[54]。基础设施建设至关重要，因为位于特定地点的企业通常能通过共享基础设施，从效率提升中获益，这些共享基础设施包括交通基础设施、商业网络、研究机构、学术机构和培训设施、足够数量的客户群体，以及互补的产业和服务。此外，集群因位置集中而获益，包括生产和消费，公私部门的混合参与，多样化的休闲、零售和娱乐服务，以及城市形象的提升（O'Connor et al.，2010）。

除了基础设施之外，物理空间邻近性在培育充满活力的产业集群方面同样扮演着关键角色。它通过推动创新和激发新业务来提高特定网络内公司的生产力。邻近性促进了人际关系的建立，营造了一种因"共享的社会化"而使"风险系数降低"的社会环境。邻近性还与密度紧密相关，它方便了面对面地交流，并且增加了在公共空间发生临时性、非正式性乃至偶然性相遇的频率（Katz，Shapiro，1985）[424]。公司同样能够受益于邻近的各种互补产业（Wial et al.，2012）。"多样性"被认为是系统中重要且关键的组成部分（Hansen et al.，2011）。集群理论的基本假设是，同行业或相关行业的公司邻近性，有利于公司获取"专业工人、供应商和客户"，以及支持其运作的机构（如大学和研究中心）。"社会资本"是集群的另一个重要方面。技术劳动力和智力资本的充足供应是成功集群的最关键特征之一。随着集群的发展，"技术劳动力"也会变得更加专业化。在不同地点培训具有同等能力的劳动力变得更加困难和昂贵，这加强了集群的吸引力，提升了行业主导地位（Hatuka，Carmel，2020）。

因此，邻近性在集群的演变中起着主导作用，不同产业在接收和体验的过程中，不同程度地"嵌入"当地的基础设施、网络、治理和市场（Comunian et al.，2010）。因此，亟待解决的问题不是为什么集群会在特定区域演进，而是这一环境如何孵化集群的成长。在探索这一问题的答案时，学者们提出了"产业生态系统"的观点，它假定特定地区的生产和创新形成了一个多层级的网络，这促进了网络内实体之间的互利关系和交流。产业生态系统通常用"活力""感觉""氛围"和"特质"等词汇来描述，所有这些都涉及与创新集群相关的人、实践及建筑形态之间的多层次关系。

综上所述，在过去的几十年里，集群的概念通过将空间场所引入更聚焦的经济视角而发展起来。这种日益增长的对空间背景和城市形态作用的认知意味着：①创意集群并非随机分布，它们与特定地方的物理空间属性交织在一起；②不能将集群简化为经济集群，但能将集群简化为空间模式（Wood et al.，2015）[52]。这种认知并不意味着环境中的每个维度都会直接影响集群，而是强调任何集群都会表现出社会、空间、文化和政治之间的复杂关系（Foord，2009）。环境和区位是至关重要的（Hatuka et al.，2020）。

■ 产业集群的特征

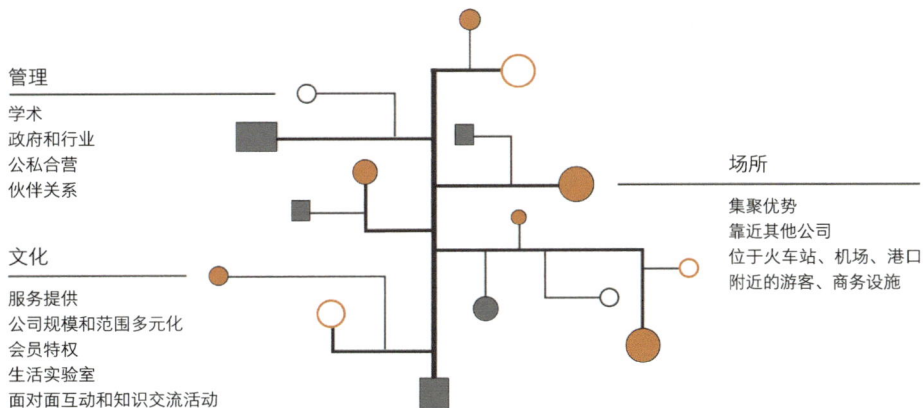

管理
学术
政府和行业
公私合营
伙伴关系

文化
服务提供
公司规模和范围多元化
会员特权
生活实验室
面对面互动和知识交流活动

场所
集聚优势
靠近其他公司
位于火车站、机场、港口
附近的游客、商务设施

瑞典基斯塔科学城
图片由谷歌地图提供。

美国马萨诸塞州剑桥肯德尔广场
和麻省理工学院
图片由谷歌地图提供。

中国台湾新竹科学园

集群化是一个适应性过程，其成功离不开关键要素，包括基础性机构的出现、对技术和人才的吸引、适应性的政策框架、营造创新文化及完善物理基础设施。鉴于环境是集群演变的一个主要因素，接下来的部分将探讨来自全球各地的案例，重点强调三个方面：管理、文化和场所。管理方面重点关注促进集群发展的伙伴关系、支持性政策及其支持规模。文化方面关注支持多样性、社会网络和共享基础设施的政策和空间战略。场所方面讨论那些支持集聚过程并提升集群知名度、独特性和增长潜力的具体政策。

接下来将展示四个集群的简况：一个是位于农村的荷兰瓦格宁根食品谷；两个是分别位于半城区的瑞典基斯塔科学城和中国台湾新竹科学园；还有一个是位于城市群的美国马萨诸塞州剑桥肯德尔广场。在所有这些案例中，为应对现有条件的限制，空间关系、策略制定及政策实施都发挥了重要作用并增强了每个地方的独特优势。

荷兰瓦格宁根食品谷

食品谷（Food Valley）位于阿姆斯特丹东部约85公里的海尔德兰省，是一个以知识密集型农业食品产业为核心的集群，覆盖了八个城镇。该集群以瓦格宁根大学（WUR）及其研究所为依托。食品谷可被视为一个"区域创新系统"，它基于三螺旋模式，促进了产业界、学术界和政府之间的互动合作。"食品谷"是瓦格宁根食品科技集群的别称，这一名称是在该地区历经数年培育食品企业和研究机构后，作为市场推广策略的一部分而确立的。集群的起源可追溯至20世纪80年代，当时瓦格宁根大学凭借其专业的人才资源和邻近农业用地的优势，吸引了众多研发公司入驻。2004年，由东部荷兰发展署、瓦格宁根大学与研究中心，以及瓦格宁根、埃德、莱嫩和维能达尔（简称WERV地区）市政府组成的虚拟组织提出了"食品谷"这一概念。自此，食品谷已成为由荷兰经济事务部资助的长期项目。

食品谷覆盖了方圆10公里的区域，汇聚了超过1500家粮食和农业相关企业。这些企业涵盖了公共和私营部门，涉及食品遗传学等研究领域的小型初创公司及成熟的食品生产企业（Crombach et al.，2008）。在这些多样化的公司中，有少数企业不仅经营核心业务，还吸引了其他相关业务。例如，2002年，乳制品行业巨头坎皮纳（Campina）选择将研发重心移至瓦格宁根，使得研究人员、产品开发人员和营销专家能够近距离协作。此外，荷兰婴儿食品公司纽米科（Numico）决定将其研究部门设在瓦格宁根，并与食品技术企业、大学及荷兰政府共同创建顶尖的食品和营养研究所，这些步骤对于集群的整合至关重要。到了2011年，瓦格宁根生物合作伙伴中心（孵化器机构）营造了一个新环境，使得初创公司能够与已有企业并肩工作。这种企业的混合和公司类型的多样化是集群发展的典型现象，往往有助于集群的扩张和成功。

集群增长通常得益于特定政策和策略的支持。以食品谷为例，主要的利益相关者和基础机构决定采纳三螺旋模式，将学术界、产业界和政府融合其中。在这个三重动力结构中，瓦格宁根大学被视为欧洲领先的农业食品、学术和合同研究机构之一，扮演着集群发展的核心角色。首先，该大学是学术界与产业界融合的典范，涵盖了瓦格宁根大学、范霍尔—拉伦斯坦理工学院及荷兰政府在农业和畜牧业应用研究方面的实验室。其次，大学不仅充当知识的催化剂，还助力该地区的高质量人力资本供给并通过研究创造新知识。值得一提的是，瓦格宁根大学虽然是一所规模较小的大学，却吸引了超过50%的国际学生（Kourtit et al.，2011）。

许多大型企业（如纽米科和联合利华）承诺在集群内建立研发设施，这有助于巩固集群的地位。这些企业得益于中央政府鼓励集群发展，以及优先支持本国企业发展的决策，包括提供资金和后勤保障。在这个三重动力结构中，学术界、产业界和政府均积极发挥作用，相互响应彼此需求，共同推动了集群的发展。

三者之间的紧密协作源于它们对先进知识在农业食品工业中重要性的统一认识。集群所涉及的知识领域和人力资源范围不断扩大，涵盖了卫生、纳米技术、过程生产工业和物流等多个方面。这种日益增长的需求进一步激发了合作需求而非竞争。各参与方之间的协调规范被纳入食品谷组织，该组织既代表了三方主体的权益，又作为核心机构支持集群利益。这种协调机制提升了国家的吸引力，对荷兰农业食品工业的发展大有裨益，并在各级政府和国家部门之间确立了稳固的伙伴关系。例如，该省已经决定将知识经济作为其区域增长的主要动力。

主要利益主体之间的协作及集群的成功，培育了受到各类组织支持的开放研究和互惠文化。食品谷财团所提供的服务涵盖了多个方面：它不仅将新兴的初创企业与经验丰富的商业指导相连接，还为创业者提供种子期前的贷款融资，帮助他们发展商业理念，并为专利申请和知识产权保护提供专业的援助。此外，食品谷工业支持的研究项目建立了公私合作伙伴关系（PPP）。PPP为行业、政府和研究机构提供了研究支持，确保了开展竞争性研究所需资金流的稳定，因此是这些项目的核心。

营销在展示集群内公司产品及其成就方面发挥着关键作用。例如，该委员会每年举办一次会议，通过最新的报道将该领域的不同参与者汇集一堂，并通过新闻报道吸引公众对行业发展动态的关注。此外，一系列在期刊和杂志上发表的出版物，包括《自然与新食品》，也对建立食品谷的声誉起到了积极作用，并成功引起了国家层面各党派及领导人的关注（Barnhoorn，2016）。

在集群的发展过程中，地理位置和环境构成了主要挑战。食品谷位于低密度农业用地的中心地带。尽管与阿姆斯特丹相距甚远，但得益于坚实的交通基础设施和便捷的本地交通网络，食品谷得以更好地与周边地区开展研发合作。尽管食品谷的地理位置远离城市中心，但众多企业仍选择在此扎根，这主要倚仗于集中化布局所带来的诸多优势。这些优势包括吸引并汇聚了专业的人才资源、提供了成熟完善的研究与发展用地，以及为参与者之间的知识交流与共享创造了宝贵的机会。

另一个挑战与集群自身的空间形态有关。食品创新集群并非一个集中且密集的集聚区，相反，它是一条长达11公里的带状区域。这条带状区域从北部的埃德市延伸至南部的瓦格宁根，由企业、研究机构和政府大楼所组成，形成了一条明显的发展轴线。沿着这条轴线，分布着瓦格宁根大学、瓦格宁根商业与科学园、埃德知识园区及位于埃德的世界粮食中心。企业、研究所和政府机构在地理位置上的紧密相邻促进了彼此间的高效合作。除了地方政府对产业集群的支持外，周边八个市政当局也携手合作，共同推动建成环境的发展。他们的目标是提升该区域的交通可达性和居住环境，以吸引更多居民（和企业）入驻。

对食品谷及其他类似产业集群的研究表明，集群的创新过程有助于将该地区打造成为对高素质员工具有吸引力的生活和工作区域（Garbade等，2013）。但最为重要的成功因素是"通过空间连通性及工业或机构网络所实现的知识协同效应"（Kourtit et al.，2011）[159]。瓦格宁根地区食品谷除了本地全球业绩表现外，也是荷兰东部更广泛创新体系的重要部分。这一创新体系包括三个主题和三个区域连续的集群倡议：健康谷（奈梅亨地区）、技术谷和食品谷（瓦格宁根地区）（Kourtit et al.，2011）[159]。

荷兰的食品谷地区是众多相互联系的战略举措的结晶，这些举措侧重于制度、基础设施及文化建设。集群在发展中也持续对农业和食品技术创新采取积极应对措施，这得益于食品谷组织的成立，该组织能够较官方地协调利益相关者、市政当局、企业和大学之间的关系。此外，该组织还为集群命名并赋予其特定身份，使其能够将食品谷的理念推向全球食品技术新发展的前列。

瑞典基斯塔科学城

位于斯德哥尔摩以北10公里的基斯塔（Kista）地区，其发展历程可追溯至1905年，当时该地还是贾尔瓦法尔特的一个军事训练场。20世纪60年代，作为瑞典百万住房计划的一部分，政府成立了基斯塔市，并在1965年至1974年期间启动了建造10万套住宅的宏伟计划（Hall，Vidén，2005）。然而，20世纪70年代初期的经济衰退和石油危机对基斯塔的发展造成了阻碍。随后，在1975年，三家大型企业——爱立信（Ericsson）、瑞法（Rifa）和IBM决定迁入基斯塔，这一决策成为该地区发展史上的转折点。20世纪80年代初，斯德哥尔摩市政府、皇家理工学院（KTH）和爱立信公司共同设想并将基斯塔打造成为电子产业的中心。基斯塔也因此逐渐赢得了"瑞典硅谷"之美誉。1985年，主要参与者共同成立了一个协作组织——Electrum基金会，该组织汇集了市政府、学术研究机构及私营企业。这种发展演变赋予了该地区独特的魅力，吸引了众多公司将办公地点搬迁至此，形成一个重要的商业群体，其中包括苹果、微软、诺基亚及太阳（Sun）。随着合作的不断深化，2000年基斯塔与阿卡拉（Akalla）商业中心合并，成立了基斯塔科学城。两年后的2002年，皇家理工学院和斯德哥尔摩大学联合在此地创立了IT大学城校区。同年，基斯塔购物中心（Kista Galleria）开业，斯德哥尔摩创新与发展组织（STING）也启动了其商业计划。这座城市孕育了从新兴的初创企业到全球性的、众多规模不一的跨国公司。集群内的大多数企业都涉足信息通信技术（ICT）行业，涵盖了软件开发、信息技术研究与开发、电信服务、硬件制造及咨询和计算机服务等领域。迄今为止，基斯塔已成为北欧最大的ICT集群，仅次于美国加利福尼亚州的硅谷。这里汇集了大约1400家公司，其中包括300家ICT领域的知名企业，如爱立信、IBM、微软、三星、甲骨文和英特尔等（Yigitcanlar et al. Inkinen，2019）。

基斯塔的历史堪称一个失败者蜕变为"最受欢迎人物"的传奇故事。其大部分成就归功于基础设施的建设、对技能和人才的吸引、适应政策框架、完善的物理基础设施，以及与产品管理的紧密联系。其成功的关键是成立了Electrum基金会，董事会成员包括皇家理工学院校长、斯德哥尔摩市长及主要技术和实业公司的首席执行官。在Electrum基金会的领导下，五个专门委员会分别负责科学城的特定领域——高等教育、创新、基础设施、营销和研究，旨在识别问题并组建工作团队以实施有效的解决方案。此外，基金会还成立了两家子公司，STING企业孵化器和基斯塔科学城有限责任公司（AB），为创新发展提供了支持。STING提供孵化器和加速器服务，包括指导办公空间及培养新兴企业家的投资网络。基斯塔科学城有限责任公司作为一个非营利组织，通过管理潜在投资者和促进地产与斯德哥尔摩市政府之间的谈判来推动经济发展。

推动地区发展是提升基斯塔工业发展吸引力的有效手段。同时，公共投资的核心焦点已转向交通和技术基础设施的建设与发展。通过改善通勤铁路和机场设施，基斯塔可吸引来自区域乃至国际的劳动力；对光纤网络的大量投资则推动了技术进步，凸显了网络连通性的重要性。此外，旨在鼓励技术采纳和创业精神的社会性项目，已经孕育出一批具有创新精神和适应新技术的人才。

2000 年，基斯塔科学园更名为基斯塔科学城，以此表明其不仅满足于作为创新中心的地位，还有更远大的发展目标。然而，基斯塔的成功也伴随着新的挑战。首先，它需要创造城市活力，因为它在被视为专业且有能力的同时也被认为单调、乏味且缺乏活力。许多年轻创业者和知识型人才表示，他们不会考虑居住于此，而是更偏爱斯德哥尔摩市中心的活力和氛围。这促使基斯塔加大了对文化活动场所、学生宿舍、高端公寓的投资力度，打造了更具吸引力和活力的步行路线，并改善了与市中心及机场的交通连接。此外，基斯塔还面临着维持基斯塔品牌的强大影响力、科学之城形象的市场推广及吸引人才资源的挑战。如何解决这些人才问题，对基斯塔的高校及市政当局的住房政策也都是一个考验（Van Winden et al.，2012）。

基斯塔的基础性机构对该集群的成功起到重要作用。这些基础性机构通过Electrum基金会整体协调的努力汇集起来。然而，与其他强调便利位置、内部文化或产业物理聚集的案例研究不同，基斯塔的比较优势在于集群中主要大型企业的布局将ICT世界的核心从城市中心吸引到了城市工业园区。

综上所述，建设城市战略的基斯塔案例代表了基于所在城市中一系列战略项目的一类科学城，起源于伙伴关系和包容性。科学城的概念已经从单纯的科学生产扩展到社会和经济发展的领域，旨在推动经济增长并惠及更广泛的民众。这种方法着重于社区整体，而不仅仅是实验室和工业环境中的工作。共同愿景作为未来各方制定议程的目标方向，在科学城的发展中发挥着重要作用（Charles，2015）。

中国台湾新竹科学园

新竹科学园（HSP）于1980年设立，是鼓励高新技术产业发展的重要项目之一。在园区建立之前，新竹主要以农业和灯泡制造业而闻名，并不被认为是重要的工业地区。然而，随着台湾清华大学和交通大学于20世纪50年代末迁至新竹，新竹市成为重要的工业地区。自那时起，新竹便被视为一个得天独厚的地点，不仅承载着重要的高等教育中心职能，还孕育着高科技科学园区的蓬勃发展。

科学园借鉴了美国加利福尼亚州帕洛阿尔托的斯坦福工业园模式，其目标是借助现有的高等教育机构、新兴的研发机构及私人资本的力量，推动台湾工业从劳动密集型制造业向高科技产业的转型（Chen，2013）。曼纽尔·卡斯特（Manuel Castells）和彼得·霍尔（Peter Hall）将此描述为"促进了政府研究机构、大学与高科技企业之间的'合作三角'"（Castell et al.，1994）[100]。与那些由私营部门建立的科学园区不同，台湾选择在公共部门培育核心高科技能力。随后，以这些公营机构，如工业技术研究院（ITRI）为推动力向私营部门迅速扩散技术能力。传统观念认为工业创新是新公司开发新产品或新工艺，与之相反，台湾则直接进入第二阶段，即从公共部门向其他公司传播新产品或工艺知识（Chen et al.，2004；Saxenian et al.，2001）。

这个出发点也激发了新竹科学园的一个核心功能——吸引海外资本和专业知识用于高科技发展，并出现了人才反向内流的重要现象。此外，财政部门在20世纪80年代初期构建了风险资本投资的制度框架，为企业在新竹科学园的研发工作提供资金支持。宏基公司是早期受益者之一。新竹科学园吸引人才的举措包括邻近台北市的地理位置、优美的周边环境、高品质的住宅和生活区，以及公共资助的中小学教育设施（Saxenian，2004）。

该集群由一家核心公司领衔，即台湾积体电路制造股份有限公司（TSMC，简称台积电）——台湾最杰出的半导体企业，全球最大的独立半导体代工厂。该公司的商业模式专注于为客户提供定制化产品生产服务。台积电明确表示，公司不从事自行设计、制造或销售任何半导体产品的业务，确保永远不会与客户产生直接竞争（TSMC，2020）。

在园区发展过程中，台湾于1973年采取了一项重要举措，即设立了工业技术研究院，旨在"提高台湾的工业技术水平"。众多核心企业，包括联电（UMC）和台积电（TSMC），均源自工业技术研究院的分拆。此外，新竹科学园区管理局也获得授权，负责园区的管理和服务，涵盖土地征用、公共设施与基础设施建设、高新技术产业引进计划、产品市场拓展、投资促进活动、研发创新资助、交通物流、税收激励、住宅服务及金融服务等多方面。

新竹科学园与传统的东亚发展模式存在显著差异，后者通常依赖与大型企业集团（如日本和韩国的工业）之间的紧密合作。相比之下，台湾地区的IT产业虽然得到了省政府的大量补贴，却以"企业家精神"为核心。这一现象源于20世纪80年代台湾的产业政策，这些政策倾向于支持中小企业而非大型跨国公司。此外，新竹科学园的设计也受到了硅谷模式的启发。台湾工程师通过访问硅谷、与政策制定者交流，汲取了设计灵感，并在此过程中构建了与硅谷的重要商业和资本联系。

在财政激励方面，新竹科学园是独一无二的。相较于台湾的其他企业，新竹科学园能够享受到更为优厚的财政优惠政策，包括长达五年的免税期，最高优惠税率，免税进口机械、设备、原材料及半成品，允许投资者将专利和技术转化为股权。此外，位于新竹科学园的公司并不局限于仅在省内市场销售其产品。

工业愿景与总体规划相结合，旨在打造一个新兴的高科技城镇。该城镇规划包括新竹市周边的工业区、住宅区、娱乐设施及紧邻的两所大学。居民区内的公园设有单性别宿舍、家庭住宅及私人开发区域。除了零售商店、酒店和其他接待设施外，还为管理人员和行政人员提供了高端别墅。当地政府还建立了专门的公共教育设施，为园区的回流人才和员工提供中小学教育。这一总体规划因借鉴了加利福尼亚州郊区的发展模式而闻名，目前已付诸实施，并正处于第三阶段的扩展之中。

新竹科学园地理位置优越，紧邻台湾首条高速公路——1号高速公路，该高速公路自1978年通车，设有便捷的出口匝道直达园区。尽管新竹科学园不直接连接港口设施，但距离桃园国际机场仅40分钟车程，高速公路网络也使得到北部基隆港和南部高雄港的交通更加便捷。除了政府层面的基础设施，新竹科学园在区域交通网络中也保持了良好的连通性。2007年启用的高速铁路站距离园区仅需15分钟车程，到台北市仅需30分钟。园区内部设有专门的进出口中心、物流中心及银行设施。为了方便游客和员工，园区有四条穿梭巴士线路贯穿整个园区，连接了区域内的主要公共交通站点。此外，新竹科学园还配备了内部废水处理设施，并拥有独立的淡水和电力供应系统。除了为工人提供专业培训设施外，新竹科学园还采用了"一站式"审批流程，为投资者提供便利。

新竹科学园在该地区的转型中起着重要作用。它成功地将该区域从一个地方性的中心地带转变为一个全球知名的高科技城市区域。该区域的演变受到了多种力量的共同影响，包括电子产业的国际联系，以及省政府在基础设施和制度建设方面的积极干预（Chou，2007）。新竹市在新竹科学园成立之前就已经存在，但随着该地区基础设施的完善和就业机会的增加，城市推动沿主要高速公路和道路的二级房地产开发更进一步。这种开发模式不仅满足了低端住宅的需求，同时也催生了重要的高端房地产项目，尤其是在竹北市高铁站周边地区。这种增长和需求的提升不仅得益于新竹市优越的地理位置和与台北交通的改善，还得益于新竹市经济的繁荣，新竹是台湾人均收入最高的地区之一。然而，这一成功也伴随着新的挑战。多中心发展模式导致不同地理尺度下行政力量的相互作用，进而引发了治理上的矛盾和冲突（Chou，2007）。"特别是，政治体制的碎片化和地方间的竞争日益加剧，促使地方政府通过扩大城市发展规划，来推行其主导的竞争战略，为提出共同区域空间发展议程的合作降低了可能性"（Chou，2007）[1400]。

美国剑桥肯德尔广场

在20世纪60年代，肯德尔广场（Kendall Square）被广泛视为一个衰败的区域。随着制造业和企业外迁至郊区，美国宇航局（NASA）的任务控制中心——即其核心设施，也即将迁往德克萨斯州的休斯敦。此番变动，无疑将在原址留下广袤的空地与闲置的建筑遗迹。麻省理工学院积极拓展至肯德尔广场，旨在填补当地工业撤离后留下的空白。然而，在20世纪70年代，这一发展趋势被打断。当时，科学进步和基因研究的飞速发展引发了全国性的公众和监管机构的辩论，辩论的焦点是如何限制基因干预。剑桥之所以成为这场辩论的焦点，是因为它成了新兴科学创业公司的聚集地。许多生命科学领域的初创企业，包括著名的渤健公司（Biogen）和健赞公司（Genzyme）都在这里诞生。这场辩论极大地促进了剑桥与生物技术产业之间的紧密联系，并且这一趋势在随后的数十年中得到了迅速且显著的强化。随着迈向新千年，麻省理工学院的房地产部门——投资管理公司开始将工作重心转移到肯德尔广场。众多房地产开发项目为大型企业和初创企业提供了优质的办公空间,为今日肯德尔广场创新区的崛起奠定了基础。随着波士顿其他著名创新生态系统开始衰退(尤其是128号公路沿线地区),许多企业开始将肯德尔广场视为该地区新的创新中心。

如今,肯德尔广场被誉为"地球上最具创新力的1平方英里"(Owuor,2019),汇聚了25家生物技术和生命科学公司,从渤健到辉瑞(Pfizer)再到诺华(Novartis)。该地区还配备了众多实验室和创业空间,致力孵化具有高潜力的生命科学和生物技术初创企业。这一趋势也得到了麻省理工学院和哈佛大学布罗德研究所的大力支持,这一机构鼓励波士顿地区研究机构和附属医院的研究人员开展合作。肯德尔广场的发展同样有助于丰富剑桥地区的工业多样性,除了其生命科学和生物技术集群,该广场也是国内领先的技术中心之一。它还是联结谷歌、亚马逊和微软等全球众多技术巨头的重要枢纽。剑桥创新中心拥有超过400家初创企业,其中多为科技行业企业及一些风险投资公司。

众多集群围绕一个核心机构成长,该机构在联结不同利益相关者方面扮演着关键角色。以肯德尔广场为例,麻省理工学院非常关注将学术界与产业界紧密联系,积极鼓励和支持校园周边的工业发展,从而推动了肯德尔广场地区的繁荣。同时,市政当局在制定政策以吸引公司入驻剑桥方面也发挥了关键作用。例如,一家跨国公司,作为麻省理工学院研究成果的直接衍生企业,帮助启动了该地区生命科学领域的首个产业集群。得益于剑桥市议会通过的支持性法律,这些公司因获准进行DNA实验而能够迅速开展业务。这促使该市诞生了该领域最早的一批公司,包括至今仍位于剑桥的渤健。此后,剑桥市继续通过实施宽松政策和提升居住环境来鼓励创新,以吸引并留住对企业发展至关重要的关键人才。

剑桥市与学术机构之间形成了互补关系。城市为该地区提供了关键的政策和后勤保障,而麻省理工学院和哈佛大学则在推动生命科学和生物技术研究方面发挥了重要作用,并建立了与产业界的合作关系。这些努力得到了布罗德

瓦格宁根食品谷

荷兰海尔德兰

荷兰的瓦格宁根食品谷是一个知识密集型农业食品集群，横跨以10公里为半径范围的八个市政区。它位于荷兰海尔德兰省，是众多专注于食品领域的科学、商业及研究机构的所在地。该集群由瓦格宁根大学与研究中心发起并作为核心支撑。瓦格宁根食品谷是一个自主发展的农村集群范例，它凭借专业的劳动力及密集的研发活动而蓬勃发展。

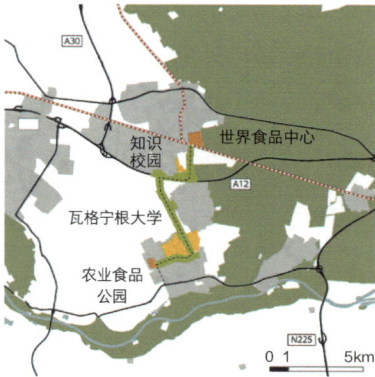

线性 | 10公里半径内的连接性知识产业集群

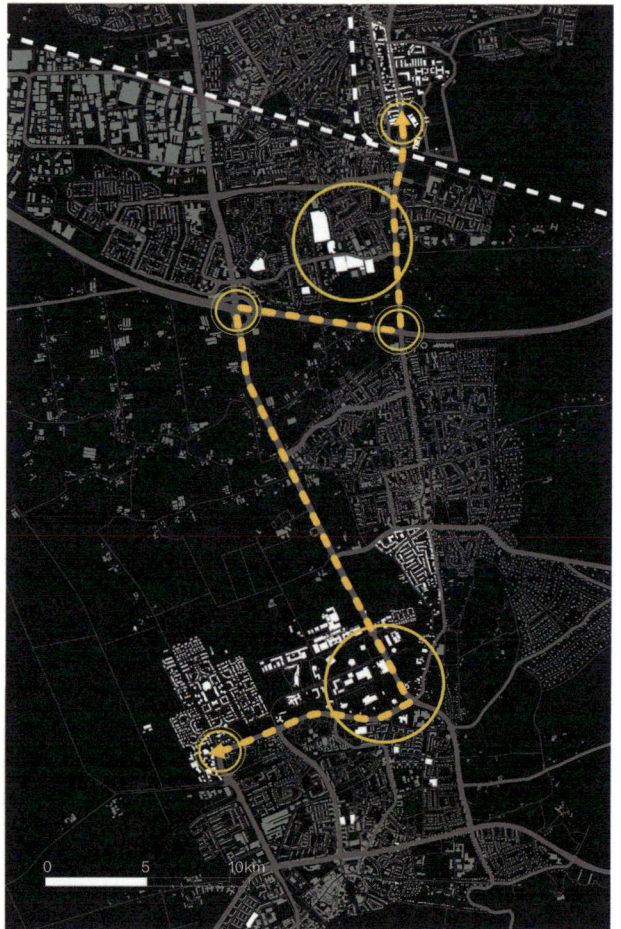

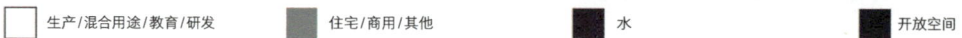

允许生产/工业

住宅

绿地/开放空间

水

生产/混合用途/教育/研发　　　住宅/商用/其他　　　水　　　开放空间

原型 ┃
自主

行业概况

项目	食品科技
空间形式	自治的农村聚集区
产业类型	不同的
最大的雇主	联合利华、喜力、维扬、荷兰皇家菲仕兰
锚定机构	公司和坎皮纳瓦格宁根大学与研究中心
集群催化剂	专业化劳动力与农村实验

战略 ┃

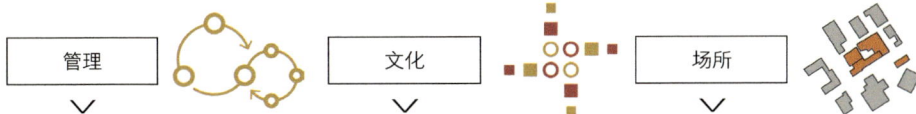

管理	文化	场所

食品谷依托三螺旋模型中的三大基础机构：学术界、产业界和政府。学术界作为集群的锚点：众多企业自然而然地围绕着瓦格宁根大学强大的农业项目兴起，利用由此产生的人才库和研究专长。荷兰政府已将食品技术列为国家商业努力的优先事项，并为集群提供了财政和后勤支持。此外，多家大型关键企业也承诺在集群内建立研发设施，对集群的稳固起到了关键作用。

瓦格宁根大学与研究中心被认为是欧洲最好的农业食品学术和合同研究组织之一。它大约有6500名员工和9000名学生。它是瓦格宁根大学、范霍尔-拉伦斯坦理工学院及荷兰政府在农业和畜牧业应用研究实验室的合并体。瓦格宁根大学为该地区提供人力资本，并通过研究产生知识。八个周边市政当局合作确保有足够的住房供应及方便的交通进入当地城市区域，创造了食品谷所谓的"城市前门和乡村后门"。这一举措因直接有助于荷兰农业食品工业及其相邻研究领域的发展和创新而具有全国吸引力。这导致了不同政府级别和国家部门之间的合作伙伴关系。

食品创新带是一个长达11公里的公司、研究所和政府机构集群，它的轴线从北部的埃德市延伸到南部的瓦格宁根。公司、研究所和政府机构网络的物理接近促成了它们之间的有效合作。为了应对食品科技领域不断变化的研究需求，实验室配置、实验和研究计划都在不断变化，校园内的实验室也被设计得更灵活，可以轻松转换为其他用途。瓦格宁根还拥有最早的自动驾驶穿梭巴士，运行在集群内的公共道路上。

基斯塔科学城

瑞典斯德哥尔摩

瑞典斯德哥尔摩北部的基斯塔区融合了商业、生产和住宅区域。该区的商业企业主要以信息和通信技术（ICT）行业为主。集群内的大多数公司均涉足ICT领域，涵盖软件开发、信息技术研发、电信、硬件生产及咨询和计算机服务等。它被视为北欧地区最大的ICT集群，有时也被誉为欧洲的"硅谷"。

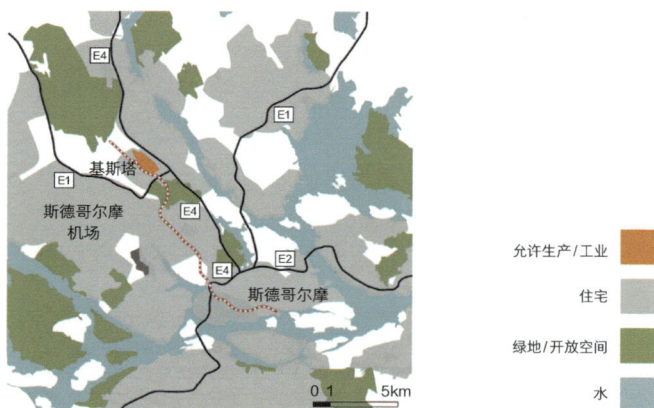

允许生产/工业

住宅

绿地/开放空间

水

中环 | 外围支撑元件（外壳）

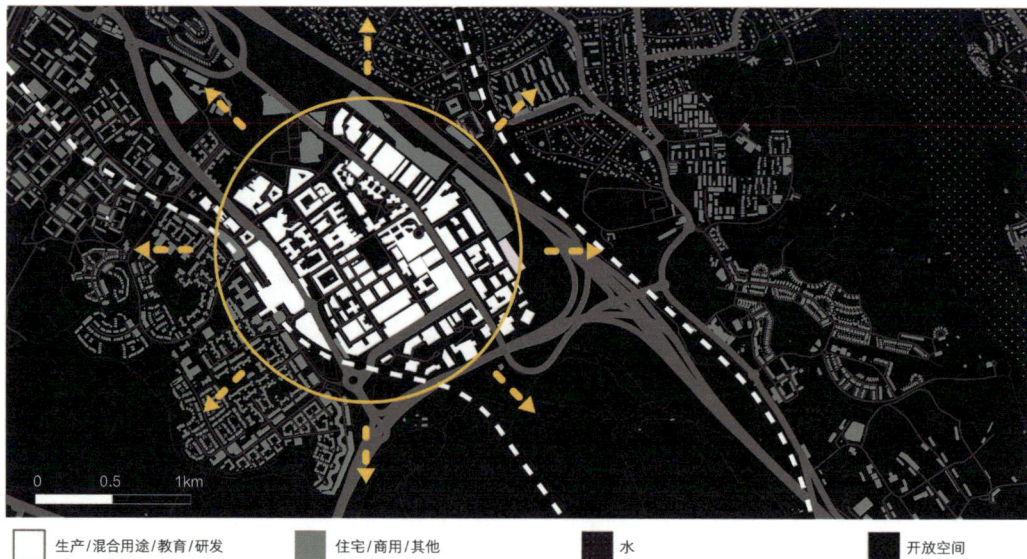

生产/混合用途/教育/研发　　　住宅/商用/其他　　　水　　　开放空间

原型 |
自主

行业概况

项目	信息通信技术
空间形式	半城市化自治聚集区
产业类型	不同的
最大的雇主	爱立信、IBM、微软
锚定机构	Electrum基金会
集群催化剂	大型锚公司

战略 |

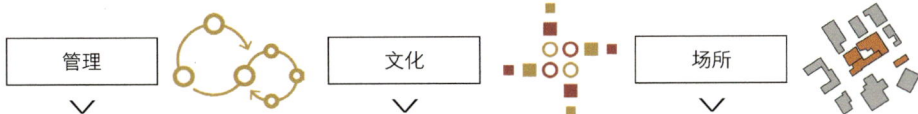

管理

基斯塔科学城是一个非营利组织，通过管理潜在投资者和促进房地产开发商与斯德哥尔摩市之间的谈判来促进经济发展。Electrum基金会是一个体现三螺旋模型的组织。董事会成员包括皇家理工学院的校长、斯德哥尔摩市长及主要科技和房地产公司的首席执行官。Electrum基金会下设有五个委员会，每个委员会都致力于基斯塔科学城的一个特定组成部分——高等教育、创新、基础设施、营销和研究，以识别问题并组建工作团队来制定可行的解决方案。

文化

STING旗下的两家子公司STING企业孵化器和基斯塔科学城支持创新发展。STING为新成立的企业提供援助、培训和资本获取，这些企业的使命是支持技术公司。STING对它的计划是非常有选择性的。从2002年到2013年，在申请的1134家公司中，只有92个获得了许可，但价值达2.28亿欧元。1994年，斯德哥尔摩建造了全球最大的开放光纤网络，到21世纪初，将近100%的企业和90%的家庭开始使用这种基础设施。基斯塔科学城提高了连通性和带宽，以支持生产。

场所

基斯塔通过开发混合功能建筑与文化配套设施，试图弥补城区生活氛围的不足。持续的公共空间规划与互动区域战略设计，与解决空间分异和移民政策等社会问题的整体战略相呼应。基斯塔作为"无线谷"的声誉赋予该地区鲜明标识，有效助力人才集聚与经济发展：通勤铁路与机场的升级强化了区域与国际劳动力市场的衔接；光纤网络投资则支撑起依赖高连接性的技术生态。此外，旨在推广技术应用与创业精神的社会计划，正培育出兼具创新能力和技术适应性的社群。

新竹科学园

中国台湾

新竹科学园区于1980年12月成立，是鼓励台湾高科技产业的重要组成部分。以前，新竹主要以农业和制造灯泡而闻名，并不被认为是重要的工业地区。新竹科学园区占地650公顷，拥有近400家入驻公司，员工超过150000人。

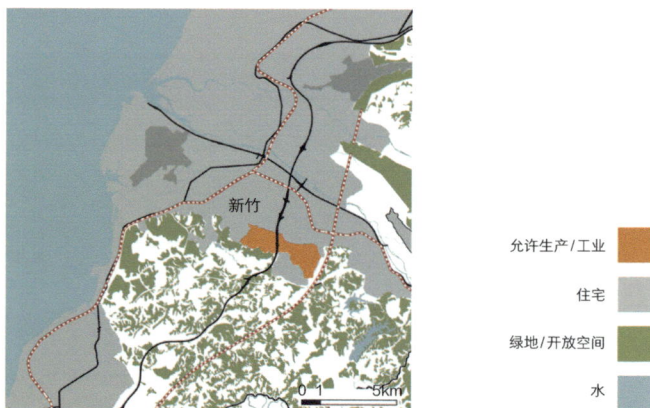

允许生产／工业

住宅

绿地／开放空间

水

边缘 | 工业、教育和住房的融合

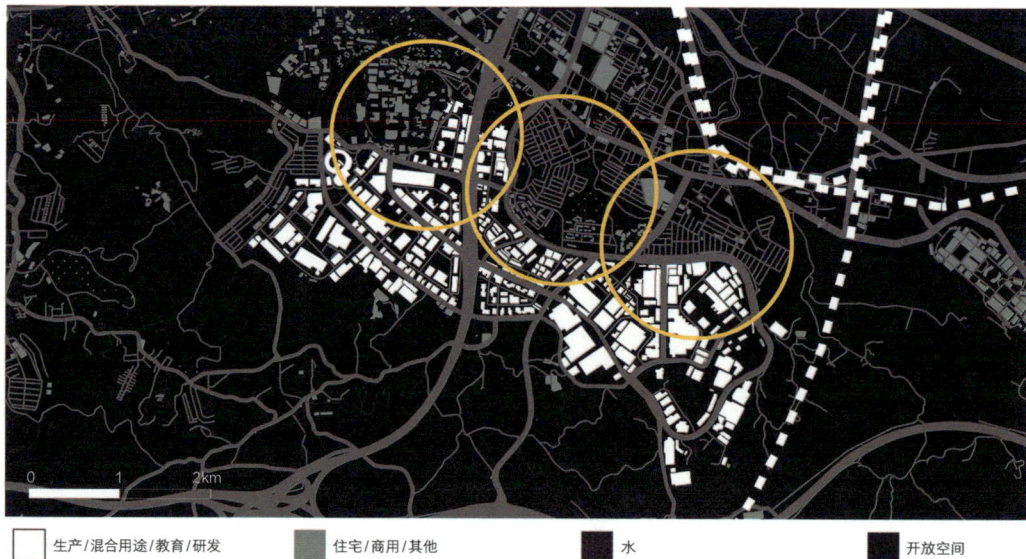

生产／混合用途／教育／研发　　住宅／商用／其他　　水　　开放空间

原型 I
邻近

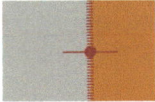

行业概况

项目	电信、集成电路、光电子、生物技术
空间形式	高技术增长极、产业集群、知识转移
产业类型	宏基、台积电、飞利浦、罗技、联华电子、
最大的雇主	盛群半导体、友达光电、晶元光电台湾清
锚定机构	华大学、工业技术研究院
集群催化剂	台湾交通大学

战略 I

管理

文化

场所

新竹科学园区管理局
(HSPA) 提供以下服务：
土地征用、公共设施和基
础设施开发、制定吸引高
科技产业的计划、产品市
场开发、投资促进操作、
研发创新项目补贴、交通
和物流、税收优惠、住宅
服务及金融服务。
新竹科学园享有财政优
惠，包括五年的免税期，
优惠的所得税率，机械设
备、原材料和半成品的免
税进口，以及投资者的专
利和技术可以资本化为股
权。

工业技术研究院 (ITRI)
是于1973年成立的公立
研发机构。许多关键公
司，如联电 (1980年) 和
台积电 (1987年) 都是从
ITRI衍生出来的。
台湾的IT行业，尽管得
到了省政府的大量补贴，
却类似于硅谷，是"以创
业为主导"的。台湾20
世纪80年代的工业政策
更倾向于中小型企业和而
非大型跨国公司。

新竹科学园区被规划为一
个新型高科技城镇，包括
工业区、住宅区和娱乐
区，位于新竹市外围且靠
近两所大学。目前，新竹
科学园正处于其第三阶段
的扩张中，以模仿受加利
福尼亚州启发的郊区发展
模式而闻名。
新竹科学园位于台湾第
一条高速公路——1号高
速公路旁，该高速公路
于1978年完工，园区内
设有专门的匝道进入。桃
园国际机场驾车约40分
钟可达，高速公路系统便
于前往北部的基隆港和南
部的高雄港等主要港口设
施。距高速铁路站大约
15分钟车程，距台北市
约30分钟车程。

剑桥肯德尔广场

美国马萨诸塞州

紧邻麻省理工学院的肯德尔广场商业区及校园附近的邻近区域，是许多全球科技巨头的所在地。其中包括亚马逊、谷歌和微软，以及像健赞、辉瑞、诺华和赛诺菲（Sanofi）这样的关键生物技术和制药公司。该地区高度依赖麻省理工学院的人力资本作为核心资源，但如今，该地区的商务区已超越大学本身，形成了一个自给自足、充满活力的企业集群。

允许生产/工业

住宅

绿地/开放空间

水

扩散丨产业与教育一体化

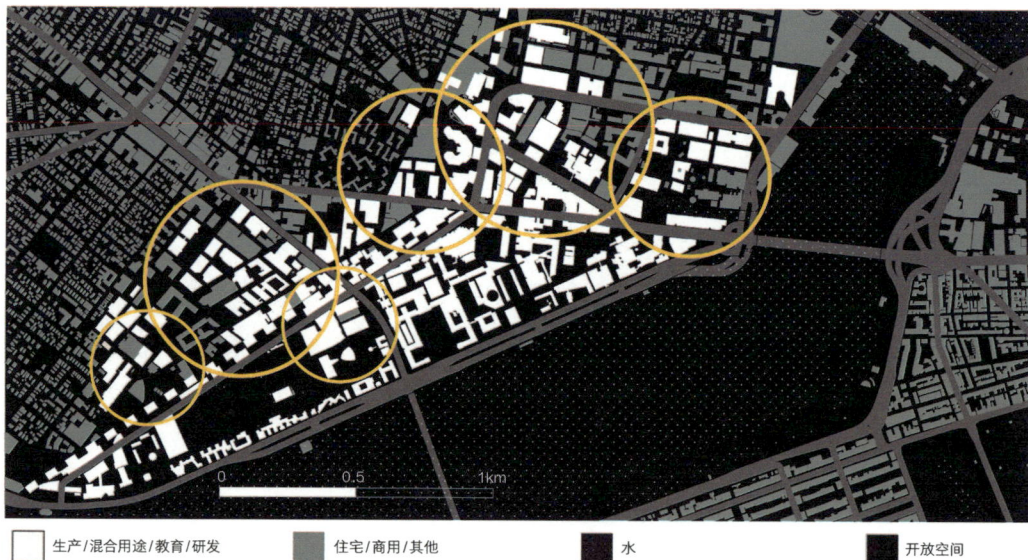

生产/混合用途/教育/研发　　住宅/商用/其他　　水　　开放空间

原型 |
综合

行业概况

项目	生命科学、生物技术和高科技
空间形式	综合城市聚集区
产业类型	不同的
最大的雇主	辉瑞、诺华、亚马逊、谷歌
锚定机构	麻省理工学院
集群催化剂	自然城市群中的学术密集型产业

战略 |

管理　　　　　　　文化　　　　　　　场所

肯德尔广场协会（Kendall Square Association）是一个核心机构，它汇聚了肯德尔广场内关键行业的利益诉求。大波士顿地区，尤其是剑桥市，大学密集，由此形成了一条自然的人才输送链，这条链让全球其他集群都羡慕不已。生命科学、生物科技及其他数据密集型产业高度依赖技术人才；而剑桥市正是孕育众多此类人才的摇篮，也因此吸引了众多企业纷至沓来。
麻省理工学院和哈佛大学在生命科学和生物科技领域扮演着举足轻重的角色，因此也是该地区发展的关键推动者。该地区涌现出许多由大学研究成果转化而来的初创公司。例如，博德研究所（Broad Institute）就致力于协调两所大学之间的利益与活动，并通过合作加强研究与成果产出。

剑桥市作为该集群的关键基石，数十年来一直为该地区的发展提供重要的政策与物流支持。20世纪70年代末，当遗传研究刚刚兴起时，剑桥市议会便率先在全国范围内允许进行DNA实验。自此以后，剑桥市继续通过制定宽容的政策和改善宜居环境来鼓励创新，以帮助公司吸引并留住对其运营至关重要的人才。
剑桥市早期宽容的政策框架为肯德尔广场独特创新集群的形成奠定了关键性的基石，起到了重要的催化作用。马萨诸塞州在支持肯德尔广场集群的发展方面也发挥了重要作用，过去十年间，该州通过多项发展计划，已向当地产业投资超过7亿美元。

集群的城市特色在留住人才方面发挥着重要作用。肯德尔广场的公司会在毕业生离开大学之际吸引这些年轻人才，并通过提供企业密集带来的稳定性及繁华都市生活的便利性等激励措施，让他们愿意留在该地区。

新兴产业集群：项目、空间性与催化剂

瓦格宁根食品谷
荷兰海尔德兰

新竹科学园
中国台湾新竹

形态	线性	边缘
项目	食品科技	电信、集成电路、光电子学、生物技术
空间形式	自治的 农村聚集区	相邻的 半城市化聚集区
集群催化剂	专业化劳动力和农村实验	科学委员会

允许生产/工业
教育
住宅
绿地/开放空间

0 1 2km

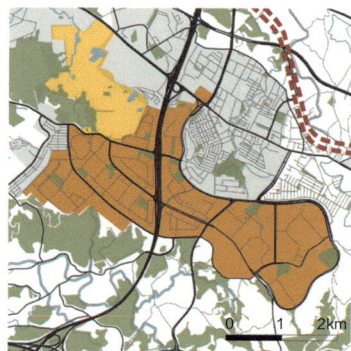

0 1 2km

基斯塔科学城
瑞典斯德哥尔摩

剑桥肯德尔广场
美国马萨诸塞州

中央

扩散

信息通信技术

生命科学、生物技术和信息通信技术

自治的
半城市化聚集区

综合的
城市聚集区

大型锚公司

城市集群中的学术密集型产业

研究所的支持，该研究所负责协调两所大学的利益和活动，并通过合作强化研究及其成果。此外，马萨诸塞州也通过一系列举措，支持肯德尔广场集群的发展，其中包括建立了31个国有孵化器，并在过去十年通过一系列发展计划，在该行业投资了超过7亿美元。

该地区的显著优势在于丰富的人力资本。波士顿地区，尤其是剑桥市，大学的高密度分布构筑了一条令人艳羡的全球人才输送通道。这一优势催生了众多基于大学研究项目孵化的初创企业。此外，生命科学、生物技术和数据密集型产业的发展均离不开技术娴熟的劳动力。剑桥孕育了大量人才，将世界各地的企业吸引至此。马萨诸塞州通过一系列旨在促进大型企业与人才对接的活动，简化人才引进流程，在"合作日"使大公司有机会结识潜在的员工，并与新兴创业公司、企业家等建立联系。

2008年，随着集群成功蓬勃发展，肯德尔广场协会应运而生，旨在协调利益相关者和关键参与者之间的关系。作为肯德尔广场产业利益的集中代表机构，该协会致力于促进集群内不同参与者之间的"联系与思想交流"并提升该地区宜居性。

在肯德尔广场的案例中，该地区最初的企业是技术密集型产业，这些产业自然依赖大学研究和人才创造的邻近性。此外，该地区的许多城市规划干预措施和政策，有助于确保最初的公司激发更大规模集聚的趋势，这一趋势至今仍在蓬勃发展。例如，早期的政策允许企业在该州其他地方尚未获得合法权利的情况下，在此设立。肯德尔广场协会引导重点企业在各方努力的方向上达成共识（Budden et al., 2015）。除了紧邻麻省理工学院外，肯德尔广场集群还位于波士顿的红线地铁沿线，便于连通哈佛大学及其他众多学术机构。许多人认为，这种便捷的交通联系是肯德尔广场集群相较于众多对手的一大竞争优势。然而，就道路质量和通勤时间而言，马萨诸塞州在美国所有州中的排名几乎垫底。缓解交通拥堵是肯德尔广场协会列出的帮助该地区塑造未来的首要任务之一。

集群最宝贵的资产之一在于其独特的城市特色。肯德尔广场区域的开发以多功能混合使用为特色，其中创新空间是区域规划开发中的一个分区

(Bevilacqua et al., 2019)。肯德尔广场城市更新计划（KSURP）提到了一个主要的城市综合用途项目，该项目位于42英亩的肯德尔广场城市更新区域内，占地24英亩，紧邻波士顿市中心，横跨查尔斯河。剑桥再开发局（CRA）负责整合房产，供给建设用地，并建设公共设施。通过公开招标，CRA选定了波士顿地产作为主要开发商，以继续推动开发进程。总体规划为三个开发街区规划了19栋建筑和超过400万平方英尺的新开发空间。该项目集成了多种辅助用途：包括办公空间和生物技术实验室，酒店和零售空间，超过15万平方英尺的大型公共开放空间、公园和广场，以及新的住宅楼（Cambridge Redevelopment Authority，日期不详）。

城市氛围，或所谓的"活力"，是留住人才的关键。得益于该地区高密度商业活动所带来的稳定环境，以及在这个繁华城市区生活所带来的种种益处，肯德尔广场的公司成功吸引了众多刚毕业的年轻人才，并通过提供各种激励措施，促使他们留在这个地区。

集群发展依赖于锚定机构和基础设施的支持。肯德尔广场便拥有这两项。它在州和地方层面建立了学术机构和改革型政府，制定的政策促进了公司与个人之间的紧密联系。此外，它还拥有充满活力的城市环境，并得到了持续的发展和强化。这两项资产共同解释了为什么集群能够在合作和改革的基础上自然而然地逐步形成。

集群发展中的产业与场所关系

当然，集群的发展路径和轨迹可能会出现显著的差异。集群的形成既可以是自然演进的过程，也可以是地方政府有意识推动的结果。无论其发展模式是自上而下还是自下而上，集群的建立总是依赖于能够影响地区生产和吸引力的建成环境。因此，并不存在一种理想的空间或形态聚类模式，我们所讨论的案例展示了四种不同的空间形态表现。

第一个集群瓦格宁根食品谷，是一个位于乡村的线性自治集群，基于该地区农业资源和专业劳动力而集聚。第二个集群新竹科学园是一个邻接城市边缘的集群，得益于国家政策的大力支持。第三个集群基斯塔科学城是一个中央自治的半城市区集群，以大型核心企业为依托，周围环绕着住宅开发区。最后一个集群肯德尔广场，它表现为一个扩散-整合的城市集群。"扩散"不仅指集群的空间扩展和分支结构，还指产业界与学术界之间的合作。尽管通常认为集群是集中紧凑的团块，但它们的形态各异。无论是线性、中心、扩散型，还是位于城市边缘或中心，集群都与现有城市保持着联系（如果不是依附），并通过必要的空间特征加强这种联系，从而进一步强化它们与城市的互动。

本章讨论的要点可以归纳为以下两点：

（1）集群是一个持续的政治过程，它并不适用于所有情境。集群过程要求集中专业活动，并与研究机构或教育机构合作，与互补行业或服务进行互动，以及吸引熟练劳动力。此外，集群化是一个基于制度建设、伙伴关系和筹资的过程。一旦集群化得以发展，维持并进一步发展它的关键任务之一，就是提出一个既着眼于经济发展，也关注区域社会发展的动态愿景。

（2）集群旨在培育一个社会-空间生态系统。理论上，集群可以在任何地方发展，无论是乡村、半城市地区还是密集城市环境。但集群化是情境化的，很大程度上依赖人力资本和社区。集群的空间形态既体现了产业的扩散、当地社区的生活方式，也体现了用来支持或改变集群发展和特色的政策与空间战略。总体而言，集群化依赖于支持性物质基础设施的发展，支持面对面交流的建筑的建造，以及社会文化和空间特色的培育。

总的来说，产业和场所在集群发展上相互依赖，而城市规划和分区是支持创新驱动下社会经济和空间转型需求的关键驱动力（Bevilacqua et al.，2019）。如图所示，集群往往坐落于现有的高收入区域。每个集群的核心是一个庞大多元且拥有发达的交通网络的城市环境。国家与地方政策指导着集群的发展。国家政策更倾向于针对特定行业进行具体指导，而地方政策则源自地方政府机构，通过启动影响环境和地方文化的规划、项目及激励措施，从总体上支持创新产业的发展。因此，为了深入理解集群现象，必然要考虑分区和城市规划工具如何促进政策、基于位置的创新及知识融合之间的更好连接，从而激活信息的溢出效应（Bevilacqua et al.，2019）。

■ 集群发展中的产业与场所关系

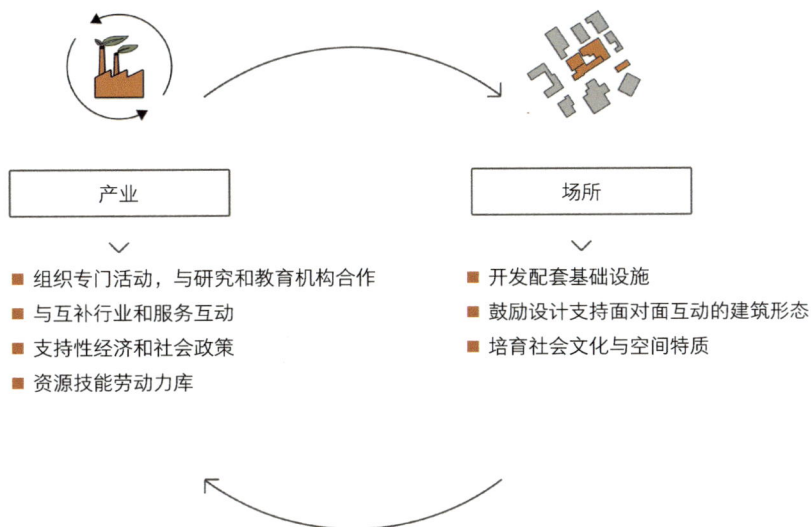

产业	场所
■ 组织专门活动，与研究和教育机构合作	■ 开发配套基础设施
■ 与互补行业和服务互动	■ 鼓励设计支持面对面互动的建筑形态
■ 支持性经济和社会政策	■ 培育社会文化与空间特质
■ 资源技能劳动力库	

5

重建工业区

重建工业区的特点

"重建"（Reinventing）"复兴"（Rejuvenating）和"再生"（Regenerating）
是提升现有用途并逆转可能的城市衰退的一系列概念，其过程包括改善物理基
础设施，保护和加强当前的土地利用，以及打造城市工业区特色。这些措施的
提出源于针对工业用地的争论，因为办公和零售部门快速增长并伴随人口的快
速增加，相比之下，工业部门的增长则较为缓慢（Howland，2010）。尽管城
市是主战场，但郊区也受到了影响，因为制造业进一步向农村地区和海外转
移，导致郊区出现了工业岗位流失和工业衰退的现象（Howland，2010）。

针对工业用地的争论在某种程度上涉及将闲置或未充分利用的工厂和
仓库转变为非工业用途，例如公寓、艺术家生活或工作空间。南茜·格林利
（Nancy Green Leigh）和纳撒尼尔·霍雷尔（Nathanael Z. Hoelzel）认为，城
市工业区缺乏生产性和吸引力的观点主导了精明增长论述。这种工业区不够精
明的狭隘观点反过来又难以推动当地的产业政策（Leigh et al.，2012）[91]。这
个过程中留下的不规则工业空间往往无法容纳大型或特别的建筑项目。矛盾的
是，城市公共项目部门仍然需要工业用地，特别是用于执行回收计划等环境倡
议。尽管城市区存在吸引制造业的因素，但工业用地保护规划却在不断减少
（Lester et al.，2013）。无独有偶，伴随工业迁出的讨论可以追溯到20世纪

美国纽约州布鲁克林市的布鲁克林海军造船厂

图片由Ian Bartlett 拍摄（CC BY-SA 4.0）。

80 年代末，研究发现了工业用地（尤其是较旧的多层阁楼建筑）转用住宅的绅士化 [①] 现象（Curran，2007；Giloth et al.，1988；Lester et al.，2014）。

　　城市工业用地转用的趋势引发了广泛争议。学者们持续告诫工业活动对都市圈经济的健康至关重要。玛丽·豪兰（Marie Howland）（2010）列出了七个原因：第一，工业部门依然是创造就业的主力军；第二，许多产业活动是政府运作不可或缺的部分；第三，工业分区承载了对其他部门至关重要的后台活动；第四，工业区支撑着当地人口的活动，例如汽车修理、家庭维修服务及消费产品的仓储；第五，工业区为高技术初创和孵化企业提供了低成本的空间，对经济长期的健康活力发展具有重要意义；第六，工业就业为那些教育学历水平低于服务业的工人提供了较好的工作机会和更高的工资（Howland，2010）；第七，一些土地因为多年的工业活动导致了污染遗留问题，对于这类土地资源，工业用途往往是最优选择。基于以上原因，学者们强调了制造企业及其工业用地在增强城市整体经济健康方面的间接作用（Chapp，2014）。

　　支持城市制造业的论点也提到制造商本身。他们在选址时，主要考虑向客户交付的速度；制造商越来越倾向于根据劳动力供应情况和交通便利程度（这些因素影响着交付速度）来选择厂址，而不是单纯考虑土地成本。这种优先级的转变致使制造商更愿意在允许工业用途的土地利用混合区中竞买土地。此外，仓储和配送的实践与法规通常会提升城外选址的吸引力，例如通过卡车和飞机进行货运，使用牵引拖挂车（tractor-trailertrucks）、集装箱运输，以及放宽卡车运输业的管制等，"能够使货物从全国范围内某个地点以最小化的距离运输，从而实现成本最小化"。因此工业活动无法完全转移到城市腹地（Leigh et al.，2012）[88]。尽管市场仍然需要"保障城市中心高效产品分销的仓库空间"和"生产小型卡车可运输的产品（由于尺寸小或体积小）且能利用城市中心仓库空间的企业"（Leigh et al.，2012）[88]；然而，土地利用规划、区划

[①] 绅士化是社会发展中一个可能现象，指一个旧区从原本聚集低收入人士，到重建后地价及租金上升，引来较高收入人士迁入，并取代原有低收入者的现象。

规定和建筑规范，仍然阻碍着制造商（从药品到食品等各类产品）在城市中开展生产活动和建设工厂。

面对数十年工业就业率和工业用地储备的下降，许多城市认识到需要解决土地使用法规与日益增长的工业生产需求之间的失配问题刻不容缓（Lester et al.，2013）。一方面，空置的工业用地（用房）不会产生税收，还可能会限制高密度住宅和商业开发的潜力，阻碍城市活力场所的营建；另一方面，如果城市不保护其工业用地，它们就可能会被制造企业忽视（Lester et al.，2013）[303]。因此，众多城市的关键任务是制定战略，以促进城市内制造业及关联工业企业的扩张，并调整现行标准与政策，以助力智能工业的发展。虽然这些旨在强化并多元化地方经济的智慧增长标准和政策是明智之举，但它们并未能有效防止工业用地被侵占，也未规定必须保留城市土地用于工业用途（Leigh et al.，2012）[87]。

处理这种需求和法规之间的失配，要将城市概念化，并将其置于更广泛的区域经济中。它要求将中心和外围或大都市区视为一个创新生产生态系统，通过区域先进制造战略沿"先进制造连续体"培育生产活动（Reynold，2017）。根据区域战略目标（如特定部门的增长），确定和开发适合处于不同阶段（如创建阶段、启动阶段、扩大阶段、中小型企业阶段）制造商的场地，鼓励工业返回城市（Reynold，2017）。

工业回归城市和工业区的重建与两个互补的趋势有关：可持续发展和遗产保护。可持续发展离不开对城市受污染工业用地的清理、改善和改造等工作（Kitheka et al.，2021）。例如，托斯卡纳的圣巴巴拉发起过一项新的可持续和环境愿景。这一愿景是朝着重建进程迈出的必要的第一步，该进程能够弥补采矿活动的损失，同时不失去圣巴巴拉自19世纪末以来在瓦尔达诺地区发挥的历史、经济和社会作用（Bozzuto et al.，2020）。圣巴巴拉只是在生产和制造组织的流程和实践中实施绿色概念的例子之一。事实上，虽然并非所有的制造投入（即材料、机器、人）都可以是绿色的，但制造过程仍然可以落实绿色的概念和实践（Agarwal et al.，2020）。

■ 重建工业区的特点

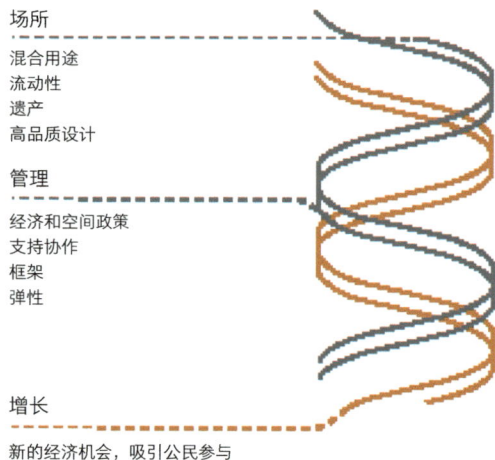

场所
混合用途
流动性
遗产
高品质设计

管理
经济和空间政策
支持协作
框架
弹性

增长
新的经济机会，吸引公民参与

新加坡裕廊地区
图片由Edsel拍摄（本内容依据"CC x-SA 2.0"许可证进行授权）。

德国汉堡港口新城
图片由Jorge Franganillo拍摄（本内容依据"CCx2.0"许可证进行授权）。

美国加利福尼亚州洛杉矶时尚区
图片由Levi Clancy拍摄（本内容依据"CC BY-SA 4.0"许可证进行授权）。

工业区重建应植根于该地区的丰富历史和文化遗产之中。欧洲、美国及其他国家的地方和区域政府纷纷采取措施，保护并改造重工业综合体。他们坚信这些努力将为陷入经济困境的工业区域带来新的生机，而这些区域将在日趋服务导向的国民经济中扮演重要角色（Peterson，2017）。这些项目因为都具有社会背景，所以不能仅仅被视作物质碎片，"对于劳动密集型企业，重工业综合体在工人的生活、家庭，以及当地乃至区域历史中占据着举足轻重的地位"（Peterson，2017）。改造这些具有历史意义的重工业综合体，可以强有力地推动环境修复和自然景观培育。例如，德国杜伊斯堡的北杜伊斯堡景观公园就成功地保护了有着悠久历史的蒂森铁厂，该厂在1903年至1985年间运营。另一个例子是帕克·芬迪多拉，它建立在曾经的芬迪多拉蒙特雷钢铁铸造公司的遗址之上，如今是一个占地350英亩的公共公园，同时也是墨西哥蒙特雷的文化娱乐中心。这类项目通常需要长期而周密的规划，并且往往涉及更多的中央规划或自上而下的策略，以实现改造和激活经济及活力。成功的项目往往具备以下特点：共享性、整体性、环境可持续性及渐进式的改造过程；它们致力提升城市或地区居民的生活质量，并且在建立合作伙伴关系和促进公民参与方面表现出强烈的意愿（Kitheka et al.，2021）。

可持续发展和遗产保护作为城市更新中制造业和工业区改造的核心理念，正面临越来越多的质疑。并非所有城市都倾向于保留其制造业，而且并非所有城市的尝试都有助于制造业的保留。再生过程中的主要竞争范式转向了精明城市和韧性城市，例如，创意城市这一概念支持精明增长，却往往忽视了城市的产业层面。此外，工业区的再生是一个复杂的过程，它涉及环境、社会和规划的多重挑战，并且需要大量的资源投入及对城市设计规划的坚定落实。尽管目前尚不确定城市内部的产业保护政策和法规是否完全有效（Davis et al.，2020），但越来越多的城市开始着手开展工业区的重建工作。

尽管西方世界呈现非工业化趋势且城市工业用地在缩减，不少中心城市依旧保有众多的制造企业及大量的工业用地。那些拥有合法工业用地且在经济发展上依赖工业的城市，被视为战略性城市，尤其在工业用地储备方面。为了保持经济发展的竞争优势，这些城市正在制定战略性土地利用政策，以满足不同行业的需求，并通过推进城市再生项目提升该地区的多功能性、可访问性和独特性。

通常情况下，工业区重建需综合考虑增长、管理和场所的相互作用。经济增长相关的政策能够吸引私营部门和公众的参与，进而催生新的经济机遇。管理方面，则涉及制定旨在促进协作框架和社会韧性的政策。

康涅狄格州再生场所的核心规划战略着重于维护传统与场所精神，促进流动性，创造新的经济机遇及激发公众参与。这包括实施混合土地利用的政策，提供高质量的设计方案，确保再生过程遵循可持续性原则并保持长期活力。

本章所探讨的是存量工业区转型重建的开创性案例。每个案例介绍均概述了该地区的过往历史及促成其重建的关键战略。在这一系列案例中包括新加坡的裕廊、德国的港口新城、纽约的布鲁克林海军造船厂及洛杉矶的时尚区，不同的城市发展背景和相关利益主体影响着重建策略的制定。

新加坡裕廊

新加坡正面对日益加剧的土地资源的限制，不得不创造性地探索土地集约利用和扩张策略。尽管住宅和商业用地的需求持续上升，新加坡依然将制造业视为推动就业增长的关键领域。早在20世纪60年代，制造业就被赋予重要地位，当时政府认定工业化是增强新加坡经济活力的最有效途径，而石化产业集群被认为是能够显著促进新加坡经济增长的关键（Yang et al.，2004）。政府将目光投向了裕廊，提议在该地区建立一个工业区，裕廊是一个位于新加坡东南部、分布着马来村落的岛屿群。首批选择落户这些岛屿的产业是石油化工和钢铁企业，这些产业需要与本土陆地保持一定的空间缓冲距离。三家石油公司在三个不同的岛屿上开发了他们的设施——埃索公司在普劳艾耶查万岛、新加坡炼油公司在普劳梅利茂岛、美孚石油公司在普劳佩塞克岛（Yang et al.，2004）。

在20世纪80年代，随着本土工业用地日益紧缺，决策者们认为裕廊能够实现更为宏伟的目标。他们计划通过连接这些岛屿，创建一片连绵不断的工业用地。土地复垦工程于1995年启动，并于2000年竣工并对外开放。

随着工业的蓬勃发展及住宅和商业用地的不断扩张，新加坡裕廊地区也不断扩大其规模，以容纳更广阔的空间。为了应对不断增长的需求和日益加剧的发展压力，新加坡政府不得不在更大范围内重新制定了裕廊地区的战略性措施，旨在平衡工业发展与住宅需求，同时优化空间利用，最大限度地提升居民的生活品质和工作效率。目前，裕廊地区已经发展成为一个多元化的商业中心，涵盖了众多生态友好型和清洁型技术企业。此外，南洋理工大学周边的裕廊创新区孕育了一群充满活力的初创企业，而轻型制造企业的数量也在迅猛增长。

治理是裕廊地区成功救市的关键。新加坡拥有强大的执行机构，其自上而下的治理结构与经济发展和城市设计规划紧密相连。裕廊的成功已经验证了包括创新政策设计在内的多个因素的积极作用。首先，政策制定者为工业界引入了超越传统重工业和轻工业范畴的创新分类方法，建立了更为细致的工业分类体系，以促进住宅和商业用途与工业用途的和谐共存（Stouff et al.，2016）。该分类体系为从事研发、高技术和知识密集型活动的非污染产业和企业预留了土地。规划当局还为电子商务和传媒产业制定了最新的指导方针，明确了核心活动和允许的土地利用类型。其次，政策制定者通过将工业部门与居民生活紧密结合提升了场地开发的灵活性。为了实现这一目标，新加坡规划当局和城市重建局（URA）引入了一个新的分区类别，称为"白色用地"。该类别通过即时调整和优化不同用途的空间和用地，使开发商可以更高效灵活地响应市场需求并调整供给条件。在工业区划指定的业务范围内，白色用地可以整合商业服务甚至住宅用途。这种灵活的土地利用策略激励开发商吸引清洁工业，并将其与更有利可图的住宅和商业用途相结合。

就土地开发而言，新加坡普遍采用开发规划单元（PUD）作为规划大规模土地利用的核心逻辑。依据PUD规划，每个住宅区都围绕一个位于中间的服务中心构建，为周边居民提供多样化服务。为了提升裕廊地区的吸引力，裕廊镇公司（JTC）计划采用PUD的住宅单元组织逻辑激活裕廊地区。其基本规划理念是重塑混合产业结构，即通过更密集的服务网络和基础设施网络吸引清洁工业，取代以往污染较重的工业类型，进而吸引新的居民和活动。

新加坡市建局2008年重拳出击，将裕廊确定为其清洁技术产业发展的关键环节，并计划在此地打造一个绿色商业区，融合了绿色建筑理念与传统产业集聚优势的混合概念（Hwang et al.，2017）。裕廊清洁技术园（CTP）将使新加坡成为热带城市化地区中早期采用清洁技术产品和方案的全球试验台和首选地。它拥有一个专注于清洁或替代能源研发的组织和公司群。园区自身架构根据独特的社会、经济和环境考虑因素而设计，已经吸引了许多绿色制造业。

简而言之，到了21世纪初，裕廊已经发展成为重工业和制造业的中心。该地区在石油化工和钢铁行业汇聚了众多知名公司。但是，随着新加坡人口的迅猛增长，岛上的居民及小型和轻型制造商也开始大量涌入。因此，政府必须采取措施，以更好地融合工业与住宅用途，来实现不同用途之间的高效整合和集约兼容。这些措施之所以能够成功，关键在于它们从多个角度出发：政策赋予开发商更大的灵活性，以整合不同用途；房屋和工业设计更加符合住宅集约化的要求；此外，政府还建设了基础设施，以吸引清洁技术和绿色制造业等新兴产业。

德国汉堡港口新城

汉堡市，以其工业试验港口和自13世纪起成为汉萨同盟的关键成员而著称。更确切地说，这座城市因造船业和活跃的海运贸易而声名远扬，其滨水区是工业和城市经济增长的核心地带。然而，随着20世纪末德国工业的衰退，汉堡的经济繁荣也遭遇了滑坡。

20世纪70年代初期，该市在经历大量就业和工业损失后，市政府首次尝试吸引新的重工业入驻。由于劳动力和土地成本高昂，这一策略未能取得成功。高失业率和由此引发的社会动荡催生了一项名为"企业汉堡"的新政策，目的是吸引新兴的、以技能为基础的产业。同时，汉堡市还对基础设施进行了投资，以增强对新工业的吸引力。这一策略被证明是有效的，在1985年至1990年期间，新工业创造了令人瞩目的16000个新的就业机会。

由于这一变化趋势，港口的面积显著减少。为此，汉堡启动了一个振兴计划，覆盖了近28平方英里的港口及其周边地区。该项目于1998年获得批准，希望能促进城市中心的扩张，并同期实现与易北河对岸港口的融合。而该港口多年来一直被逐渐边缘化，现在已位于城镇的最南端（Sepe，2013）。该项目名为港口新城（HafenCity），由港口新城汉堡股份公司（HafenCity Hamburg GmbH）统筹，这个新机构虽然仍由市政府公共拥有，但其运营方式具有私人管理公司的灵活性。港口新城汉堡股份公司是一家国有企业，负责政府所有的原港口区域的重建工作。该公司不收取高额的土地费用，而是要求潜在的投资者和开发商为汉堡港城的规划愿景作出贡献，从而进一步增加新地块的价值（Bruns-Berentelg et al.，2020）。这使得城市政府能够在确定该区域发展特征方面发挥重要作用，即建立长期价值，而不是试图一次性完全开发该区域（Lepore et al.，2017）。

采纳这一策略需要汉堡市承担前期风险，并在土地增值之前对当地的基础设施进行投资（对投资进行调整）。滨水区的复兴工程分为几个阶段。最初阶段着重于将水体作为城市经济增长的关键因素，之后，港口、滨水区及河流的开发向新的领域拓展（SEPE，2013）。在港口新城东部的开发过程中，必须考虑协调现有工业用途与新兴住宅和零售活动的关系。

为了实现这种混合用途并促进可持续发展，工业企业和房地产开发商之间必须达成协议。该协议规定，工业企业被限制夜间作业，以降低噪声污染。同时，房地产开发商被要求采用能够减少声学污染的建筑材料。此外，在市场上推介项目时，所有住宅单元都必须明确标示邻近工业设施的分布情况。

在城市规划领域，港口新城自其诞生之初便被设计为一个多功能综合区域。其顶层设计强调了住宅功能在城市中心的重要性，并在零售、教育、文化、娱乐及旅游等多个领域创造多样化的就业机会（HafenCity Hamburg GmbH，2006）。具体来说，港口新城被规划为一个商业中心，其中约50%的空间被分配给从本地小型企业到国际大型企业的服务型公司。在港口新城的多个区域，零售商店和餐馆在地面层随处可见（Pratici，2015）。为了塑造一个独特的区域特色，港口新城拥有多种独特的建筑设计，并鼓励创新设计。例如，马可波罗住宅塔以其独特的弯曲设计而闻名，已成为该地区的标志性建筑；而码头则是一座外形酷似船只的写字楼，它沿着城市的滨水区延伸入海。

这些设计的实现是区域再开发战略的直接产物：汉堡市自项目启动之初就呼吁为项目开发征集设计方案，那些拥有最具创新设计的开发商将获得地块开发权。

建筑创新辅以城市设计和基础设施项目共同塑造了港口新城。尽管港口新城尚未完全竣工，但它预计将包含超过7英里的海滨长廊。每栋建筑都被要求在街道层面融入商业空间，以提升街道活力。此外，该地区将包容性住房的增长视为其使命的一部分。例如，该计划利用联邦立法限制租金上涨，并优先考虑高效的规划和审批流程。通过与私人开发商合作，该市成功地将一个位于制造业区域的棕色地带转变为一个充满活力、混合功能的地区。规划中的港口新城重建并非优先考虑城市边缘的发展，而是注重集约化和长期的可持续性。区域的设计要求和不同开发商之间的地块划分确保了汉堡市对区域发展方向的控制权，从而在整个过程中能够优先考虑公共利益。

该地区的成功还得益于一个经济项目和一个公私合营开发公司——汉堡经济发展公司（HWF）的成立。汉堡市并未完全依靠联邦基金来支持发展，而是依靠公私合作伙伴关系和以城市为中心的经济战略。该市保持了对发展进程的控制，通过与居民对话及研究迁入该地区居民的使用和体验，优先考虑了公众参与和公众对发展进程及空间使用的反馈。

最后，该区域在整合新发展产业和现有产业方面表现出色。再开发并没有逐步淘汰周边的重工业；相反，开发商和官员通过一系列协议和要求，强调了新开发项目与现有工业项目的共生关系。

港口新城项目将旧港改造成具有办公、住宅和娱乐设施的滨水区，这类项目呈现出增长趋势（Rure et al.，2016）。这些改造工作可能会给城市和居民带来长期的好处，但任何企业型城市发展背后的主要动机是创造条件来吸引新的投资和技术，并最终（希望）留住或引进新的产业（Bruns-Berentelg et al.，2020）。

美国纽约布鲁克林海军造船厂

布鲁克林海军造船厂（BNY）始建于1802年，坐落在纽约市威廉斯堡，与曼哈顿街区隔河相望，拥有丰富的工业历史。起初，该造船厂作为港口和船舶制造落地运营。作为长期以来备受尊崇的造船厂（绰号"无所不能造船厂"），其在二战期间达到了鼎盛时期，当时有7万名员工昼夜不停地为国家建造军舰。随着第二次世界大战的结束，该地点完成了其历史使命。1966年，海军造船厂最终关闭，其最大的一片占地为300英亩。1969年，这片土地被出售给纽约市。该地块拥有复杂而广泛的公用设施、基础设施及庞大单调的码头建筑，计划作为工业园区重新开发（Kimball et al.，2012）。自20世纪70年代起，项目重点是将工厂改造成为一个工业综合体，以促进经济和社会复兴，为当地创造3万个新的就业机会。

BNY的复兴之路并非一帆风顺，它复杂且充满挑战，却也为我们提供了关于管理结构的宝贵教训。最初，随着海军造船厂的关闭，管理权被转交给了一个名为CLICK的非营利组织，该组织致力于支持该地区的关键租户。然而，当其中一个主要租户申请破产后，该项目宣告失败，并传播一种悲观情绪：普遍认为"行业已死"（Oden et al.，2003）[40]。继CLICK失败之后，布鲁克林海军造船厂开发公司（BNYDC），一个以使命为导向的非营利组织，接手了空间管理的职责。尽管开发公司保持了与CLICK相似的整体管理模式，即一个非营利组织持有城市长期租约，但其方法却截然不同。开发公司不再专注于特定的关键租户，而是对建筑规划进行了细分，重新设计了单工厂空间，以适应众多小型企业的需求。它没有通过商业经纪人寻找租户，而是选择在地方报纸上发布广告，吸引那些无需大型公司的建筑和设施标准即可运营的小企业。当时，布鲁克林海军造船厂无法提供低廉的租金，也没有足够的资金来翻新建筑，修复街道，更新公用设施线和其他基础设施。他们所能提供的是免税租金，以换取小型企业自行建设自己的空间。开发公司与每个租户建立了紧密的合作关系，为其提供商业战略、行政管理和法律指导。开发公司每两周组织一次午餐会，促进租户间的交流与合作。这种做法带来了双赢的结果——开发公司积累了支持现有租户的业务联系，而租户们则开始在造船厂内部迁移，有效地在基地内构建了一个集团化的经济体系。如今，全市工业商务区（IBZ）计划已成为造船厂的主要战略规划。

在该模式被证实成功且该地区吸引了国际社会关注之后，纽约市便参与进来，支持开发公司的工作。例如，市政府会投资基础设施建设，以增强该地区对新租客的吸引力。开发公司与市政府之间的协议允许将利润再投资于该地区，而不是作为租金支付给市政府。这种城市与开发公司之间的合作关系，使得开发公司能够利用税收抵免计划和多种融资渠道，参与大规模的建设与扩建项目。此外，开发公司与纽约市签订的长期租约，消除了小企业被驱逐的担忧，确保了更强的稳定性。

在物理布局策略上，尽管租户承担了建造和设计自己空间的责任，该区域依然保留了其作为历史性工业试验场的特色。众多前海军基地已经转型为多功能用途，而布鲁克林海军造船厂是少数几个保持工业活动的范例之一。此外，开发公司致力于推动可持续基础设施和绿色建筑的发展，例如安装太阳能路灯，建立屋顶城市农场，以及部署建筑集成风力涡轮机等。这些举措进一步吸引了绿色工业和制造业的入驻。随着纽约市城区工业化的减弱，这些院落成为密集工业活动的避风港。在围墙外的工业园区，租户可以自由使用卡车进行各种活动，而不会影响到住宅区或办公区的居民。值得注意的是，该区域的重新规划，即现有大型工业用地的细分，帮助小型企业建构生存空间。在许多方面，布鲁克林海军造船厂在后工业化的纽约市与周边社区很好地融合在一起，是一个成功的混合用途工业区。

布鲁克林海军造船厂的故事是成功的工业再开发典范，它展示了如何将一个地区转型为专注于下一代工业活动的中心。二战结束后，随着国家海事需求的减少，该造船厂在新的非营利管理下，巧妙地将业务拓展至多种不同行业，确保了长期的稳定发展。它开创了一种有效结合历史资源的保护与经济复兴模式，这种复兴并不仅仅由市场价值驱动。这种协同模式的核心在于布鲁克林海军造船厂开发公司作为一个使命导向型企业代表了一种新兴的公私合作伙伴关系（PPP模式）(La Porte，2020)。开发公司引领的以再利用为核心的可持续发展战略，激发了经济活动、社会再生、生态效率和文化遗产保护。自那时起，纽约市关注该基地发展，通过基础设施投资和税收优惠，成为支持该地区持续成功的关键参与者。例如，在未来几年，纽约市计划通过快速公交

（BRT）扩展、渡轮码头、自行车道，以及绿色和娱乐空间的建设，改善交通状况。

事实证明，这些持续的管理和振兴工作已取得成功，帮助将该地区转变为一个充满活力的下一代工业综合体。到1998年，该地区住宅区入住率达98%，拥有超过3000名雇员。如今，布鲁克林海军造船厂拥有超过275家本地企业，员工人数达到6400人，租赁空间超过400万平方英尺。有超过100家企业希望在未来进驻该园区，引人瞩目。

布鲁克林海军造船厂通常被视为21世纪制造业的标杆，业务范围涵盖海事活动、媒体、高端工艺品和医药行业。许多企业专注于设计和高科技制造，生产高端奢侈品；而其他企业则利用低租金空间进行存储和仓储，甚至作为标准办公空间。近期对工业区内绿色基础设施的投资也吸引了越来越多的绿色制造商。该地区当下面临的一个重大挑战是邻近社区的绅士化进程，以及允许混合用途开发的土地用途改造。这些工业用地与住宅用地的竞争导致工厂被改建为住宅和办公空间，紧邻园区区域的工业用地也面临损失。

最终，为了在后工业时代的重建中取得成功，两个方面值得关注：首先，保持项目与其周围环境之间的和谐关系，关注文化、环境和资源；其次，确保受益社区的社会和经济利益（Loures，2015）。

美国洛杉矶时尚区

洛杉矶时尚区早在100多年前就奠定了其作为时尚中心的地位。该区域的发展经历了显著的变迁。从1920年至1950年，它经历了迅猛的发展，并成为运动装和女装的中心。到了20世纪90年代，得益于来自从韩国到伊朗等地工人的贡献，时尚区逐渐演变成一个著名的时尚创新集群。然而，在这一时期，与美国许多城市出现的趋势相似，该地区出现了人口迁出大于迁入的现象，许多居民和企业离开了城市中心，迁往更新的、交通更便利且通勤成本更低的城市外围地区。

为了应对这些挑战并保护洛杉矶的时装业，公共和私营部门的主要参与者共同组建了洛杉矶时尚区商业改进区（BID）。此类组织在美国已被广泛采纳，旨在加强服务供给并确保再生工作的更大影响。尽管BID的运作可能存在一些问题，但它们确实为城市中心的更新提供了有限但明确的目标。在洛杉矶时尚区的招标中，BID是该区升级改造中最为关键的参与者之一。该组织成立于1995年，由一群企业和业主建立并组织，其宗旨是"致力将社区打造成为一个干净、安全、友好的工作、购物、生活和商业环境"。BID的清洁和安全团队投身于维护积极的社区公共环境，包括向企业和物业所有者、员工和访客提供紧急联系卡，以增强他们的安全感。此外，BID还与多个商业、住宅和混合用途开发项目合作，以提升该地区的整体价值。

与此同时，公共部门努力遏制洛杉矶市中心工业用地的缩减。例如，洛杉矶城市规划部推出了ILUP项目（工业用地政策项目），推荐了四种具有不同战略和政策的工业用地类型。其他参与主体，如工业发展政策倡议和社区重建局（CRA），在帮助政府和公众理解工业用地的重要性方面发挥了至关重要的作用。

重建工作主要集中在重新评估分区和处理土地使用竞争的问题上。与全国许多其他城市一样，洛杉矶采用了传统的分区方法，目的是将噪声较大的工业活动推向城市边缘。然而，这导致了市区工业用地的显著减少。与农业用地相似，工业用地同样难以被其他功能所替代。到了2003年，这一趋势的影响开始引起公共部门的关注。由市长办公室的生态发展部门发起的工业发展政策倡议（IDPI）指出，洛杉矶有超过29%的劳动力在工业部门工作，而仅12%的建筑许可证估值用于工业用途。此外，大约26%的工业分区土地被非工业用途所侵占，尤其是在城市过渡区，如服装区，这种现象更为严重。因此，市政当局开始寻求内部解决方案，以更新和最大化利用现有的工业用地。

IDPI与市长经济发展办公室和社区重建局紧密合作，助力政府和公众理解工业用地对于洛杉矶市民就业机会和城市经济发展的重要性。IDPI突出了洛杉矶工业用地减少的负面效应，并强调了工业用地的经济价值。市长办公室在提出工业发展指数时明确表示，保护工业用地是政府的优先事项，并成立了一个机构，旨在协调和支持工业空间的保护工作。基于与IDPI相似的目标，城市规划部（DCP）启动了ILUP项目，提出了一系列战略，以确保未来工业用地的可持续性。这些战略包括建立和创新多个不同区域以保护工业用地，包括就业保护区、工业混合用途区和过渡区。新的混合用途区允许开发商建设非工业试验楼，并确保为生产性用途保留工业企业空间，同时保护关键工业活动（Los Angeles Mayor's Office of Economic Development，2004）。

洛杉矶时尚区的发展具有丰富的历史，也留下了诸多故事性的教训。尽管该区域在影响全球时装业方面早已声名显赫，但在20世纪90年代，由于安全问题和工业用地的减少，顾客和供应商的数量均有下降。为了逆转这些不利趋势，公共部门和私营部门共同实施了一系列创新和深远的长期解决方案。时尚区内的企业团结起来，共同提升安全水平，美化区域环境。

新的分区策略，例如混合工业或工业区的规划，是这些努力带来的重要成果。分区策略制定了一系列保护措施，旨在维护该地区的现有特色。它们确保了未来的发展能够保留建筑物周围的工业和艺术特色，同时提升了街道活动的活力，保持了城市街道界面的连贯性，并确保建筑物面向街道的开放性。此外，对建筑物的整体高度和最小层高要求，确保了建筑物能够保持其工业用途。总体而言，相关条例为适应性再利用项目提供了建筑面积的奖励措施。简而言之，它们提出了有助于塑造该地区特色并确保其延续性的建设标准。

经过20多年的试验、迭代与不懈努力，洛杉矶时尚区已经发展成为时尚产业（包括服装、配饰、面料等）的设计、生产和分销中心。这里聚集了超过4000家企业和大约1500个展示空间。诸如美国服装公司和安德鲁·克里斯蒂安等知名服装品牌都在该区域设立了生产基地。此外，该区域一年四季举办众多引人注目的活动，其中包括备受关注的洛杉矶时装周，吸引了设计师、名人、模特和媒体人士前来参观，以了解当下最新的时尚趋势（Brown，2019；LA Fashion District: Urban Place Consulting Group，2018）。通过这些多元化的活动，时尚区内的公司塑造了自己独特的品牌形象，使洛杉矶成为一个多面的设计和制造中心。最终，这个案例表明，产业集群不仅是经济活动的集中地，还是具有鲜明文化和社会特征的场所，这些特征可以转化为显著的竞争优势（Scott，2000）。

裕廊

新加坡

裕廊位于新加坡西南部，涵盖多个规划区域及若干离岸岛屿。20世纪60年代，裕廊被开发成为新加坡首个大型工业区。如今，该地区还包括众多住宅和商业、公园、大学及研发中心。近期出台的政策和设计举措旨在更好地整合其多样化的用途。

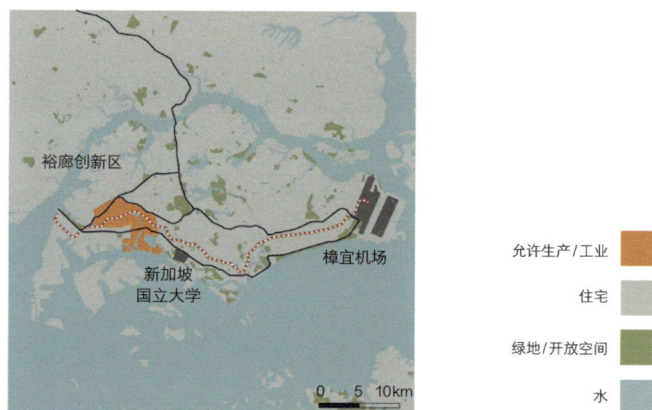

允许生产/工业

住宅

绿地/开放空间

水

连通性 | 通过物流路线建立的联系 + 地理邻近性

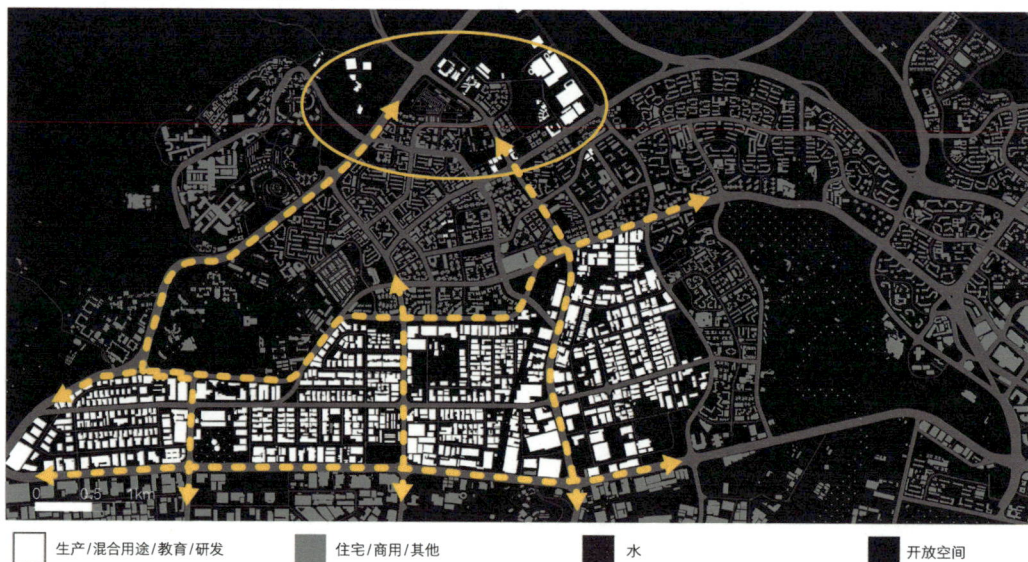

生产/混合用途/教育/研发

住宅/商用/其他

水

开放空间

原型 I
邻近的

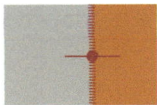

行业概况

项目	毗邻工业重建和创新区
空间形式	产业集聚
产业类型	多元化的行业和研发
主要参与者	裕廊镇公司（JTC）、城市重建局（URA）
再开发催化剂	自上而下的重建和重新设计

战略 I

 增长    管理     场所

增长	管理	场所
裕廊镇公司于1968年应运而生，其使命在于引领地区发展，并驱动新加坡的工业化步伐。2008年，新加坡城市重建局将裕廊确定为其清洁技术产业发展的关键一环。为此，该地区设立了清洁技术园（CTP），旨在将新加坡定位为全球热带城市化环境中清洁技术产品和解决方案早期应用的试验场。园区内聚集了一批专注于清洁及替代能源研发的组织和企业，并配备了完善的交通基础设施，以方便通勤。	新加坡政府在规划其经济发展与城市设计方面扮演着至关重要的角色。早在20世纪60年代，政府便率先启动了裕廊的工业发展，并在此基础上推动了该地区的后续再开发。这一进程之所以取得成功，得益于包括经济激励措施和创新政策工具在内的诸多因素。 新加坡为了促进住宅和商业用途与无害工业用途之间的更好融合，制定了精细的工业分类体系。为此，专门设立了一个新的工业用地类别——"商业园区"，旨在为该地区划拨土地，专门用于容纳无污染的行业，以及从事研发、高科技、高附加值和知识密集型活动的企业。此外，新加坡还制定了针对电子商务和媒体行业的最新指导方针，其中包括对这些行业核心活动的描述，以及这些行业可入驻的允许用地类型。	新加坡经常使用开发规划单元（PUD）作为组织更大规模土地使用的基本逻辑。为了增强裕廊的吸引力，裕廊镇公司将PUD的合理性扩展到该区域，以振兴工业用途。基本策略是密集化服务和基础设施网络。这些新的服务中心旨在吸引清洁产业，这些产业可以反过来取代之前的重度污染产业，从而吸引更多人，容纳更多活动。 为更好地整合工业部门，另一项创新是创建"白色用地"，这为开发商在使用场地方面提供了更多的灵活性。开发商可以根据市场需求和供应条件，及时调整和优化不同用途之间的空间，从而获得灵活性。"白色用地"允许将包括商业服务（如酒店）甚至住宅区在内的用途整合到商业园区中。这激励开发商吸引清洁产业，并将其与住宅和商业用途相结合。

港口新城

德国汉堡

在20世纪下半叶，德国第二大城市汉堡由于重工业和制造业的大量工作岗位流失而陷入衰退。然而，一系列经济政策和设计举措帮助这座城市扭转了局面。其中的一个例子就是汉堡的港口新城。该区域规划成功地将新型产业与传统产业相结合，同时创造了一个充满活力的多功能区域，成功吸引了居民和产业。

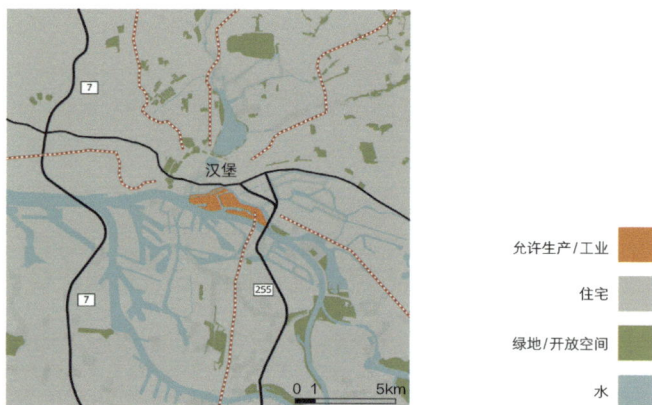

允许生产/工业

住宅

绿地/开放空间

水

生态系统 | 相互依存的各分区

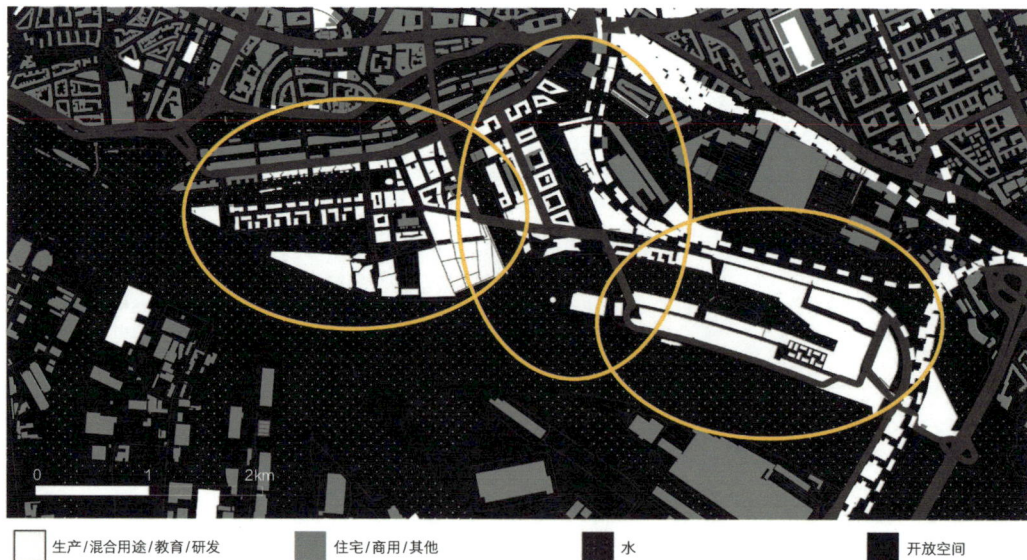

生产/混合用途/教育/研发　　住宅/商用/其他　　水　　开放空间

原型 |
综合

行业概况

项目	滨水区重建
空间形式	综合城市群
产业类型	重工业与服务业经济并置
主要参与者	港口新城汉堡股份公司、汉堡经济发展公司
再开发催化剂	政府主导的举措

战略 |

增长	管理	场所

在20世纪末实施的经济战略侧重于可持续经济发展，这是汉堡经济发展公司创建的成果，这是一个公私合营的企业发展公司。汉堡并没有过多依赖联邦资金来支持发展，而是严重依赖其公私合作伙伴关系和以城市为中心的经济战略。该城市还通过持续的居民定性访谈和对公共空间使用的调查研究优先考虑公众参与和对发展进程的反馈。

港口新城汉堡股份公司负责该项目的开发，并将重点放在构建长远价值上。更为直接的是，汉堡在土地价值增加之前就接受了该地区基础设施发展的风险（自此证明了投资的合理性）。全部销售收入都投资于该区的基础设施和经济发展。
此外，地块被分散在不同的开发商之间，以确保城市仍然是该地区的主要参与者和召集人。为了实现混合用途，工业公司和房地产开发商必须达成协议：
1.工业界同意减少夜间活动以减少噪声；
2.公寓项目同意为①室内空间；②使用减少声学污染的材料，制定建筑指南；
3.所有住宅空间必须标示附近工业设施的位置。

该区域被规划和设计为一个多功能区域，拥有多种住宅、办公空间、街边商业及便利设施。它还试图通过拥有许多独特的建筑设计，如其标志性的音乐厅，来建立独立的身份。

117

布鲁克林海军造船厂
美国纽约

布鲁克林海军造船厂于1802年建成，原为一处船舶制造场地，但到了20世纪末，随着美国海事产业的衰退，该造船厂也步入没落。20世纪80年代，布鲁克林海军造船厂开发公司介入，邀请各类小型企业入驻以重新焕发这片区域的活力。自此之后，布鲁克林海军造船厂已成为下一代工业发展的典范。如今，已有超过100家企业等待入驻该工业园，布鲁克林海军造船厂内已有超过6000名员工和200多家企业。

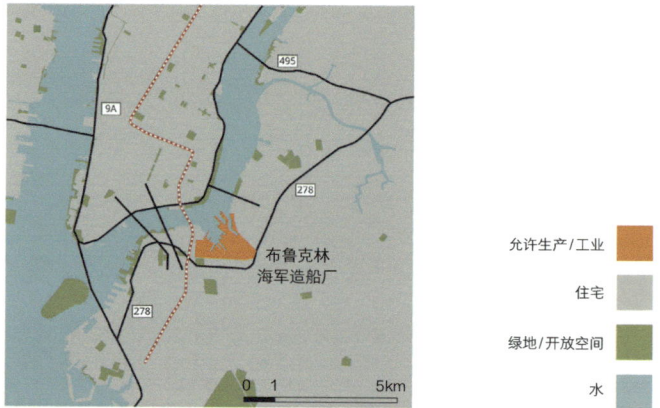

允许生产/工业
住宅
绿地/开放空间
水

扩散 | 与周围邻域相互依存且相互联系

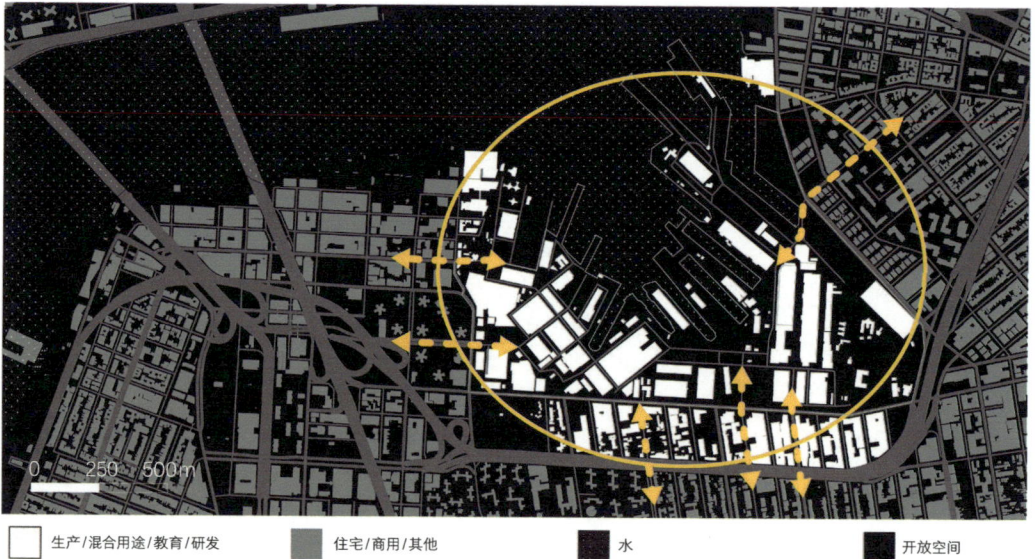

生产/混合用途/教育/研发　　住宅/商用/其他　　水　　开放空间

原型 I
综合

行业概况

项目	滨水区重建
空间形式	综合城市群
产业类型	小型工业企业
主要参与者	布鲁克林海军造船厂开发公司
再开发催化剂	纽约市自下而上的小企业开发

战略 I

增长

管理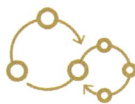

场所

布鲁克林海军造船厂被视为21世纪制造业的典范，其业务范围涵盖海事活动、媒体、高端工艺品和医药等多个领域。近年来，该工业区在绿色基础设施方面的投资显著吸引了越来越多的绿色制造商聚集。造船厂有一份令人印象深刻的待入驻企业名单，超过100家企业希望在未来搬迁至此。城市更新工作包括保持遗产感和场所感，提供便利交通，创造新的经济机会，吸引公民参与，容纳多种用途，提供高质量设计，并确保更新工作遵循可持续性原则，实现长期韧性发展。

布鲁克林海军造船厂开发公司是一个以使命为导向的非营利组织，它制定了建筑分隔计划，并设想了如何利用单一工厂空间容纳众多小型企业。开发公司与每位租户建立密切联系，并提供商业战略、行政管理和法律方面的指导。他们还每两周为租户举办一次午餐会，让租户之间建立联系，从而在场地内有效构建起集群经济。当这一模式取得成功，该地区吸引了国际关注后，纽约市政府介入，协助开发公司推进相关工作。

虽然租户负责各自空间的建设和设计，但该区域在融入新建筑的同时，保留了其历史工业特色。开发公司致力于推动可持续基础设施和绿色建筑发展，例如安装太阳能路灯、打造屋顶城市农场、安装建筑用风力涡轮机等。这些努力反过来又吸引了绿色行业和制造业的入驻。

时尚区

美国洛杉矶

洛杉矶市中心的时尚区在时尚产业方面拥有悠久的历史。20世纪90年代，该区域曾一度被忽视，面临着包括安全隐患、营销不力及缺乏发展等一系列挑战。在洛杉矶时尚区商业改进区、市长办公室的经济发展部及多个组织的共同努力下，该区域已被改造成一个文化、社会和经济多元化的社区，覆盖超过100个街区。如今，它被誉为西海岸最成功的时尚产业创新区。

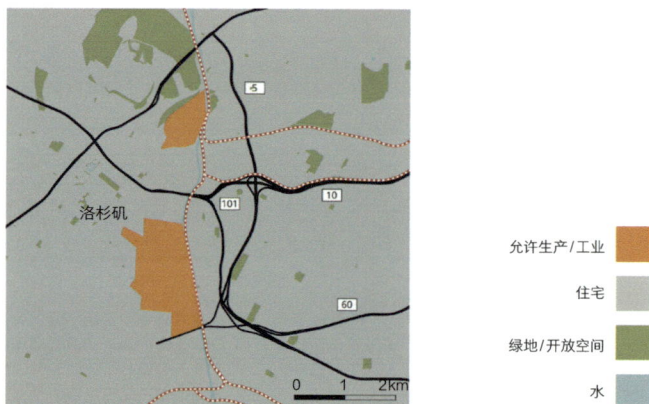

允许生产/工业

住宅

绿地/开放空间

水

连续性 I 保留现有的城市肌理

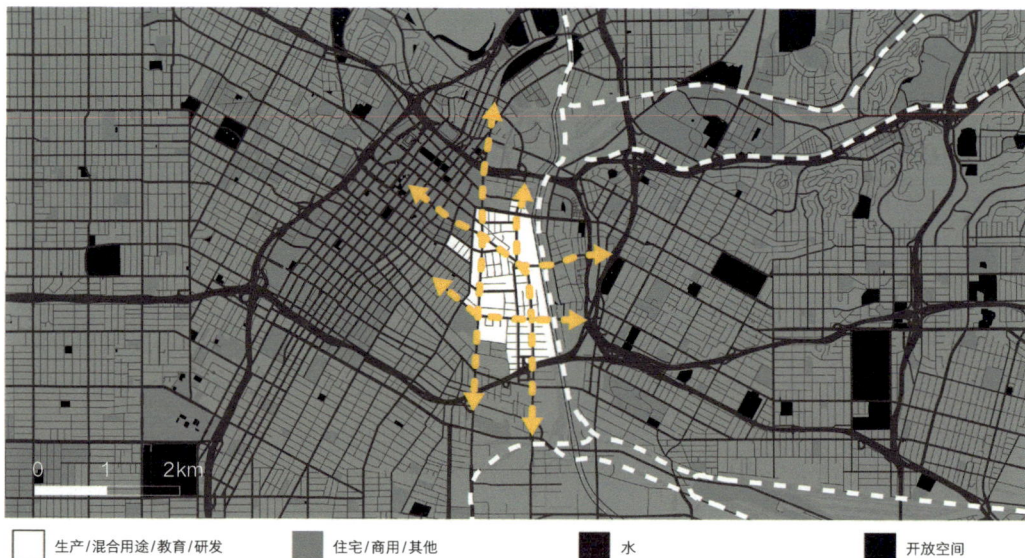

生产/混合用途/教育/研发　　住宅/商用/其他　　水　　开放空间

原型 I
综合

行业概况

项目	综合利用工业区
空间形式	综合城市群
产业类型	轻工业、商业、住宅
主要参与者	洛杉矶市，洛杉矶时尚区商业改进区
再开发催化剂	社区和政府主导的倡议

战略 I

增长

洛杉矶时尚区在100多年前就确立了自己作为时尚中心的地位。在1920年至1950年间，该区域经历了迅猛的发展，成为运动装和女装的中心。得益于来自从韩国到伊朗等各国的多元化工人的贡献，直至20世纪90年代，服装区逐渐发展成为备受推崇的时尚创新集群。当时，工业用地（包括时尚产业）被挤出城市中心，为其他用途（如住宅或商业）所取代。

洛杉矶时尚区商业改进区是该区域升级过程中最重要的参与者之一，由一群企业和财产所有者于1995年成立。当时，洛杉矶市政府正在努力遏制市中心工业用地的减少。例如，工业用地政策项目建议对四种类型的工业用地采取不同的策略和政策。经过20多年的试验、迭代和努力，该区域仍然是时尚产业的设计、生产和分销集群，拥有超过4000家企业和大约1500个展示空间。

管理

由市长办公室的生态发展部门发起的"工业发展政策倡议"发现，洛杉矶总劳动力中超过29%的人在工厂工作，而建筑许可证估值中只有12%用于工业用途。此外，约26%的工业用地已被非工业用途所取代，在服装区等城市过渡地区，这一问题更为严重。因此，市政府开始着眼于内部，以期再生和最大化利用现有的工业用地。

工业发展政策倡议与市长办公室的经济发展部和社区重建局紧密合作，帮助政府和公众认识到工业用地作为洛杉矶市民就业的关键来源和城市经济驱动力的重要性。该倡议强调了洛杉矶工业用地流失的负面影响，并论证了工业用地的经济价值。通过成立工业发展政策倡议，市长办公室表明保护工业用地是政府的优先事项，并成立了一个机构来协调和支持保护工业空间的工作。

场所

洛杉矶城市规划部（DCP）采取了多种策略，以确保工业用地能够持续为后代所用。

这些策略包括创建和更新多个不同的区域，旨在保护工业用地，包括就业保护区、工业混合用途区和过渡区。新的混合用途区允许开发商建造非工业建筑，并允许新的居住或工作单元，但同时也为工业企业的生产用途保留了空间，并确保关键工业活动的保留。

作为一个当地非营利组织，洛杉矶时尚区商业改进区旨在打造一个"正逐步发展、未来将包含住宅和创意机会，同时保持其时尚根基"的区域。其60人组成的清洁与安全团队致力于维护社区的积极公共环境，包括向企业主、财产所有者、居民和游客提供紧急联系卡，以帮助他们提升安全感。洛杉矶时尚区商业改进区还参与了多个商业、住宅和混合用途开发项目，以提升该区域的价值。

重建工业区：形态、项目、空间形态与催化因素

	裕廊	港口新城
	新加坡	德国汉堡
形态	连通性	生态系统性
项目	工业再开发	滨水区再开发
空间形式	邻近的工业聚合体	综合的城市聚合体
催化因素	自上而下的再开发与再设计	政府主导的项目

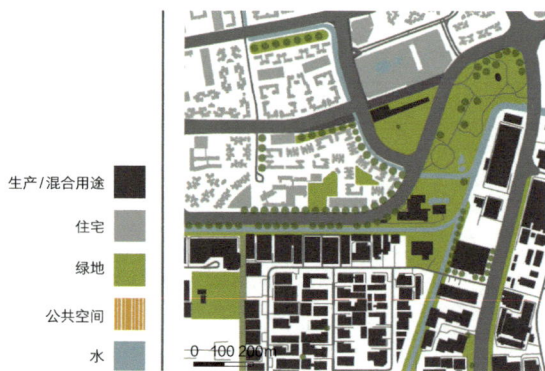

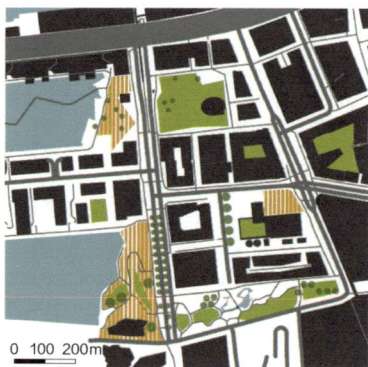

生产/混合用途
住宅
绿地
公共空间
水

0 100 200m

布鲁克林海军造船厂
美国纽约

扩散

滨水区再开发

综合的城市聚合体

自下而上的小企业发展和政府支持

时尚区
美国洛杉矶

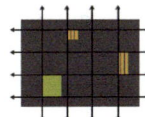

连续

混合用途工业区

综合的城市聚合体

社区和政府主导的倡议

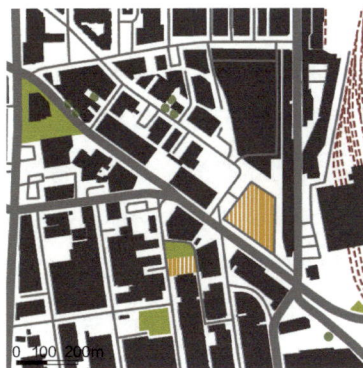

0 100 200m

创新区域中的产业与场所关系

城市中不存在所谓的真空地带。那些被忽视和废弃的场所，正逐渐被新的参与者和新的用途所填满。被忽视的工业区域，通常会经历一场以住宅和办公空间为核心的复兴。但是，许多城市在意识到这一点时为时已晚，他们已经丧失了工业根基和相应的城市税收。当前面临的一个主要挑战，并不是如何保持工业区的持续存在，而是如何将其改造，以适应21世纪的需求和生活方式。工业区改造计划的一个关键要素是连通性；换言之，以创新的方式将原本孤立的元素重新连接。连通性涉及不同角色（包括公共和私人部门）的联系，以及将工业用地与城市其他设施加以整合。

改造策略旨在借助现有的城市架构，推动经济增长并提升城市居民的福祉。它涉及如何利用现有条件，通过协调经济、社会和物质三方面的利益，重新建构一个崭新的未来。本文所探讨的案例均为改造项目。例如，在新加坡，裕廊通过提升连通性来整合产业，增强裕廊地区的吸引力。裕廊镇公司扩展了开发规划单元（PUD）的概念，将其作为大规模土地利用规划的基础，以促进工业用地的复兴。为了更有效地整合工业领域，还推出了"白色用地"这一创新举措，它为开发者使用这些场地提供了更大的灵活性。港口新城通过"生态学说"指导其规划和设计，打造了一个多功能的混合用途区域，包括多样化的住宅、办公空间、街道级别的商业设施和便利服务，旨在通过一系列具有独特设计的建筑（如其标志性的音乐厅）来塑造独立的身份。纽约布鲁克林海军造船厂采取了一种扩散方案，将现有的建筑和基础设施与周边社区相融合，同时推广可持续的基础设施和绿色建筑。洛杉矶时尚区则采用"连续性"策略，提出多种措施以确保工业用地的未来可持续性，这包括创建和更新多个旨在保护工业用地的区域，例如就业保护区、工业混合用途区和过渡区。

在现有基础上，再造过程涵盖三个主要层面：管理、可持续性和保护。第一个层面是管理，它是工业再造过程中的核心。一般来说，管理结构有三种模式（Darchen，2017）。第一种是私人治理模式，在北美更常见，因为那里可用于重建的公共资金有限，治理过程更多采用私人类型的组织如BID在中心地区的更新中发挥着重要作用。第二种是自下而上和基层的重建，与艺术家和文化企业家有关，通常会产生一个有机的、无计划的、不断发展的过程。第三种是共识构建和网络治理，描述了一个联合治理过程，其中广泛的利益相关者参与决策。除了这些常见的模式外，还有创业型城市模式，即市政府像私人投资者一样行事。第二个层面是可持续发展。它鼓励多种用途混合，并推动绿色环境战略与高质量设计的融合。与集聚效应相似，再生过程依托于集聚战略，为利益相关者提供经济机会和激励。第三个层面是保护。通过精确识别值得保护的工业区域，采用外科手术式方法，以维护传统和地方特色。

　　对城市中衰退的城市区域和工业用地进行复兴，也被视为"通过增加生物活性表面积来增强城市的适应性和韧性。在提升城市应对气候变化韧性的诸多举措中，还包括复兴城市中衰退的生态系统，以及发展生态系统相关服务"（Gorgoć，2017）[24]。最重要的是，对空置或废弃的工业用地进行再开发，不仅能改善空间环境，还能促进社会凝聚力，增强居民的归属感，并提高他们的生活质量（Chan et al.，20）。

创新区域中的产业与场所关系

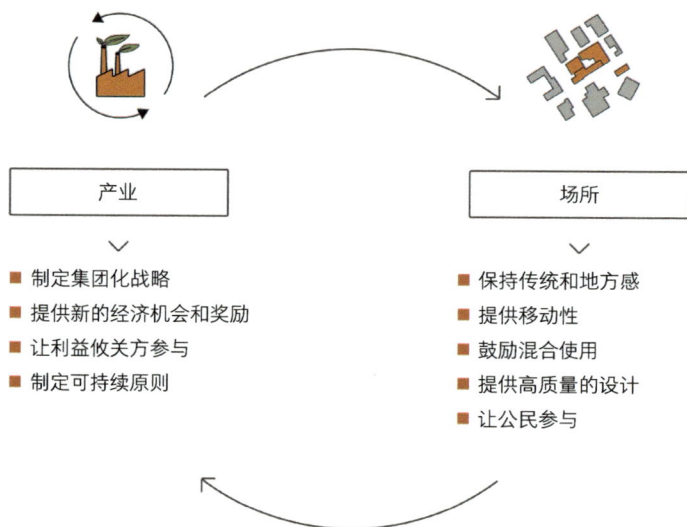

产业

- 制定集团化战略
- 提供新的经济机会和奖励
- 让利益攸关方参与
- 制定可持续原则

场所

- 保持传统和地方感
- 提供移动性
- 鼓励混合使用
- 提供高质量的设计
- 让公民参与

6

组建复合区域

复合区域生成特征

　　混合性是指在工业区内鼓励创造融合多种活动的多元环境。随着信息技术的迅猛发展，这种混合模式不仅催生了广泛的社会与环境变革，也促使规划政策不断调整。当前的工业区设计策略提倡创建混合土地用途（如就业和商业混合）、多元化的生产活动（如制造、研究和开发）及设计不同的项目特征（如分区、地块规模及两者之间的关系）。规划者使用各种工具来支持这些策略（Hatuka et al.，2016）：第一，支持多样的就业组合，为工艺、办公、商业和娱乐等创造一个互补的体系；第二，整合各类工业活动，鼓励多样化发展，并对工业区进行整体规划，以便形成一条涵盖从研发到生产、物流、管理乃至工厂直销店和游客中心在内的完整产业链；第三，发展集制造、物流和办公于一体的专业化综合体，为各类活动配置专业化综合体，并将其分布在整个工业区内，既避免相互干扰，又形成功能上的逻辑联系；第四，结合服务于工业区及其周边环境的公共用地，鼓励开展服务于工业区的社区活动，并充分利用相关空间，如提供职业教育与培训，设立职业健康诊所，建设体育中心和日托中心等；第五，鼓励将居住区融入工作区及周边环境，在规划工业区时，要综合考虑工业区与住宅区之间的联系，同时评估其环境承载力（Hatuka et al.，2016）。

哥伦比亚麦德林创新区 Ruta N 创新中心

图片由 Ruta N 公共机构提供。

混合性不同于经济政策制定者和城市规划师所倡导的产业集群和城市更新理念，它起源于建筑和城市设计领域。由于越来越多的人意识到，现有的大多数土地利用和规划法规难以适应当前制造业的发展趋势，因此混合性的概念更侧重于空间和建筑的设计表达。此外，混合性也是对创客运动的一种响应。创客运动是技术变革和消费行为转型的结果（Anderson，2012；Dougherty，2012；Hatch，2013）。开源设计软件和快速成型技术（如3D打印）的普及减少了在产品设计和生产制造中对资源的需求（Wolf-Powers et al.，2017）。在运输和仓储领域，托盘和库存、堆垛系统的普及也意味着多层工厂将再次成为普通单层工厂的有力竞争者（Rappaport，2015）。其中，支持多层工厂的论点包括：①需要重新考虑建筑技术的进步；②最大限度增加城市工业用地的供给；③开发一种能更好地融入现有城市结构的建筑类型。此外，考虑到中小型先进制造商的需求，政策制定者鼓励并支持对原本为大型制造商独立设计的城市旧厂房进行翻新和分区（Mistry et al.，2011）[7]。城市被认为需要制定"都市出口战略"，以帮助本地企业将他们的商品、服务和专业技术，包括新式先进制造产品推向本地以外的市场（Mistry et al.，2011）[5-6]，还可能需要建设、重新设计或更新交通运输系统。

从本质上讲，混合发展模式强调地方特色及为当地居民和使用者创造机会。其前提是，混合性和多样化的生产功能可以契合当地居民的多样化专业技能，符合居民的期望，同时有可能增加他们的就业机会。此外，正如在城市中心采用混合发展模式所具有的优势一样，在工业区进行混合用途开发也有利于使该区域成为一个充满活力的生活场所，进而获得更加多元的使用模式和更长的使用周期。这种模式的倡导者认为，混合性作为一种空间框架，有助于在工业和"后台"房地产日益短缺的城市中保护工业区。例如，建筑师蒂姆·洛夫（Tim Love）指出，混合用途的工业开发项目可通过在高层建设非工业、更高价值用途的空间来补贴新工业空间的建造，并支持增加建筑密度，从而形成混合用途建筑，以提高工业区的步行友好程度，促进公共交通和社区商业服务业的发展（Love，2017）。具体而言，混合性重新调整了工业区的规定，允许轻工制造、研发、商业及住宅或公寓分布在高层。混合性建筑或立体化城市工厂的发展并不局限于单个建筑，还可以在区域范围内集聚，有助于将房地产与经济发展问题、土地利用规划的具体方式相结合（Rappaport，2017）。这些观点基于一个规范性前提，即一种新型的空间和经济混合模式能够塑造更具生产力和活力的城市。换言之，通过将建筑尺度的多层生产空间与城市尺度的混合用途区域相结合，这种新型混合模式有望对城市可持续发展经济、社会和生态作出贡献（Rappaport，2017）。

值得注意的是，生活与工作空间的融合并非新现象。在第一次工业革命之前，大多数人的工作地点通常位于居住空间内或其附近。然而，随着工厂转向大规模生产并对环境产生了影响，职住分离逐渐成为主流。20世纪末，混合用途开发重新回归，这与工业衰退地区自下而上的更新过程密切相关，纽约的苏荷区便是一个典型案例。苏荷区最初通过非法改造将工业区变为住宅和商业区。后来，人们开始建造集居住和工作于一体的新建筑。此举吸引了年轻的城市精英进入工业区。随着地方特色的转变和房地产价值的提升，越来越多的富裕居民和家庭涌入，这些区域成为相对稳定的住宅邻里。起初，全球的房地产开发商和城市规划部门都将这一成功的转型视为一种手段，用来振兴那些因制造业萎缩而衰败的城市工业区。后来，出现了更多批判的声音，将这种现象称为"住宅复兴"（Cutting Edge Planning & Design，2015），这给规划师和建筑师带来了挑战：如何在保护低价值工业用地的同时，避免其与住宅用地开展竞争。

尽管如此，混合开发模式的倡导者认为，城市不必在支持"紧凑混合发展"与"城市工业发展"之间作出抉择；相反，他们需要明确保护生产性城市工业用地并阻止工业无序扩张。要建设经济繁荣的宜居城市，决策者必须要整合经济发展、产业政策和环境政策（Mistry et al.，2011）[6]。此外，决策者可以对制造业和都市型经济进行新的解读，城市工业土地利用策略应与更广泛的经济发展和劳动力目标相结合，并应尽量减少劳动力和社区更新这两者与城市经济发展目标之间的不协调（Mistry et al.，2011）[4]。规划者和政策制定者将继续面临这些矛盾：一方面他们希望创建一个更加复合的城市，而不是土地用途的分离；另一方面他们又面临工业用地的废弃；此外，他们还需要保护

■ 复合区域生成特征

场所
_____

保护并加强现有资产
有机增长并尽量减少战略干预
灵活性
混合的要求和规定
修修补补

文化
_____

社区参与
居住和工作
经济适用房和商业空间
来自边缘的创新

领导能力
_____

地方宣传
公共或私营伙伴关系
政府和公共机构

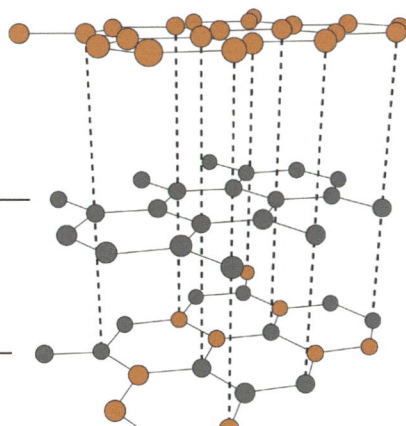

西班牙加泰罗尼亚巴塞罗那22@区
图片由Thomas Nemeskeri拍摄（CC BY-NC-ND 2.0）。

中国深圳华强北地区
图片由Jack Tanner拍摄（CC BY-NC-ND 2.0）。

美国波特兰中央东区金发哑铃大厦
图片由Peter Eckert提供。

低价值的工业用地，避免它们与住宅用地进行竞争（Ferm et al.，2016）。

混合性体现了一种新趋势，即构建以生产和就业为基础的居住环境，并通过新技术适应现代生活方式。其中，建筑环境建立在工业与生活同步的理念之上，这在过去是难以普及的。尽管这种混合模式目前尚处于初级阶段，但未来有望发展出新的结构方式和空间类型。

混合性理念的实施需要领导力、多个政府部门和公共机构的参与，同时也需要在地方层面进行推广。混合性的框架在很大程度上依赖于当地的文化、社区参与、生活和工作方式，以及支持经济适用房的动态环境。领导力和地方文化是支撑混合性框架的关键，这意味着要结合各种要求和规定，同时要意识到，城市结构应是有机发展和逐步形成的，而不是自上而下的经济发展模式。在下一章中，巴塞罗那（西班牙）、麦德林（哥伦比亚）、波特兰（美国俄勒冈州）和深圳（中国）这四个案例展示了不同复合型工业区的实现路径。

西班牙巴塞罗那22@区

巴塞罗那22@区设立于2000年，是政府为了振兴巴塞罗那市区边缘地带的一个老旧工业区而提出的项目。该地区也被称为"圣马蒂"，在18世纪中叶，随着一条新铁路线的建成，该线路连通了圣马蒂与巴塞罗那市中心，使这一地区开始崭露头角。从18世纪后半叶到19世纪，圣马蒂的工厂数量增加了四倍，使其成为巴塞罗那的非正式城市工业中心。区域内集聚了众多不同行业的工厂，涵盖纺织、建筑材料、食品生产、酿酒及农产品加工等领域。尽管如此，在第二次世界大战后，巴塞罗那市政府在靠近市中心的地方建立了一个新工业区，此举开始削减圣马蒂的工业实力。到1990年，圣马蒂已经流失了1000多家工厂。

1992年巴塞罗那奥运会的举办显著扭转了这一衰退趋势。奥运会促进了大规模基础设施建设，其中包括对城市交通系统的大量投资。这些投资部分用于修建连接圣马蒂与城市其他区域的环形道路。1999年，在这些基础设施项目完工后，政府官员开始为圣马蒂的未来发展征集意见和策略。尽管奥运会后该区域面临着被重新规划为住宅区的巨大压力，但巴塞罗那市政府还是决定采取一种更加精细和多元化的土地利用策略。2000年，巴塞罗那市政府全票通过了该区域的总体规划，重点在于通过工业区的内部翻新和创新分区策略来促进经济发展。

圣马蒂总体规划的核心理念是通过引入前沿的经济活动来替代传统产业，目标是打造一个以知识型企业为主体的产业集群，这被认为是巴塞罗那向"知识经济型城市"转型的关键步骤（Duarte et al.，2013）。同时，该规划的成功依赖于一系列配套政策措施。首先，它体现在城市格局的更新和功能区划的调整上。原先的22@工业区已成功转型为新的22@区，并在区域内实施了土地混合使用策略，促进了工业、商业、住宅和公共服务设施的有机融合（Vila-decans-Marsa et al.，2012）。为了促进知识密集型产业的发展，任何期望提升土地利用效益的开发商都可选择建设专门用于开展"22@活动"的场所，"22@活动"指的是与信息、通信和技术领域相关的一系列活动，包括研究、设计、文化和知识等内容（Vila-decans-Marsal et al.，2012）[381]。创新性的规划分区旨在促进经济集群和土地利用的多元化。分区修正案提倡逐步发展稳定的用地方式组合，将其作为推动城市更新、经济复兴和社会进步的手段，而非强调单一土地用途的优越性。这为城市发展提供了一种更加包容的途径，有助于构建既能激发经济活力又能增进社会福祉的发展模式（Gianoli et al.，2020）。

其次，重建基础设施网络，对22@区内长达37公里的街道实施更新和现代化改造。城市对公共设施进行投资，其中有22万平方米的土地被用于新建公共设施、绿地及住宅开发，还有320万平方米的土地被用于建设办公楼，以此创造经济集群所需的关键条件。此外，城市设计在塑造该区域特色方面起到了关键作用，众多国际知名建筑师参与了区域内标志性建筑的设计工作，例如迅速成为地标性建筑的论坛大厦（Edificio Forum）。

此外，总体规划将22@区的115个街区划分为五个集群，分别聚焦医疗科技、设计、媒体、信息通信技术和能源领域，打造适宜居住和就业的理想区域。为践行这一规划理念，该区域聚集了众多机构和活动，促进了区内企业间的交流与合作。例如，"22@留在公司"项目将大学生与本地企业联系起来，以留住本土人才。其他项目还包括定期举办促进思想交流的早餐会、展示研究成果的城市群日研讨会，以及将不同公司的人员联系起来的网络机构。所有的这些项目和活动都是为了促进集群文化的发展。

这项自上而下的战略规划还涉及一个专门的管理机构，负责监督22@区的建设与运营。该机构在编制总体规划、审批土地使用许可、统筹各项建设活动及实施品牌战略推广等方面发挥了关键作用。

22@区是实施自上而下规划和管理模式的典范，它构建了一个集居住、商业和工业活动于一体的可持续复合功能区。城市更新项目往往充满不确定性，易引发冲突且复杂度高，这主要是因为在长远规划过程中，不同参与者之间常常存在着信息和权力的不对等（Gianoli et al.，2020）[2]。而"适应性治理"原则为应对城市更新中的内在挑战提供了解决策略。

实际上，借助一系列创新手段和具体策略，巴塞罗那成功地将22@区从衰落的工业区转型为充满活力的经济区域。然而，也有人批判该地区的绅士化进程和经济适用房的占用问题（Duarte et al.，2013；Rowe，2006）。这些争议反映出，在推动知识型城市发展的过程中，经济增长与社会需求之间可能会产生矛盾。

哥伦比亚麦德林创新区

麦德林是哥伦比亚的第二大城市，自20世纪中叶以来一直是该国的"工业发展重地"。得益于紧邻农业区的地理优势，麦德林不仅是哥伦比亚咖啡产业的发源地，也是其核心产区。但是，从20世纪中叶至70年代，农民和农业产业工人从国内其他地区，尤其是向首都波哥大的大量迁入，给麦德林带来了一系列挑战。这座城市边界的扩张远远超出了其总体规划的预期目标，城市管理者们不得不应对大量涌入的人口，为他们提供基本生活保障。同时，人口涌入也导致了城市犯罪率和暴力事件的激增，麦德林因此获得了"世界谋杀之都"的恶名。然而，近20年来，政府在交通基础设施和城市社会项目上持续投入，不仅加强了城市各区域之间的联系，也极大地推动了经济的增长，从而使麦德林成功扭转了曾经相对落后的发展态势。麦德林市构建了安全高效的地铁系统，并铺设了一条连接城市最贫困地区与市中心的缆车线路。此外，该市还对科研机构及科研设施进行了大量投资，如高校研究大楼等。

这一变革也是公私管理倡议的一部分。2009年，麦德林市政府与麦德林公共事业集团下属的UNE电信公司共同发起并成立了Ruta N Medellín机构，这是一个旨在将麦德林转变成知识型城市的公共组织（Morisson et al.，2019）。作为城市首批重大举措之一，Ruta N Medellín机构于2012年宣布计划在历史上一直非常贫困的麦德林北部地区创建一个创新区。该创新区汇聚了激发创新所需的众多要素，包括多所大学（安提奥基亚大学和国立大学）、医院（圣文森特德保罗医院）、研究中心（Ruta N创新中心）、两个地铁站、探索公园科技博物馆和麦德林植物园，因此它被视为一个适宜开发的理想地点。此外，这一地区还拥有强大的现有基础设施，包括与麦德林市中心相连的关键交通枢纽。

与巴塞罗那22@区项目类似，麦德林创新区也是自上而下发展的结果，由城市的关键公共机构发起，并在国际专家的协助下得以实现。2012年，巴塞罗那22@区项目专家顾问团队来到麦德林，协助制定麦德林创新区的发展战略。2013年，麻省理工学院的城市规划领域教授丹尼斯·弗伦奇曼（Dennis Frenchman）和卡洛·拉蒂（Carlo Ratti）共同为麦德林创新区制定了总体规划（Morisson et al.，2019）。该规划的愿景在于整合区域内所有的资源方，并依托Ruta N创新中心构建一个充满活力的创新生态区。Ruta N创新中心总占地面积达33140平方米，集成了Ruta N办公区、EPM-UNE科研实验室、VifeLab动画教育中心及多家跨国企业和创业公司（Morisson et al.，2019）。该中心由三栋建筑、花园和交通枢纽构成，建筑设计注重空间的连通性，旨在促进使用者之间的沟通与互动。中心内不仅入驻了包括惠普（Hewlett Packard）在内的多家大型企业，还有麦德林公共事业集团下属的UNE电信公司等知名公共机构及麦德林的主要大学。

为了推动这一愿景的实现，Ruta N Medellín机构与多个研究团队合作，共同帮助规划这个未来创新区（Ratti，2014）。这种自上而下的强大领导力在推动区域内新项目的启动、确保其顺利实施及助力该区域融入周边社区方面发挥了关键作用。其核心策略是吸引知识密集型的国际初创企业，涉及信息通信技术、生物医药和新能源等领域。Ruta N创新中心开发并实施的项目可以分为两大类：吸引类和融合类（Morisson et al.，2019）。吸引类项目是指在发展初期吸引不同孵化器、初创企业和公司的项目。这些项目不仅加强了创新区与周边区域的联动，还促进了创新区内的公司、组织和初创企业之间的交流。麦德林市还为坐落于主要知识集群内的公司提供税收优惠政策，以吸引它们入驻Ruta N创新中心（EU University Business Cooperation，2019）。融合类项目的核心在于通过广泛吸纳社区意见反馈至规划流程之中，以及持续开展类似区实验室这类激发当地高中生创业热情的项目，促使麦德林创新区的居民成为该区域发展的全面参与者，并积极推动周边社区与创新区的深度融合与协同发展。

尽管麦德林创新区仍处于持续发展阶段，但它在推动城市经济发展、吸引企业落户及促进内生增长这几方面已经发挥了重要作用。同时，该案例还展示了如何将经济发展与现有社区相融合，并努力让这些社区参与到随后的经济增长过程中（Auschner et al.，2020）。然而，也有观点指出，在拉丁美洲（包括麦德林）的公私合作模式（PPPs）中，对经济目标的追求有时会超越对生态保护、社会公平和公众参与的重视。因此，有人建议重新构建公私合作模式，以便更全面地吸纳各方意见，特别是低收入群体和历史上被边缘化的社区的意见（Franz，2017；Irazábal et al.，2020）。此外，由于投入成本高昂及区域内办公和居住空间不足的问题，企业虽然在Ruta N创新中心内设立了办公点，但并未完全覆盖整个区域。这种区域特征在一定程度上阻碍了企业和人才的聚集，从而减弱了其潜在的带动效应；因此，若缺乏有效的社区联动策略，未来可能会面临更激烈、更大规模的争议和批评（Arenas et al.，2020）。

美国波特兰中央东区

波特兰与许多其他城市一样，拥有多个20世纪初围绕铁路和海滨基础设施开发的工业遗产区。这些老工业区通常位于城市中心商业区附近，以紧凑的街区格局和老旧的阁楼式工厂建筑为特点。此外，由于地理位置靠近市中心，这些区域也受到了绅士化进程和商业楼宇开发扩张的影响。

中央东区（CES）正是这样的典型工业区。它是以铁路为基础发展起来的仓储中心和轻工业区，1891年并入波特兰市后成为波特兰最早的工业区之一。在接下来的几十年里，中央东区作为波特兰市的工业基地，持续保持着繁荣发展的状态。尽管波特兰的大部分工业区经历了土地利用变化，但中央东区却得益于波特兰市特有的工业用地保护分区政策，即使制造业企业不断更迭，市中心的工业基地也能得以保障（Abbott et al.，1998）。如今，中央东区已成为波特兰城市活力和持续发展的重要组成部分，被视为城市规划的成功典范，在促进城市经济和就业增长方面发挥了显著作用。

到20世纪中期，中央东区的工业基地在迅速发展的同时，也开始调整其早期的发展重心。由于交通基础设施不完善及现有建筑类型的不适配，部分工业企业外迁至郊区，同时其他规模较小的企业迁入。虽然中央东区依然保持着坚实的经济基础，并为市民提供了靠近市中心的就业机会，但也带来了负面的环境影响（Minner，2007）[14-15]。20世纪80年代初，中央东区工业委员会请求俄勒冈州土地利用规划监督组织"俄勒冈千友会"（1000 Friends of Oregon）撰写一份报告，以解决该区域复兴过程中所面临的障碍。这份名为"中央东区工业区——波特兰经济的支撑力量"的报告，凸显了中央东区在经济上的重要性及其实际的脆弱性。基于这些工作，加之市政府及其顾问团队提交的其他报告，波特兰市于1988年制定中心城区规划，明确将中央东区纳入规划范畴，并详细阐述了其功能定位、政策导向及未来发展愿景。为巩固其作为"重要工业发展区域"的地位，中央东区被正式纳入中心城区范围，并借助多样化的分区措施来优化该区域的工业用地布局。这些措施包括以下几个方面：①积极推进中央东区新兴产业的孵化与成长；②进一步强化中央东区作为区域枢纽的核心功能；③在规划为工业用途的区域内，允许包含住宅在内的混合土地利用方式；④保护与利用具有历史文化价值或建筑艺术价值的建筑；⑤将联合大道建设成为连通该区南北的主干道及支持公交和步行的商业带；⑥持续推进并实施"中央东区经济振兴计划"（Minner，2007）[19]。

这些分区措施旨在优化整个区域的工业用地布局。例如，通过设立主要功能分区，如一般工业用地一类区（IG1），使中央东区在保持其工业用地性质的同时，能够适度容纳办公和零售等功能，并在审批过程中有条件地提升建筑容积率。此外，还对现行部分工业用地编码进行了适应性调整，引入了绩效导向的编码机制，以增强工业发展的灵活性及其动态变化的适应能力（Minner，2007）[29]。2006年，市议会在城市中央东区的部分地区设立了就业机会分区（EOS）。在该区域内，实施了针对性的分区规划措施，为一般工业用地一类区内零售与办公设施的配置提供了更为灵活的上限控制，旨在平衡商业发展与工业保护的关系。最重要的是，这些政策是为了保障区域内现有工业企业的稳定运营，同时积极为新兴工业部门预留孵化空间，以更加宽松的环境助力其业务的拓展。

为确保工业用地功能的稳定性，该区域通过《工业用地规划声明》来规避与非兼容用途的冲突。该规划文件（由全部当地土地所有者签署）确认了周边地区工业用地的合理性，并保障合法工业活动不受周边居民投诉的影响。鉴于混合工业区内可能出现的矛盾，街区的转型通过城市设计导则来引导，确保住宅和商业区沿混合用途走廊发展，以及装卸区及其他工业配套区域维持工业功能导向。

中央东区的经济提升依托于在公共交通便捷区域推进高密度、综合用途的建设。因此，划定了中央就业区（EX），允许在一般工业用地一类区内实施更高标准、更集约化的建设。这一区域还允许更多样的土地利用类型，包括住宅、商业办公、零售、公共服务设施及轻工业等用途。在非工业功能主导的既有用地区域，该功能区显著增加了土地用途的多样性和选择性。例如，将需要集聚更多就业机会的交通枢纽区划为EX，以增强区域活力和安全性，并满足公共交通用户的出行需求（Portland，2021）。

此外，文化遗产和区域特色也是中央东区发展中的关键因素。该区不仅拥有独具特色的工业历史建筑群，而且区位条件优越，紧邻波特兰市中心商业区。这些规划策略推动了工业类型的多样化发展，进而影响了员工通勤和产品运输的交通需求和发展趋势。波特兰市通过对轻轨、有轨电车、自行车和人行设施等多式联运基础设施进行大量公共投资，从而吸引之后的投资机遇。例如，2015年投入运营的波特兰－密尔沃基轻轨（PMLR）线路在中央东区设有两个站点，这些站点毗邻多个具有再开发潜力的大规模地块，既能满足现有企业的扩张需求，也有助于吸引新的产业和就业机会（Chilson，2017）。

投资扩建交通基础设施的直接原因是，中央东区作为土地利用多样化和高密度发展的区域，急需缓解不同交通方式间的冲突。对于工业区而言，货运尤其关键，中央东区通过设置货运优先路线和提升基础设施，显著提高了卡车的通行效率。同时，为减少与慢行交通模式（如步行、骑行等）之间的潜在冲突，中央东区实施了多项措施，包括将特定路段调整为单向交通、增加交通信号灯及优化道路标识。此外，政府精心打造了一条专供行人和自行车使用的"绿色环道"，巧妙连接了现有的名胜古迹、绿地空间、休闲游憩设施及城市中心区（Portland Bureau of Planning & Sustainability，2017）。

波特兰中央东区的成功可以归功于一系列创造性的分区和土地利用策略，这些策略为混合用途的发展和繁荣创造了环境。与其他成功的复合区域不同的是，波特兰的中央东区是自下而上的发展模式，为混合用途的自然发展奠定了策略基础。需要强调的是，分区策略并不是孤立实施的，而是借助一系列规划设计手段来提升中央东区的居住品质，并增强其对多样化用途的吸引力。明确的交通规划与设计策略也为工业、商业和居住用地区的繁荣发展创造了有利条件。

中央东区演变为工业区的过程塑造了今天的城市形态。随着时代的变迁，中央东区的建筑类型和交通基础设施也随之改变，以满足不断发展的商业需求。例如，过去只有一家产品分销公司入驻的老建筑，如今已容纳众多小型制造商、工业服务商和工业办公用户。目前，中央东区已拥有超过1100家企业和17000个工作岗位，超越了中心城区核心区以外的任何其他区域。这主要是因为工业企业和创意企业并存，使中央东区成为新兴的跨行业交流场所，涵盖从电影产业和数字企业，到食品、创意服务和手工艺行业等领域。在最近的经济衰退期间，中心城区其他地区的就业人数有所减少，而中央东区的就业人数却有所增加，部分原因是中央东区的贸易行业不断增加，这些行业相互促进并形成共生关系，创造了一个产业生态系统（Portland Bureau of Planning &

Sustainability，2014）。

波特兰的城市更新策略是通过建立"工业保护区"及灵活的监管框架，有效保护了现有的制造业用地。此举成为遏制城市中心工业区绅士化及潜在人口迁出的关键措施（Abbott et al.，2004）。依据2040年的综合发展规划及功能布局，波特兰大都会区的目标之一是"选择最优区位，促进住宅与商业的高密度集聚，并保护作为区域经济支柱且能提供高薪工作的工业与就业用地"（Portland，2021）。中央东区凭借其优越的地理位置，成功地为老城的社区居民提供了宝贵的就业机会，并允许工业企业留在更加紧凑和具有混合形态的城市中。

中国深圳华强北

1979年，深圳被划定为经济特区（SEZ），标志着中国产业政策在经济改革时期的重要探索。城市规划师张军（2017）将深圳产业政策的演变过程描述为四个阶段。第一阶段（1986年前）的重点是低成本制造业（主要是电子制造业）和建立工业园区。1986年之前，工业发展依赖廉价的土地和劳动力，工业区就近集中在交通便利的区域。在此期间，深圳的主要工业包括电子、纺织和建筑材料工业。华强北电子市场所在的上步工业园区成立于1982年（Chen，2017），是中国第一个专门从事电子组装的区域。第二阶段（1987—1997）包括工业区的空间扩张及第二代信息技术和高科技产业集群的形成。这一时期，低成本制造业和高污染工业逐步迁移至珠江三角洲的其他地区，如广州和东莞，而深圳则吸引了电信、新材料和生物技术等高新技术产业。例如，上步工业园区自1988年起便开始着力发展通信产业和专业化市场。到1994年，该区域已由工业区成功转型为商业区，成为华强北商业区的一部分。值得注意的是，当时中国的工业政策与西方科技园区的发展理念存在差异，中国更聚焦于高科技制造业的发展，而不是将培育高等教育机构和建设研发设施作为园区发展的主要驱动力。第三阶段（1998—2008）的目标是加快高新技术产业的发展和促进本地创新能力的提升。这一时期见证了深圳传统重工业和劳动密集型产业的外迁，因此大部分新发展的项目都涉及旧工业区的重建和填海工程。2001年出台的《深圳市高新技术产业带管理体制方案》明确划定了专门用于高新技术产业发展的区域，并有意识地逐步淘汰其他形式的工业活动。这些规划区域大多位于已建成的城市郊区，与此同时，像华强北、蛇口和车公庙等高新区也有机地形成了集商业和工业于一体的复合功能区。第四阶段（2009年起）主要聚焦创新区建设和产业生态系统的完善。这一时期，深圳的本地创新能力显著增强，全市范围内新建了17个综合开发区，包括商业、住宅、工业及多功能用途，旨在满足不同层次劳动力的需求。深圳也逐渐成为区域创新中心和高科技产业的核心地带。许多大型工厂或制造基地开始向珠江三角洲北部和西部转移，同时在深圳保留其行政和研发部门。

在地理位置上，华强北位于深圳市福田区；用地上，已有超过1.45平方公里的土地被改造成工业区。在产业发展方面，这一区域被誉为"中国电子第一街"或"硬件硅谷"，是中国最大的电子产品交易中心，占中国电子产品销售总额的50%以上（Sun，2018）。此外，这里也是中国高科技创客运动的核心区域。

回顾历史，上步工业区由广东省属国有企业华强公司于1982年创建。当时，中央政府在上步工业区的发展中起到了关键作用，尤其是在多家国有企业入驻后，例如，航空工业部的下属公司在该区域内设立了几家电子厂（Chen，2017）。20世纪90年代，随着深圳"去工业化战略"的实施（第二阶段），开发区内的许多初级制造业租户纷纷迁往珠三角其他地区，开发区随之转变为一个电子产品批发区，其供应商层次不一，既有国家级批发分销商，也有商业中心的小摊位。当地的跳蚤市场关闭后，许多电子产品小商贩便沿华强北路迁入，这就是现在华强北电子市场的前身。然而，这种改造基本上是自下而上的，深圳市委、市政府在20世纪90年代中期试图进行集中规划，但以失败告终。

到21世纪初，随着地价不断上涨，大部分制造业被迫迁出这一区域，但展厅和经销商仍留在电子市场。这一时期，中国的电子废弃物经济也在华强北电子市场的形成和发展中发挥了重要作用，许多废旧电子设备中的零部件被回收再利用，或是被提取出来送往其他加工企业进行再加工（Chen，2017）[168]。

22@区

西班牙巴塞罗那

巴塞罗那22@区建立于2000年，原本是政府为改造巴塞罗那市中心边缘一个衰退的工业区而实施的一项计划。得益于政府强有力的领导、一系列土地使用的创新政策及产业集群战略的推动，该区域已成功吸引了超过4500家新企业入驻。在这个占地约2.02平方公里的地方，形成了五大专业集群：医疗科技、设计、媒体、信息通信技术和能源。这一区域的成功在于采用了一种融合城市更新、经济发展和社会重塑的综合发展模式。

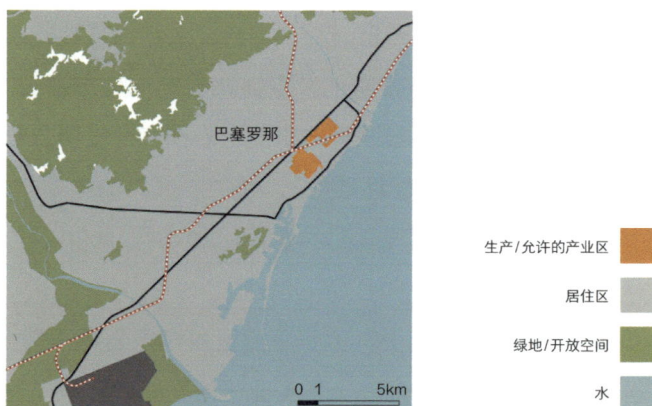

生产/允许的产业区

居住区

绿地/开放空间

水

正式区域 | 以轴线连接城市空间

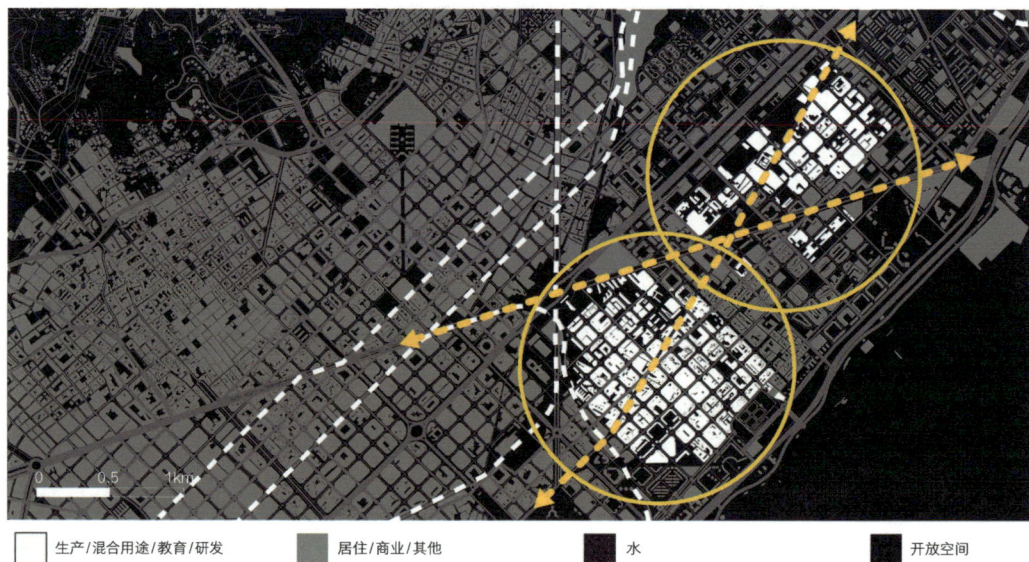

生产/混合用途/教育/研发　　居住/商业/其他　　水　　开放空间

原型 I
综合

产业概况

项目	创新区
空间形态	一体化、城市群
土地利用类型	轻工业、商业、住宅
关键角色	巴塞罗那政府

策略 I

领导能力

22@区是由巴塞罗那市政府发起的一项自上而下的战略性开发计划。市政府不仅负责制定一个为该地区提供全面战略的总体规划，还专门成立了一个机构，负责监督创新区的创建和维护。创新区的总体战略是"城市、经济和社会的更新"，这为城市发展提供了一种更包容的途径，有助于建立一种既能刺激经济发展又能促进社会进步的模式。

文化

22@区拥有许多组织和活动，旨在为区内企业之间的互动与合作创造机会。区域内有五个专业集群。例如，"22@留在公司"项目将大学生与本地企业联系起来，以留住本地人才。其他项目还包括定期举办促进思想交流的早餐会、展示研究成果的"城市群日"研讨会，以及将不同公司的人群联系起来的网络组织。这些举措使22@区被视为集群文化的典范。

场所

设计在22@区的规划中发挥了至关重要的作用，为该区的成功奠定了基础。22@区共有115个街区，令人印象深刻的是总体规划中将该区划分为多个更小的集群，以创造出具有吸引力的工作和生活区域。22@区内有22万平方米的土地被用于新建公共设施、绿地公园及住宅，还有320万平方米的土地被用于建设办公空间，以创造实现经济集群所需的关键条件。同时，多位国际知名建筑师应邀参与了区域中标志性项目的规划设计，其中包括很快成为地标建筑的论坛大厦。该区的规划者将设计视为在区域发展中一个既能提升宜居性又能提高经济生产力的关键因素。

143

创新区

哥伦比亚麦德林

麦德林在20世纪90年代曾被称为"世界谋杀之都"，如今已经成为世界上最具创新活力的城市之一。这一转变的核心在于政府对经济增长和包容性发展的高度重视。建立于2012年的麦德林创新区就充分体现了这一策略。麦德林创新区位于麦德林市的一个原本贫困的区域，通过实施一系列创新策略，不仅成功吸引了众多国际企业入驻，也促进了本土企业的成长。该区域重视规划设计，并结合了政府层面的引导与基层自发的创新孵化，尽管整个项目仍在推进中，但已经展现出明显的积极成效。

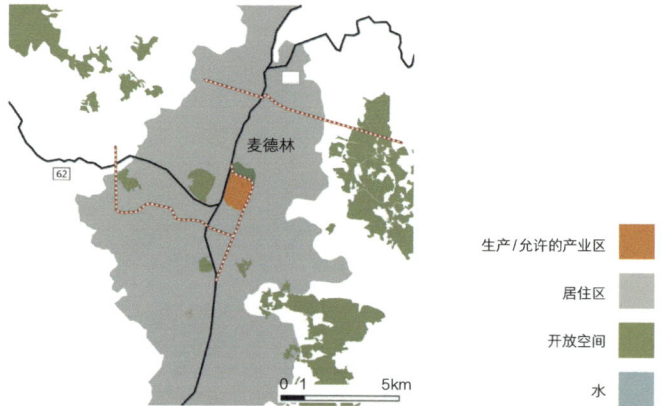

生产/允许的产业区

居住区

开放空间

水

活动中心 | 重塑一个城市新核心

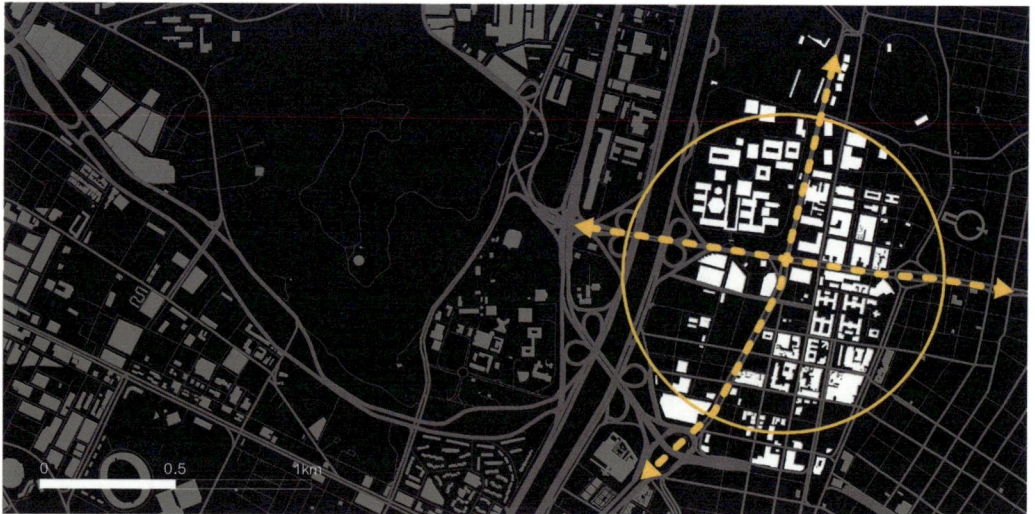

生产/混合用途/教育/研发　　居住/商业/其他　　开放空间　　水

原型 |
综合

产业概况

项目	创新区
空间形态	一体化、城市群
土地利用类型	轻工业、商业、住宅
关键角色	惠普、EPM、UNE

策略 |

领导能力

文化

场所

麦德林创新区是在麦德林Ruta N Medellín机构的指导下创建的，Ruta N Medellín是麦德林市政府与EPM-UNE（麦德林市公共事业及电信公司）合作成立的一个公共机构。Ruta N Medellín公共机构牵头制定了该区的总体规划，并将持续帮助指导该区的发展。这种自上而下的强大领导力在帮助推动区域内的新举措的实施上发挥了重要作用。麦德林创新区的核心策略是吸引知识密集型的国际初创企业入驻，包括信息通信技术、生物医药和新能源领域。此外，Ruta N创新中心提供各种创新孵化器并制定创业计划，帮助企业度过发展初期。值得注意的是，麦德林市政府还为企业提供税收优惠。

麦德林创新区重视开展多种创新项目，既要将该创新区融入城市发展中，又要培育创新区内的公司和组织来促进创新型企业之间的交流。例如，该区在制定总体规划和后续发展的过程中广泛吸纳了社区的意见，还开展一些长期运行的项目，如DistritoLab项目，鼓励当地高中生进行创新创业。同时，麦德林创新区还努力与周边社区实现融合发展。

Ruta N创新中心是麦德林创新区的核心。该中心由三栋建筑、绿地和交通枢纽构成，建筑设计注重空间的连通性，旨在促进使用者之间的沟通与互动。中心内已入驻包括惠普在内的大型企业、联合国电信与经济规划管理小组等知名公共机构及麦德林市的主要大学。

中央东区

美国俄勒冈州波特兰

波特兰中央东区（CES）的成功很大程度上得益于其对工业遗产保护的坚持。同时，中央东区的分区规划也起到了关键作用。通过工业和商业的多样化发展，波特兰市成功地培育了一个和谐共生的产业生态系统。实现这一目标的关键策略之一是采用多样化的区划叠加措施，这涉及对特定区域的持续更新与重新定位，整合新的城市扩散模式，并为城市特色的发展演变提供规划保障。

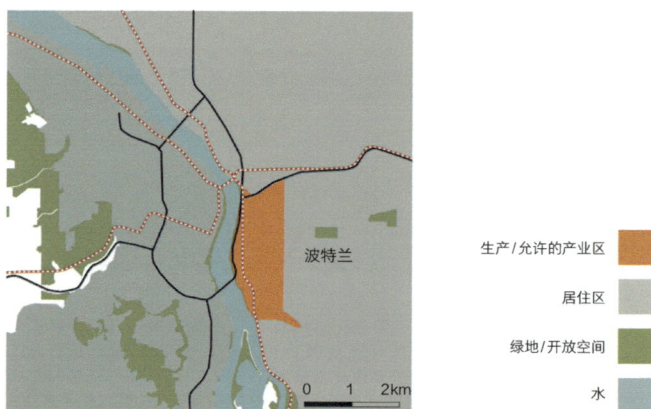

生产/允许的产业区
居住区
绿地/开放空间
水

扩散 I 强化现有的城市肌理

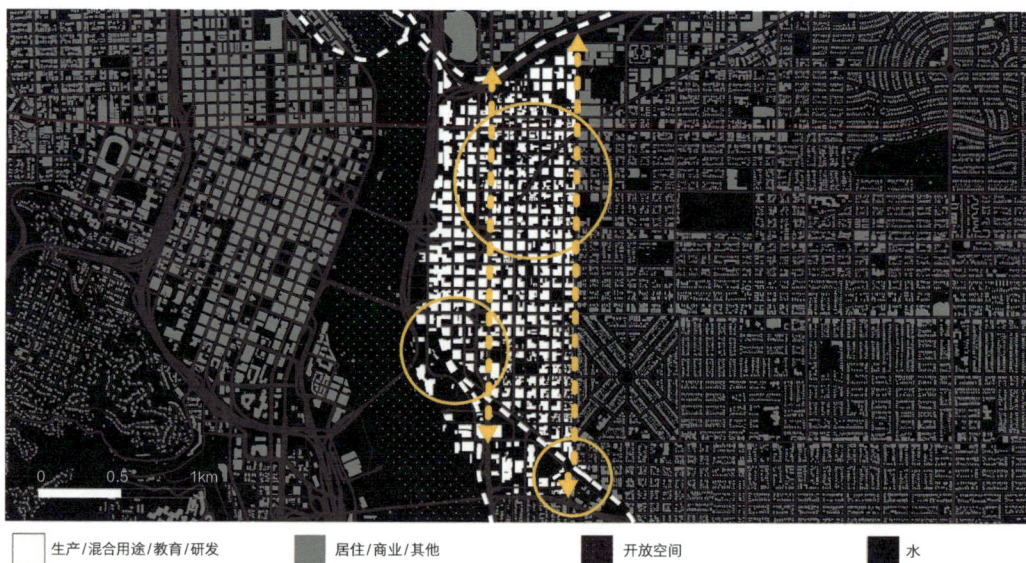

生产/混合用途/教育/研发　　居住/商业/其他　　开放空间　　水

原型 I
综合

产业概况

项目	混合用途工业区
空间形态	一体化、城市群
土地利用类型	重工业、轻工业、商业、住宅
关键角色	波特兰市，中央东区工业区（CEID）

策略 I

领导能力	文化	场所
	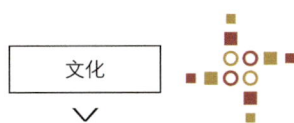	

2006年，波特兰市议会在中央东区的部分地区设立了"就业机会分区"。在该区域内，通过区划管理，为工业区内商业和办公建筑的建设在开发容量上提供了更多灵活性。此外，该区划还鼓励土地的多元混合利用，包括了住宅、商业办公、零售、机构和轻工业等多种用途。最重要的是，这些区划规定的核心目标是保障"就业机会分区"内的现有工业用地，同时为新兴工业领域的企业提供"孵化器"空间，以增强其发展的灵活性。

中央东区拥有1100多家企业和17000个工作岗位，这主要归功于工业企业和创意企业的并存。这种多元化的产业结构使该区域成为一个新兴的跨行业交流场所，涵盖从电影产业和数字企业，到食品、创意服务和手工艺行业。该区一直保持较高的就业率，部分归功于贸易部门多元化行业之间形成的共生关系，并相互促进，最终形成了一个产业生态系统雏形。

中央东区拥有独特的工业遗产建筑群，并且靠邻波特兰商业核心区的中心位置。波特兰市通过对轻轨、有轨电车、自行车及慢行设施等多样化交通基础设施进行大量公共投资，以帮助利用潜在的发展机遇。例如，2015年开通的波特兰－密尔沃基轻轨线在该区设有两个站点，毗邻几个具有再开发潜力的大地块，不仅可满足现有企业的增长需求，还有可能帮助中央东区吸引新的产业并增加就业机会。与此同时，区域内专用于行人和自行车的基础设施也被开发成一条被称为"绿色环道"的路线，通过这条连续的步行和骑行通道将现有景点、开敞空间及娱乐设施和中心城区连接起来。

深圳华强北

中国广东

深圳华强北是一个具有全球影响力的高科技创新区域，也被称为"硬件硅谷"。该区域最初是一个工业区，随着20世纪90年代制造业的外迁，这里演变成一个大型电子元件的交易市场。华强北成为一个集电子组装、回收、维修、原型设计、测试、物流、品牌推广、产品设计和销售于一体的草根生态创新中心。

有机生态系统丨对非正式性的认可与构建

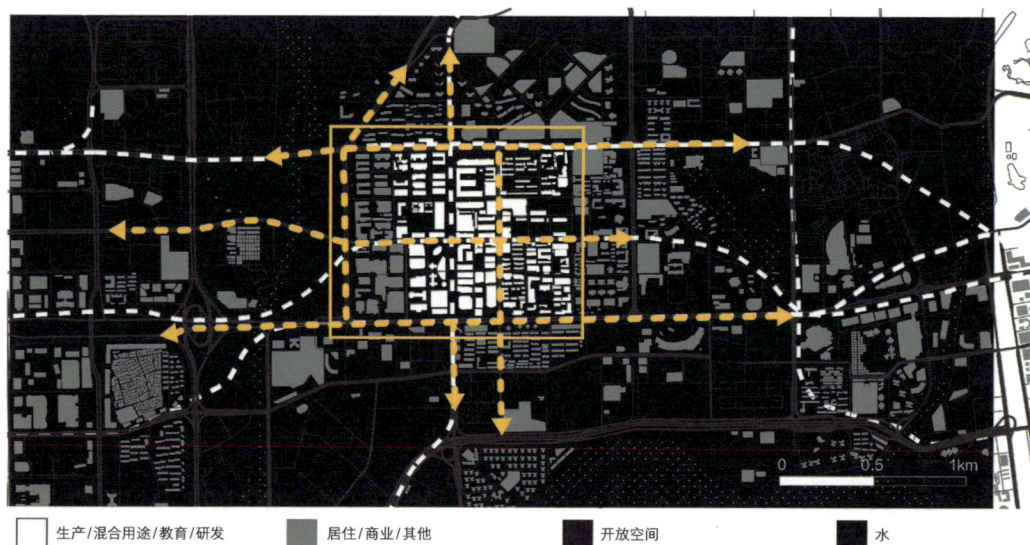

| | 生产/混合用途/教育/研发 | | 居住/商业/其他 | | 开放空间 | | 水 |

原型 I
综合

产业概况

项目	创新区
空间形态	综合化
土地利用类型	电子市场、商业、住宅
关键角色	自下而上的创业精神、深圳市政府

策略 I

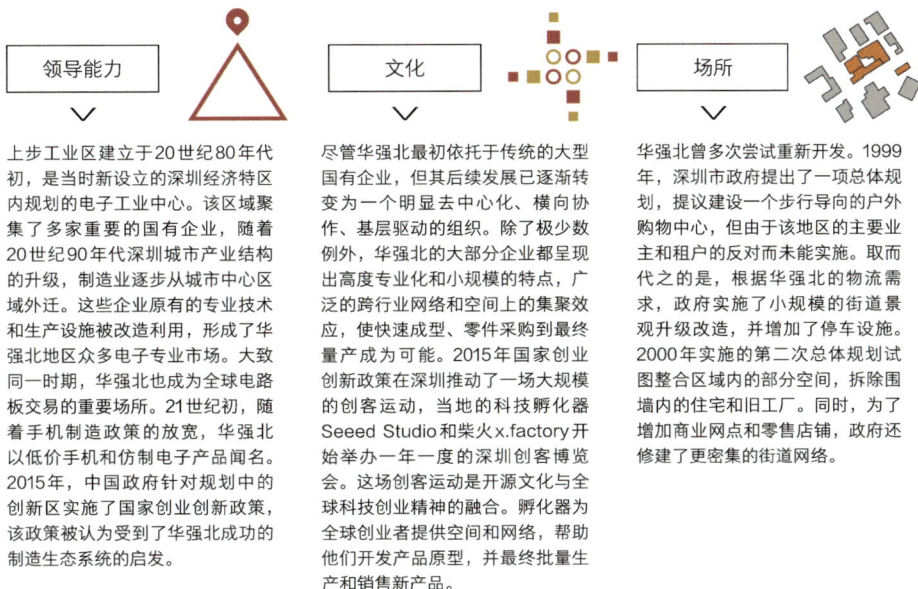

领导能力

上步工业区建立于20世纪80年代初，是当时新设立的深圳经济特区内规划的电子工业中心。该区域聚集了多家重要的国有企业，随着20世纪90年代深圳城市产业结构的升级，制造业逐步从城市中心区域外迁。这些企业原有的专业技术和生产设施被改造利用，形成了华强北地区众多电子专业市场。大致同一时期，华强北也成为全球电路板交易的重要场所。21世纪初，随着手机制造政策的放宽，华强北以低价手机和仿制电子产品闻名。2015年，中国政府针对规划中的创新区实施了国家创业创新政策，该政策被认为受到了华强北成功的制造生态系统的启发。

文化

尽管华强北最初依托于传统的大型国有企业，但其后续发展已逐渐转变为一个明显去中心化、横向协作、基层驱动的组织。除了极少数例外，华强北的大部分企业都呈现出高度专业化和小规模的特点，广泛的跨行业网络和空间上的集聚效应，使快速成型、零件采购到最终量产成为可能。2015年国家创业创新政策在深圳推动了一场大规模的创客运动，当地的科技孵化器Seeed Studio和柴火 x.factory开始举办一年一度的深圳创客博览会。这场创客运动是开源文化与全球科技创业精神的融合。孵化器为全球创业者提供空间和网络，帮助他们开发产品原型，并最终批量生产和销售新产品。

场所

华强北曾多次尝试重新开发。1999年，深圳市政府提出了一项总体规划，提议建设一个步行导向的户外购物中心，但由于该地区的主要业主和租户的反对而未能实施。取而代之的是，根据华强北的物流需求，政府实施了小规模的街道景观升级改造，并增加了停车设施。2000年实施的第二次总体规划试图整合区域内的部分空间，拆除围墙内的住宅和旧工厂。同时，为了增加商业网点和零售店铺，政府还修建了更密集的街道网络。

149

■ 组建复合区域：规划项目、空间布局与土地利用

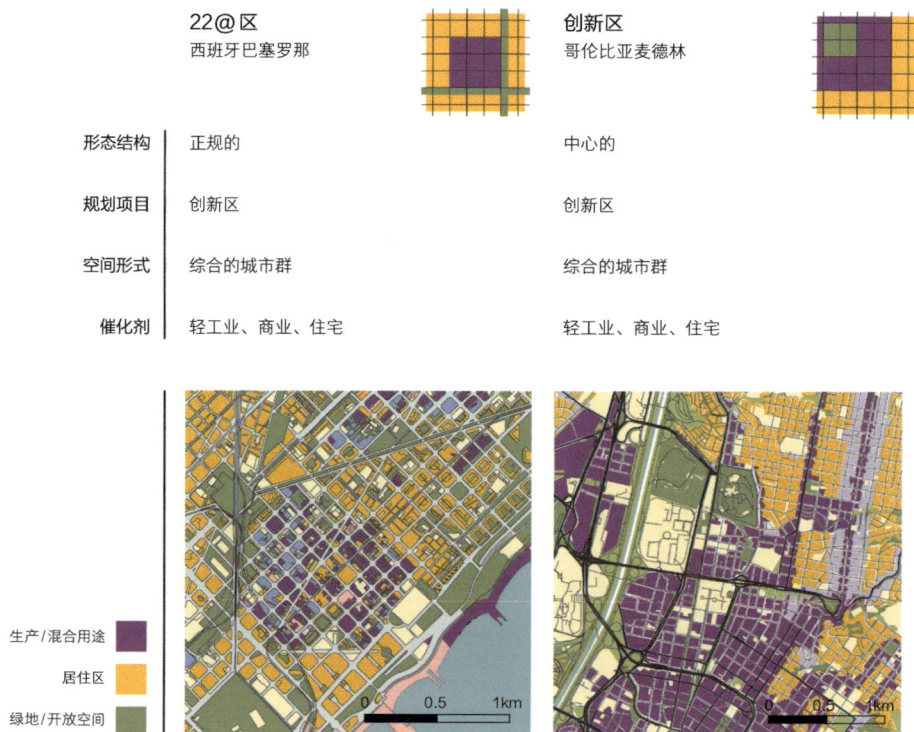

22@区
西班牙巴塞罗那

创新区
哥伦比亚麦德林

	22@区	创新区
形态结构	正规的	中心的
规划项目	创新区	创新区
空间形式	综合的城市群	综合的城市群
催化剂	轻工业、商业、住宅	轻工业、商业、住宅

生产/混合用途 ■
居住区 ■
绿地/开放空间 ■

中央东区
美国俄勒冈州波特兰

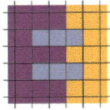

扩散的

混合用途工业区

综合的城市群

重工业、轻工业、商业、住宅

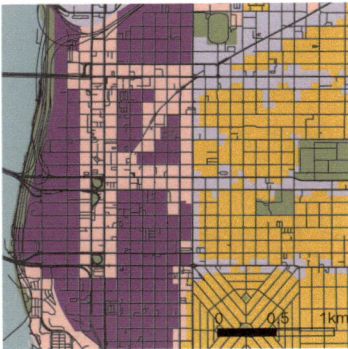

深圳华强北
中国广东

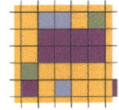

有机生态系统

创新区

综合的城市群

电子市场、商业、住宅

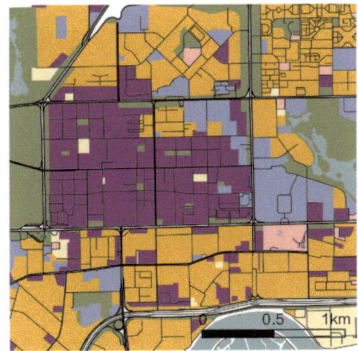

然而，这种对电子废弃物处理的早期介入，实际上揭示了华强北的电子产品市场定位并非面向高端消费群体，而是更加侧重于满足低端市场及二手电子产品市场的需求。在此期间，电子产品市场中的建筑类型逐渐形成。商贩们通常占据高层建筑中大约0.5~6平方米的小摊位，并按组件的形式进行组织（Chen，2017）[170]。

密集的电子市场区域和大量的产品促进了深圳的科技创客运动发展，该运动以快速制作产品原型而闻名，如今还包括产品设计环节。它依托于一个由正式或非正式制造商与企业家共同构建的复杂生态系统而成立，同时也带动了周边时尚零售及餐饮业的繁荣发展。

从产业视角分析，华强北和深圳的制造业生态系统本质上依赖于国家主导的政策和基层产业之间的互惠关系。这一系统的形成与发展共分为四个过程：第一，国家政策优先考虑在深圳发展电子产业。特别是电子工业部在1985年成立了一家国有企业，即现在的"深圳赛格集团有限公司"，其中包括了100多家电子行业的子公司。这就是华强北最大的电子市场——赛格广场的前身（Sun，2018）；第二，在这一时期，全球电路板制造业开始进入中国，华强北成为电路板贸易的重要场所；第三，20世纪初期，随着中国放宽对手机制造的监管，手机开始大量涌现，特别是台湾制造商生产的低成本手机涌入市场，并自然而然地在深圳和华强北找到了立足之地；第四，2015年国家出台的创新创业政策推动了创新区在全国范围内的普及。

尽管华强北最初依托于传统的大型国有企业，但其后续发展已逐渐转变为一个明显去中心化、横向协作、基层驱动的组织。除了极少数例外，华强北的大部分企业都呈现出高度专业化和小规模的特点，正得益于其广泛的跨行业网络和在空间上的集聚效应，华强北能够实现快速的产品原型设计、便捷的零部件采购及后续的大规模生产制造（Hallam，2019）。2015年，中国通过实施税收优惠等措施来促进大众创业、万众创新，由此在全国范围内催生了众多众创空间、创新园区及孵化器（State Council Information Office，2015）。该政策重点扶持电子和高科技产业，并通过吸引海外创业者和归国华侨参与，为风险投资和知识转移提供财政补贴和机制保障。此外，这项政策旨在强化中国对知识产权的保护力度。同年，国家创业创新政策在深圳激发了一场大规模的生产者运动，这一运动体现了开源精神与全球科技创业精神的融合。值得注意的是，许多生产商并非传统意义上的全球精英，也不具备专业的技术知识。他们中的一些人是来自外省的企业家，在深圳寻求资源和合作以开发新产品，并计划将这些产品销往中国其他地区或其他发展中经济体（Stevens，2019）。

这场生产者运动的结果就是形成了非正式的制造业生态系统，它是由零部件生产商、供应商、贸易商、设计公司和装配线构成的横向网络。这些群体通过非正式的社交网络和共享文化来开展业务（Lindtner et al.，2015）。这个制造业生态系统涵盖了外来创业者、工业设计师、电子市场和各类工厂（Stevens，2019）。

华强北地区曾多次尝试重建。1999年，深圳市政府制定了第一个总体规划（主要是建设一个步行导向的户外购物中心），但由于受到区域内主要业主和租户的反对而未能实施。2000年深圳市的第二个总体规划试图更新部分空间，拆除建于20世纪80年代的围墙式住宅和废旧工厂，并建设了更密集的街道网络，以提供更多的商业和零售门面。然而，在后续的规划推进中，政府的努力在很大程度上遭遇了当地社区居民的强烈反对，包括针对整个区域的"垂直街道"城市设计竞赛方案及其他城市规划设想。反对的主要原因在于，新规划未能充分考量主要业主与租户在重新融合的过程中可能面临的实际情况与需求，忽视了他们作为社区重要利益相关者的权益（Chen，2017）。

深圳经济特区作为中国改革开放政策的重要产物，在过去的30余年里，城市发展经历了翻天覆地的变化（Goodling et al.，2015）。深圳率先探索出将资本主义的城市发展经验与中国特色社会主义土地管理制度相结合的路径，形成了独特的城市发展模式。这种自下而上发展过程中的增长与融合在"华强北"这一复合功能区域得到了充分体现。

复合区域中的产业与场所关系

复合化的目标在于实现工业就业（轻工业制造、手工艺品制作、小型高科技企业等），经济适用房和公共领域改善的创新整合。混合用地模式强调经济增长、空间多样性和形态紧凑性，提供了一种新的可适应性生活方式。这一模式的发展有助于实现以下目标：①创造新的经济机会和激励；②促进各利益相关方的参与；③整合自下而上和自上而下的规划方式；④建立灵活的监管机制，促进当地的社会文化的发展。

本章介绍的案例体现了不同的混合发展模式。巴塞罗那是一个正式的城区，拥有一批独特的工业历史建筑；麦德林在城市中心区建造了一个综合体，用于容纳一些大型公司；波特兰作为一个分散型城区，利用轻轨线路来满足现有企业的发展需求，并吸引新的产业来增加就业岗位，还开发了专供行人和自行车使用的基础设施，形成了一条名为"绿色环道"的线路，将现有的景点、绿地、娱乐设施和城市中心区相连接；深圳是一个有机城区，在住宅区和旧工厂区采用局部改造的策略，创建了一个更密集的街道网络，以容纳更多的商业和零售业。

以知识经济和创意经济为代表的复合区域往往有助于提高居民生活水平，促进城市经济发展（OECD，1996）。发展复合创新区面临两大挑战：一是保护制造业功能；二是融合并保护现有社区。首先，为了保护制造业功能，政府需要制定相关政策。因为这种做法挑战了传统的土地使用分区制度，以及居住、工业和就业用地相互分离的原则，这使得居住需求与就业、工业发展之间的矛盾日益凸显。在自由市场土地混合使用模式下，可能会导致在实际开发中居住功能过度扩张，从而对商业和工业活动形成制约，这种抵触情绪通常体现为"邻避效应"（即"不在我家后院"的反对态度）。因此，政府需要制定政策来维护社会群体的多样性，尤其工匠和艺术家迫切需要空间充足、租金合理的场所，而这些场所几乎只存在于旧工业建筑中。其次，在融合并保护现有社区方面，制定规划至关重要。许多复合创新区的发展被批评为实际上等同绅士化进程（Morisson et al.，2019），这一过程表现为城市中心区域的社区从原先的相对贫困与房产投资不足的状态，转变为商品化加剧和资本再注入的新面貌。因此，当前面临的挑战在于如何携手政府、私营部门及社会各界力量，共同策划与实施方案，促进政府与私营利益相关者的社区合作，以优化社会福利分配，特别是要关注并帮助那些处于困境中的群体及被数字鸿沟边缘化的民众（Irazábal et al.，2020）。

■ 复合区域中的产业与场所关系

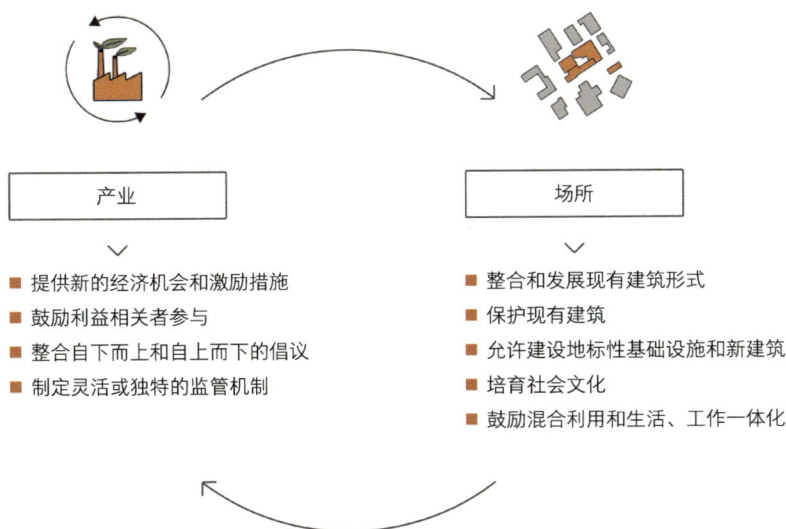

产业	场所
■ 提供新的经济机会和激励措施	■ 整合和发展现有建筑形式
■ 鼓励利益相关者参与	■ 保护现有建筑
■ 整合自下而上和自上而下的倡议	■ 允许建设地标性基础设施和新建筑
■ 制定灵活或独特的监管机制	■ 培育社会文化
	■ 鼓励混合利用和生活、工作一体化

7

工业和场所

　　集群、更新和混合是当前促进工业区发展的三种方式。"产业集群"是一个概念，指的是没有固定中心、边界或尺度，由人、建筑和活动组成的社会空间集合体，集合体中服务业企业的生产活动依赖于固定区域内的基础设施而进行。"工业更新"是一种发展策略，目的在于通过改善物质基础设施、实施精细化管理和促进土地资源的集约利用，同时融合地方城市特色，来激发现有工业用地的活力并遏制工业区可能出现的衰退趋势。"功能混合"作为一种新兴的发展理念，构建了一个支持工业区内部混合用途开发的空间规划框架，以保护城市工业区的发展。基于土地集约利用的原则，这一规划框架强调以步行友好、公共交通导向和社区零售服务为重点，打造多功能融合的建筑与区域。

　　尽管从经济发展的视角来看，这些方式各有差异，但它们都基于两个相关前提：一是工业一直以来都是推动当代城市和区域经济发展的核心动力；二是经济的持续增长离不开多元机构的紧密合作及各利益相关方共同构建的合作网络。工业区发展的三种方式既体现了人们对工业在城市发展中作用的更深理解，也符合当前构建新型多主体参与机制的发展趋势。因此，20世纪城市规划的基本原则，如自上而下的政策导向、层级分明的决策体系及有限的公众参与，正逐步被综合性原则、自上而下与自下而上相结合的倡议、新联盟的创建及鼓励广泛的公众参与所取代。

　　这些新的经济政策导向同样体现在空间规划策略中。总体而言，这三种工业区发展方式都基于两个规划原则：空间紧凑性和区域连通性。空间紧凑性强调在新规划用地中采用集约布局，以替代传统分区规划中的分散与隔离，既能满足协作需求，又能将紧凑发展理念落实到空间布局之中。区域连通性则着重于规划新的功能区域、空间流线和交通模式，旨在加强区域间的联系和区域内的互动，促进新形成的邻近区域之间互联互通。区域连通性通常作为提升地区整体形象的一种设计手段。

然而，这三种方式在空间尺度和核心理念上仍存在差异。以空间尺度为例，"集群"作为一种灵活的发展策略，其应用尺度并不固定，既适用于宏观的区域层面，也适用于微观的地块层面。集群现象可以在多种地域环境中出现，包括乡村地区、城市地区或城乡接合部等。此外，集群具有灵活发展的特点，它的空间布局并不总是与其实际尺度或具体区位相对应。即便是位置较偏远的次级集群，如果是与主要集群生产相似的产品，也可被视为这一集群的组成部分。"更新"主要关注城市结构的优化，通常在区域尺度上实施。在开展更新的过程中，规划的出发点是分析一个区域内的土地利用现状和居民实际需求。最后，以"混合"的方式从空间实体入手，其空间尺度从微观层面的单体建筑或建筑群扩展到宏观层面的城市区域，而尺度从小到大逐步积累的过程是从单一功能向多功能复合的转变，不完全受制于城市工业区域的总体规划。这些不同方式所涉及的不同空间尺度，也体现了每种方式的核心理念：产业集群推动现有或新兴产业的专业化发展；城市更新倡导可持续性，在尊重历史的基础上塑造城市的未来形象；混合用途强调灵活性，为城市居民提供一种新的、适应性强的未来生活方式。

尽管如此，这些方式和案例还是为我们提供了三条重要的经验教训：第一，工业发展需致力于缩小工业需求与分区供给土地之间的差距，这要求在城市规划过程中，将城市放在区域社会经济发展的大背景中统筹考虑；第二，工业发展是为了构建一个完整的制造业体系，识别并开发适合不同发展阶段（如创客阶段、初创企业阶段、规模扩张阶段、中小企业阶段和重工业阶段）制造商的场地，并基于区域战略目标（如特定产业的增长）促进绿色工业的都市复兴（Reynolds，2017）；第三，21世纪的工业发展是不断探索战略和理念的过程，以应对第四次工业革命的变化和挑战。本章介绍的所有案例都体现了政策和规划的灵活变通，这要求规划决策者不断重新评估已实施的规划，并根据形势发展启动新的规划。

这些案例反映出我们的社会开始关注工业如何在城市结构中营造空间、保障就业并促进环境的可持续发展，这表明制造业不仅是推动和发展未来城市的重要手段，也是城市化发展中的关键议题。

■ 工业与场所相结合的当代路径

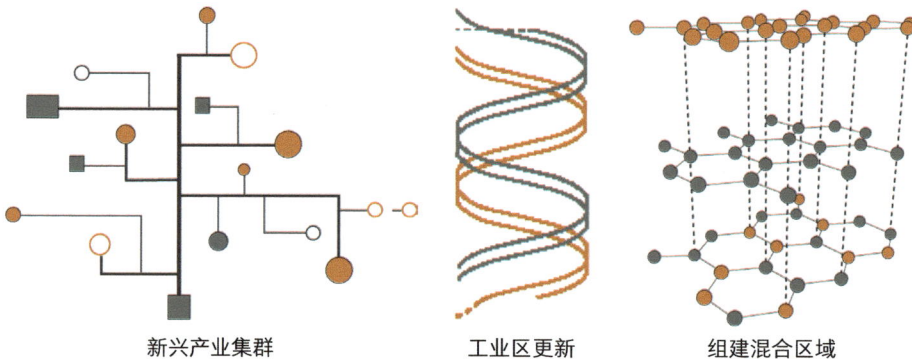

| 新兴产业集群 | 工业区更新 | 组建混合区域 |

尺度	弹性方式：农村、城市、郊区、区域	城区、区域	建筑物、建筑群、区域
政策	■ 与科研和教育机构合作开展专业化的活动 ■ 与互补性的产业和服务互动 ■ 提供支持性的经济和社会政策 ■ 有机会获得熟练劳动力	■ 制定集聚策略 ■ 提供新的经济机会和激励措施 ■ 吸引利益相关者参与 ■ 制定可持续原则	■ 提供新的经济机会和激励措施 ■ 鼓励利益相关者参与 ■ 整合自下而上和自上而下的倡议 ■ 制定灵活或独特的监管机制
空间策略	■ 发展配套基础设施 ■ 鼓励支持面对面交流的建筑形式 ■ 培育社会文化和空间特色	■ 保护历史遗产和地域特色提供流动性 ■ 鼓励混合利用 ■ 提供高质量的设计 ■ 吸引市民参与	■ 整合和发展现有建筑形式 ■ 保留现有建筑 ■ 允许建设地标性基础设施和新建筑 ■ 培养社会文化 ■ 鼓励混合利用和生活、工作一体化

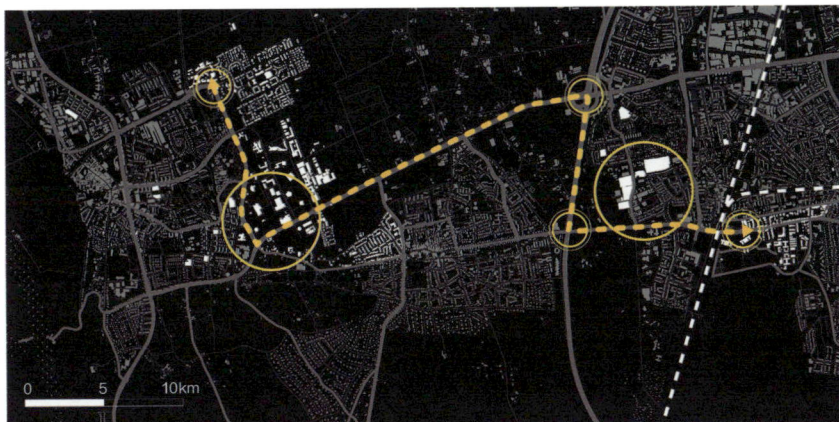

线性 I 荷兰瓦根宁根食品谷

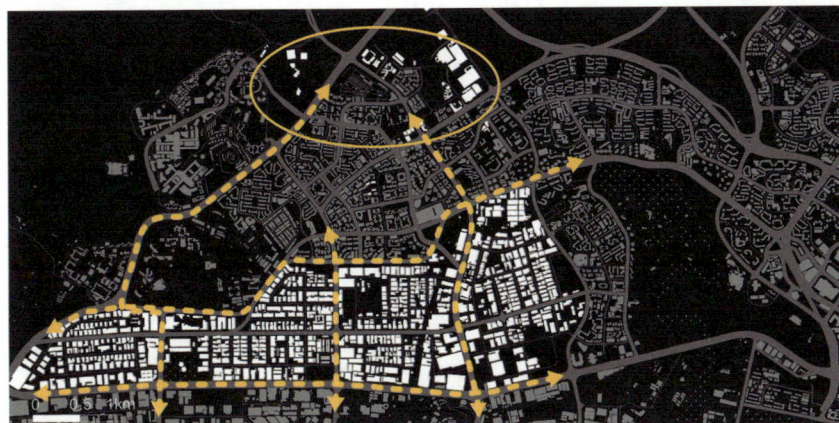

连通性 I 新加坡裕廊

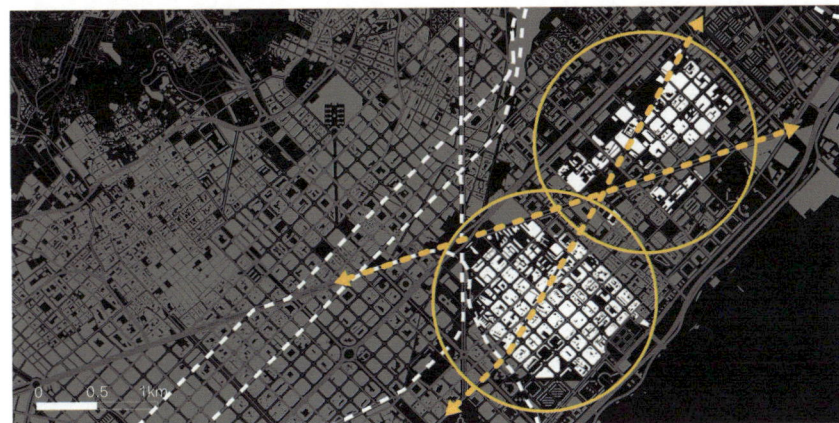

正式性 I 西班牙巴塞罗那22@区

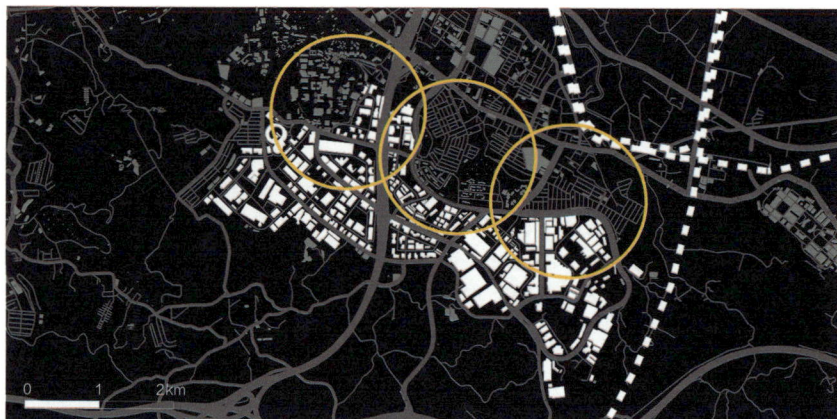

边界 | 中国台湾新竹科技园

生态系统 | 德国汉堡港口新城

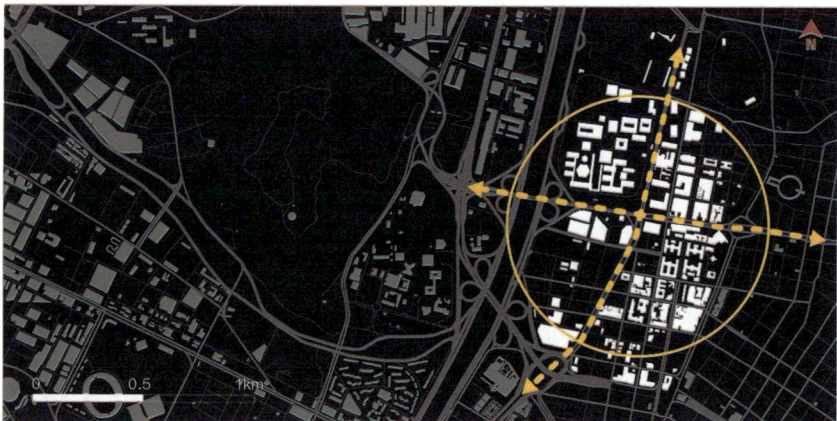

中心 | 哥伦比亚麦德林创新区

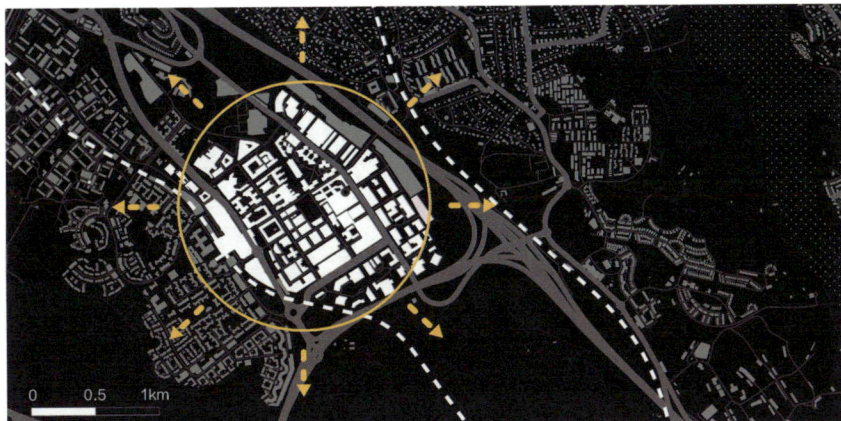

中心 | 瑞典基斯塔科学城

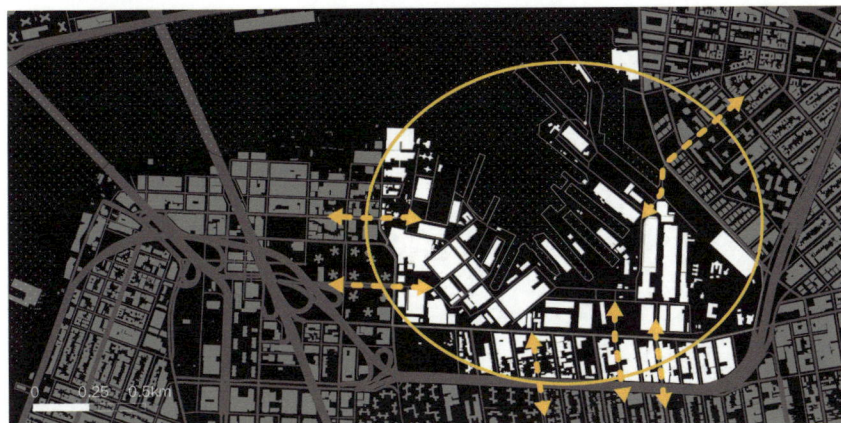

扩散 | 美国纽约布鲁克林海军造船厂

扩散 | 美国波特兰中央东区

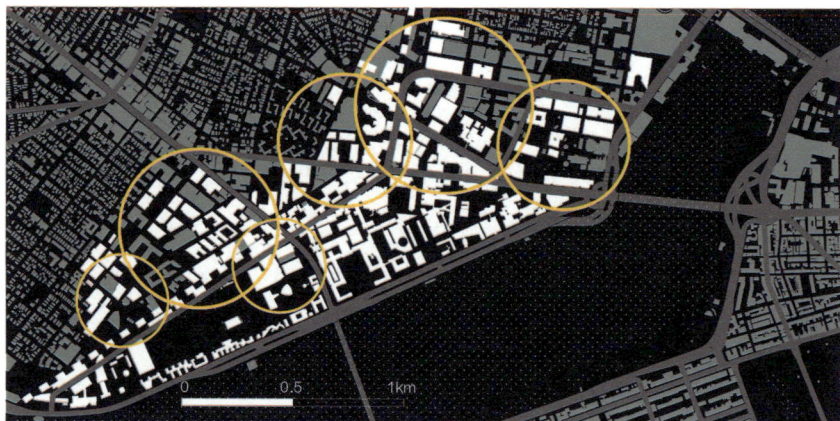

扩散 | 美国剑桥肯德尔广场

连续性 | 美国洛杉矶时尚区

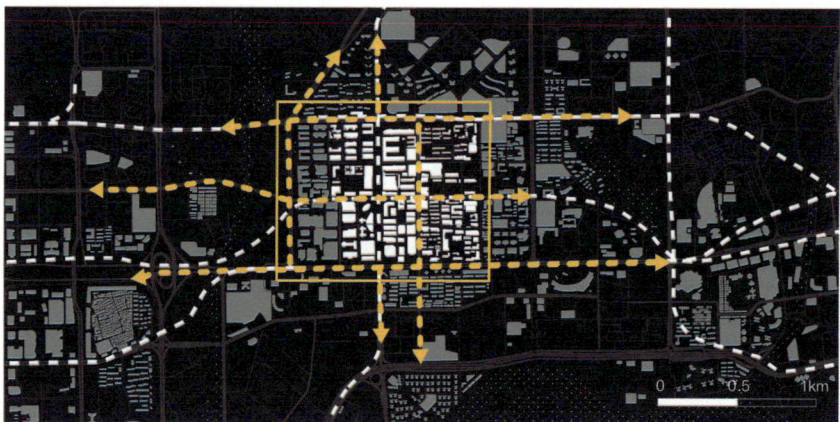

有机生态系统 | 中国广东深圳华强北

第2部分参考文献

Abbot, Carl. 2004. "Centers and Edges:
    Reshaping Downtown Portland." In
    The Portland Edge: *Challenges and
    Successes in Growing Communities*,
    edited by Connie Ozawa, 164–183.
    Washington. DC: Island Press.

Abbott, Carl, Gerhard Pagenstecher, and
    Britt Parrott. 1998. From Downtown Plan to
    Central City Summit Trends in Portland's
    Central City 1970–1998: A Report to
    Association for Portland Progress City
    of Portland Metro Multnomah County.
    Portland, OR: Portland State University
    and State of Oregon.

Agarwal, Sucheta, Vivek Agarwal, and Jitendra
    Kumar Dixit. 2020. "Green Manufacturing:
    A MCDM Approach." *Materials Today*:
    Proceedings 26, no. 2: 2869–2874.

Anderson, C. 2012. *Makers*: *The New
    Industrial Revolution*. New York: Random
    House.

Arenas, Lehyton, Miguel Atienza, and José
    Francisco Vergara Perucich. 2020. "Ruta
    N, An Island of Innovation in Medellín's
    Downtown." *Local Economy* 35, no. 5:
    419–439.

Auschner, Eika, Liliana Lotero Álvarez, and
    Laura Álvarez Pérez. 2020. "Paradiplomacy
    and City Branding: The Case of Medellín,
    Colombia (2004–2019)." In *City Diplomacy*,
    edited by Sohaela Amiri and Efe Sevin,
    279–303. London: Palgrave Macmillan.

Barnhoorn, Ruben. 2016. "From the Region
    to The World: Becoming a Top Region
    in the Field of Agro & Food through the
    Implementation of Smart Specialization
    Strategies: A Critical Exploration of
    the State-of-the-Art, the Inception,
    Implementation and Effectiveness of RIS3
    Oost Policy in The Foodvalley Region."
    Bachelor's Thesis, Radboud University.

Bevilacqua, Carmelina, and Pasquale
    Pizzimenti. 2019. "Urban Planning and
    Innovation: The Strength Role of the
    Urban Transformation Demand. The
    Case of Kendall Square in Cambridge." In
    New Metropolitan Perspectives, Vol.
    100 of Smart Innovation, Systems and
    Technologies, edited by Francesco
    Calabrò, Licia Della Spina, and
    Carmelina Bevilacqua, 272–281. New
    York: Springer.

Bozzuto, Paolo, and Chiara Geroldi.
    2020. "The Former Mining Area of Santa
    Barbara in Tuscany and a Spatial Strategy
    for Its Regeneration." *The Extractive
    Industries and Society* 8, no. 1: 147–158.

Brown, Julie, and Micha Mczyski.
    2009. "Complexcities: Locational Choices
    of Creative Knowledge Workers." *Built
    Environment* 35, no. 2: 238–252.

Brown, Sarah. 2019. "Hybrid-Industrial
    Zoning: A Case Study in Downtown Los
    Angeles." Master's thesis, DSpace@
    MIT, Massachusetts Institute of
    Technology.

Bruns-Berentelg, Jürgen, Luise Noring,
    and Adam Grydehøj. 2020. "Developing
    Urban Growth and Urban Quality:
    Entrepreneurial Governance and Urban
    Redevelopment Projects in Copenhagen
    and Hamburg." *Urban Studies*.

Budden, Phil, and Fiona Murray. 2015. "Kendall Square & MIT: Innovation Ecosystems and the University." MIT Lab for Innovation Science and Policy.

Cambridge Redevelopment Authority. n. d. "Kendall Square Urban Renewal Plan."

Castells, Manuel, and Peter Hall. 1994. *Technopoles of the World: The Making of Twenty-First-Century In-dustrial Complexes*. London: Routledge.

Celata, Filippo, and Raffaella Coletti. 2014. "Place-Based Strategies or Territorial Cooperation? Regional Development in Transnational Perspective in Italy." *Local Economy* 29, no. 4-5: 394-411.

Chan, Hung Hing, Tai-Shan Hu, and Peilei Fan. 2019. "Social Sustainability of Urban Regeneration Led by Industrial Land Redevelopment in Taiwan." *European Planning Studies* 27, no. 7: 1245-1269.

Chapple, K. 2014. "The Highest and Best Use? Urban Industrial Land and Job Creation." *Economic De-velopment Quarterly* 28, no. 4: 300-313.

Charles, D. R. 2015. "From Technopoles to Science Cit-ies." In *Making 21st Century Knowledge Complexes*. 1st edition. Julie Tian Miao, Paul Benneworth, and Nicholas A. Phelps, 82-102. London: Routledge.

Chen, Ching-Pu. 2013. "Cluster Policies and Indus-try Development in the Hsinchu Science Park: A Retrospective Review after 30 Years." *Innovation: Management, Policy & Practice* 15, no. 4: 416-436.

Chen, Stephen, and Chong Ju Choi. 2004. "Creating a Knowledge-Based City: The Example of Hsinchu Science Park." *Journal of Knowl-edge Management* 8, no. 5: 73-82.

Chen, Ting. 2017. *A State Beyond the State: Shenzhen and the Transformation of Urban China*. Rotterdam: NAI Publishers.

Chilson, John. 2017. "Lost Oregon: Walking around Portland's Central Eastside Industrial District."

Chou, Tsu-Lung. 2007. "The Science Park and the Governance Challenge of the Movement of the High-Tech Urban Region towards Polycentricity: The Hsinchu Science-Based Industrial Park." *Environment and Planning A: Economy and Space* 39, no. 6: 1382-1402.

Cicerone, Gloria, Philip McCann, and Viktor A. Venhorst. 2020. "Promoting Regional Growth and Innovation: Relatedness, Revealed Comparative Advantage and the Product Space." *Journal of Economic Geography* 20, no. 1: 293-316.

Comunian, Roberta, Caroline Chapain, and Nick Clifton. 2010. "Location, Location, Location: Exploring the Complex Relationship between Creative Industries and Place." *Creative Industries Journal* 3, no. 1: 5-10.

Crombach, Charles, Joep Koene, and Wim Heijman. 2008. "From 'Wageningen City of Life Sciences' to 'Food Valley'." In *Pathways to High-Tech Valleys and Research Triangles: Innovative Entrepreneurship, Knowledge Transfer and Cluster Formation in Europe and the United States*, edited by Willem Hulsink and Hans Dons, 295-311. The Hague: Springer.

Curran, Winifred. 2007. "'From the Frying Pan to the Oven:' Gentrification and the Experience of Industrial Displacement in Williamsburg, Brooklyn." *Urban Studies* 44, no. 8: 1427-1440.

Cutting Edge Planning & Design. 2015. "Does

Live/Work? Problems and Issues Concerning Live/Work Development in London? A Report for the London Borough of Hammersmith & Fulham." Hammersmith & Fulham.

Darchen, Sébastien. 2017. "Regeneration and Networks in the Arts District (Los Angeles): Rethinking Governance Models in the Production of Urbani-ty." *Urban Studies* 54, no. 15: 3615-3635.

Davis, Jenna, and Henry Renski. 2020. "Do Industrial Preservation Policies Protect and Promote Urban Industrial Activity?" *Journal of the American Planning Association* 86, no. 4: 431-442.

Donaldson, Sam, Christian Stow, and Jonathan Hobson. 2018. "UK Cyber Security Sectoral Analysis and Deep-Dive Review." UK Department for Digital, Culture, Media and Sport, RSM.

Dougherty, Dale. 2012. "The Maker Movement." *Innovations* 7, no. 3: 11-14.

Duarte, Fábio, and Joaquín Sabaté. 2013. "22@Barcelona: Creative Economy and Industrial Heritage-A Critical Perspective." *Theoretical and Empirical Researches in Urban Management* 8, no. 2: 5-21.

Etzkowitz. Henry. 2012 "Triple Helix Clusters: Boundary Permeability at University-Industry-Govern-ment Interfaces as a Regional Innovation Strate-gy." *Environment and Planning C: Government and Policy* 30, no. 5: 766-779.

Etzkowitz, Henry, and Loet Leydesdorff. 1995. "The Triple Helix-University-Industry-Government Relations: A Laboratory for Knowledge Based Economic Development." *EASST Review* 14, no. 1: 14-19.

Ferm, Jessica, and Edward Jones.

2016. "Mixed-Use 'Regeneration' of Employment Land in the Post-Industrial City: Challenges and Realities in London." European Planning Studies 24, no. 10: 1913-1936.

Foord, Jo. 2009. "Strategies for Creative Industries: An International Review." *Creative Industries Journal* 1, no. 2: 91-113.

Franz, Tobais. 2017. "Urban Governance and Economic Development in Medellín: An 'Urban Miracle?' *Latin American Perspectives* 44, no. 2: 52-70.

Garbade. Philipp J.P., Frances T. J. M. Fortuin, and Onno Omta. 2013. "Coordinating Clusters: A Cross Sectoral Study of Cluster Organization Functions in the Netherlands." *International Journal on Food System Dynamics* 3, no. 3, 243-257.

Gianoli, Alberto, and Riccardo Palazzolo Henkes. 2020. "The Evolution and Adaptive Governance of the 22@ Innovation District in Barcelona." *Urban Science* 4, no. 2: 16.

Giloth, Robert, and John Betancur. 1988. "Where Downtown Meets Neighborhood: Industrial Displacement in Chicago, 1978-1987." *American Planning Association* 54, no. 3: 279-290.

Goodling, Erin, Jamaal Green, and Nathan McClintock. 2015. "Uneven Development of the Sustainable City: Shifting Capital in Portland, Oregon." *Urban Geography* 36, no. 4: 504-527.

Gorgoń, Justyna. 2017. "Regeneration of Urban and Post-Industrial Areas within the Context of Adaptation to Climate Change-the Polish Perspective." *Urban Development Issues* 53, no. 1: 21-26.

HafenCity Hamburg GmbH. 2006. "HafenCity Hamburg: The Masterplan."

Hall, Thomas, and Sonja Vidén. 2005. "The Million Homes Programme: A Review of the Great Swedish Planning Project." *Planning Perspectives* 20, no. 3: 301–328.

Hallam. Stevens. 2019. "The Quotidian Labour of High Tech: Innovation and Ordinary Work in Shenzhen." *Science, Technology and Society* 24, no. 2: 218–236.

Hansen, Teis, and Lars Winther. 2011. "Innovation, Regional Development and Relations between Highand Low-Tech Industries." *European Urban and Regional Studies* 18, no. 3: 321–339.

Hatch, Mark. 2013. *The Maker Movement Manifesto: Rules for Innovation in the New World of Crafters, Hackers, and Tinkerers*. New York: McGraw-Hill.

Hatuka, Tali, Eran Ben-Joseph, and Sunny Menozzi. 2017. "Facing Forward: Trends and Challenges in the Development of Industry in Cities." *Built Envi-ronment* 43, no. 1: 145–155.

Hatuka, Tali, and Erran Carmel. 2020. *The Dynamics of the Largest Cybersecurity Industrial Clusters: San Francisco Bay Area, Washington D. C., and Israel*. Tel Aviv: The Blavatnik Interdisciplinary Cyber Research Center (ICRC) at Tel Aviv University.

Hatuka, Tali, Issachar Rosen-Zvi, Michael Birnhack, Eran Toch, and Hadas Zur. 2018. "The Political Premises of Contemporary Urban Concepts: The Global City, the Sustainable City, the Resilient City, the Creative City, and the Smart City." *Planning Theory & Practice* 19, no. 2: 160–179.

Hatuka, Tali, and Yoav Weinberg. 2016. "Guidelines for Planning Industrial Sites." Israeli Ministry of Economy.

Howland, Marie. 2010. "Planning for Industry in a Post-Industrial World." *Journal of the American Planning Association* 77, no. 1: 39–53.

Hutton, Thomas A. 2006. "Spatiality, Built Form, and Creative Industry Development in the Inner City." *Environment and Planning A: Economy and Space* 38, no. 10: 1819–1841.

Hwang, Bon-Gang, Lei Zhu, and Joanne Siow Hwei Tan. 2017. "Green Business Park Project Management: Barriers and Solutions for Sustainable Development." *Journal of Cleaner Production*, 153: 209–219.

Irazábal, C., and P. Jirón. 2020. "Latin American Smart Cities: Between Worlding Infatuation and Crawling Provincializing." *Urban Studies* 58, no. 3: 507–534.

Katz, Michael L., and Carl Shapiro. 1985. "Network Externalities, Competition, and Compatibility." *American Economic Review* 75, no. 3: 424.

Kimball, A. H., and D. Romano. 2012. "Reinventing the Brooklyn Navy Yard: A National Model for Sustainable Urban Industrial Job Creation." *WIT Transac-tions on the Built Environment*, 123: 199–206.

Kitheka, Bernard M., Elizabeth D. Baldwin, and Robert B. Powell. 2021. "Grey to Green: Tracing the Path to Environmental Transformation and Regenera-tion of a Major Industrial City." *Cities* 108.

Kourtit, Karima, Peter Nijkamp, Steef Lowik, Frans van Vught, and Paul Vulto. 2011. "From Islands of Innovation to Creative Hotspots." *Regional Science Policy & Practice* 3: 145–161.

LA Fashion District: Urban Place Consulting Group. 2018. "Fashion District Business Improvement District Management District Plan."

La Porte, Kimberly. 2020. "The Brooklyn Navy Yard: A Mission-Oriented Model of Industrial Heritage Reuse." Master's Thesis, University of Pennsylvania.

Leigh, Nancey Green, and Nathanael Z. Hoelzel. 2012. "Smart Growth's Blind Side." *Journal of the American Planning Association* 78, no.1: 87-103.

Lepore, Daniela, Alessandro Sgobbo, and Fredica Vingelli. 2017. "The Strategic Approach in Urban Regeneration: The Hamburg Model." *UPLanD Journal of Urban Planning, Landscape & Environmental Design* 2, no. 3: 185-218.

Lester, Thomas W., and David A. Hartley. 2014. "The Long Term Employment Impacts of Gentrification in the 1990s." *Regional Science and Urban Econom-ics* 45: 80-89.

Lester, Thomas W., Nikhil Kaza, and Sarah Kirk. 2013. "Making Room for Manufacturing: Understanding Industrial Land Conversion in Cities." *Journal of the American Planning Association* 79, no. 4: 295-313.

Lindtner, Silvia, Anna Greenspan, and David Li. 2015. "Designed in Shenzhen: Shanzhai Manufacturing and Maker Entrepreneurs." *Aarhus Series on Human Centered Computing* 1, no. 1.

Los Angeles Mayor's Office of Economic Development. 2004. "Industrial Development Policy Initiative for the City of Los Angeles: Phase 1 Report."

Loures, Luís. 2015. "Post-Industrial Landscapes as Drivers for Urban Redevelopment: Public versus Expert Perspectives towards the Benefits and Barriers of the Reuse of Post-Industrial sites in Urban Areas." *Habitat International* 45: 72-81.

Love, Tim. 2017. "A New Model of Hybrid Building as a Catalyst for the Redevelopment of Urban Industrial Districts." *Built Environment* 43, no.1: 44-57.

Malmberg, Anders. 2009. "Agglomeration." In *International Encyclopedia of Human Geography*, edited by Rob Kitchin and Nigel Thrift, 48-53. Oxford: Elsevier.

Minner, Jenni. 2007. The Central Eastside Industrial District: Contested Visions of Revitalization. Portland, OR: School of Urban Studies and Planning, Portland State University.

Mistry, Nisha, and Joan Byron. 2011. "The Federal Role in Supporting Urban Manufacturing."

Morisson, Arnault, and Carmelina Bevilacqua. 2019. "Beyond Innovation Districts: The Case of Medellinnovation District." In *New Metropolitan Perspectives*, edited byF. Calabrò, L. Della Spina, and C. Bevilacqua, 3-11. Springer: Cham.

O'Connor. Justin, and Xin Gu. 2010. "Developing a Creative Cluster in a Postindustrial City: CIDS and Manchester." *The Information Society* 26, no. 2: 124-136.

Oden, Michael, Laura Wolf-Powers, and Ann Markusen. 2003. "Post-Cold War Conversion: Gains, Losses and Hidden Changes in the US Economy." In *From Defense to Development? Military Industrial Conversion in the Developing World*, edited by Sean DiGiovanna, Ann Markusen, and Yong-Sook Lee, 15-42. London: Routledge.

OECD. 1996. *The Knowledge-Based Economy*. Paris: OECD Publishing.

Owuor, Sophy. 2019. "Which US City Has the Most Innovative Square Mile on the Planet?" *World Atlas*.

Peterson, Sunny Menozzi. 2017. "Historic

Heavy Industrial Sites: Obstacles and Opportunities." *Built Environment* 43, no. 1: 87-106.

Portland. 2021. "Metro 2040 Growth Concept."

Portland Bureau of Planning & Sustainability. 2014. "Southeast Quadrant Plan Urban Design Proposals."

Portland Bureau of Planning & Sustainability. 2017. "Central City 2035: Vol. 1-Goals and Policy."

Praticò, Alessio. 2015. "The Analysis of the New Strategic Area of Hamburg: The Redevelopment Project of the Hafencity's Waterfront." *Politecnico Milano* 7.

Rantisi, Norma M., Deborah Leslie, and Susan Christopherson. 2006. "Placing the Creative Economy: Scale, Politics, and the Material." *Environment and Planning A: Economy and Space* 38, no. 10: 1789-1797.

Rappaport, Nina. 2015. *Vertical Urban Factory*. New York: Actar,

Rappaport, Nina. 2017. "Hybrid Factory| Hybrid City." *Built Environment* 43, no. 1: 72-86.

Ratti, Carlo Associati. 2014. "Medellínnovation Dis-trict."

Reynolds, Elizabeth. 2017. "Innovation and Production: Advanced Manufacturing Technologies, Trends and Implications for U. S. Cities and Regions." *Built Environment Journal* 43, no. 1: 25-43.

Røe. Per Gunner, and Bengt Andersen. 2016. "The Social Context and Politics of Large Scale Urban Architecture: Investigating the Design of Barcode Oslo." *European Urban and Regional Studies* 24, no. 3: 305-314.

Rowe, Peter. 2006. *Building Barcelona*: A Second Renaixença. Barcelona: Actar.

Saxenian, AnneLee. 2004. "Taiwan's Hsinchu Region." In *Building High-Tech Clusters*:

Silicon Valley and Beyond, edited by Alfonso Gambardella and Timothy Bresnahan, 190-228. Cambridge: Cambridge University Press.

Saxenian, AnneLee, and Hsu Jinn-Yuh. 2001. "The Silicon Valley-Hsinchu Connection: Technical Communities and Industrial Upgrading." *Industrial and Corporate Change* 10, no. 4: 893-920.

Scott, Allen J. 2000. *The Cultural Economy of Cities*: *Essays on the Geography of Image-Producing Industries*. Thousand Oaks, CA: Sage.

Sepe, Marichela. 2013. "Urban History and Cultural Resources in Urban Regeneration: A Case of Creative Waterfront Renewal." *Planning Perspectives* 28, no. 4: 595-613.

State Council Information Office. 2015. "Opinions of the State Councilon Several Policies and Measures for Promoting Mass Entrepreneurship and Innovation." The People's Republic of China.

Stevens, Hallam. 2019. "The Quotidian Labour of High Tech: Innovation and Ordinary Work in Shenzhen." *Science*, *Technology & Society* 24: 218-236.

Stouffs, Rudi, and Patrick Janssen. 2016. Rethinking Urban Practices: Designing for JurongVision 2050. Singapore: CASA Centre for Advanced Studies in Architecture, National University of Singapore.

Sun, Wenyong. 2018. "Huaqiangbei: Hundun Zhong de Diedai [Huaqiangbei: Cycles of Change in Chaos]." City PLUS/城PLUS.

TSMC. 2020. "Company Info: Taiwan Semiconductor Manufacturing Company Limited."

Van Winden. Willem, Erik Braun, Alexander Otgaar, and Jan-Jelle Witt. 2012. "The

Innovative Performance of Regions: Concepts and Cases."

Viladecans-Marsal, Elisabet, and Josep-Maria Arauzo-Carod. 2012. "Can a Knowledge-Based Cluster Be Created? The Case of the Barcelona 22@ District." *Papers in Regional Science*, 91, no. 2: 377-400.

Wial, Howard, Susan Helper, and Timothy Krueger. 2012. "Locating American Manufacturing: Trends in the Geography of Production."

Wolf-Powers, Laura, Marc Doussard, Greg Schrock, Charles Heying, Max Eisenburger, and Stephen Marotta. 2017. "The Maker Movement and Urban Economic Development." *Journal of the American Planning Association* 83, no. 4: 365-376.

Wolman, Harold, and DianaHincapie. 2015. "Clusters and Cluster-Based Development Policy." Economic Development Quarterly 29, no. 2: 135-149.

Wood, Stephen, and Kim Dovey. 2015. "Creative Multiplicities: Urban Morphologies of Creative Clustering." *Journal of Urban Design* 20, no. 1: 52-74.

Yang, Perry Pei-Ju, and Ong Boon Lay. 2004. "Applying Ecosystem Concepts to the Planning of Industrial Areas: A Case Study of Singapore's Jurong Island." *Journal of Cleaner Production* 12, no. 8, 1011-1023.

Yigitcanlar, Tan, and Tommi Inkinen. 2019. *Geographies of Disruption: Place Making for Innovation in the Age of Knowledge Economy*. Cahm, Switzerland: Springer.

Zhang, Jun. 2017. Chengshi Yunyu Chaungxin, Chuangxin Gaibian Chengshi-Shenzhen de Kongjian Kongji Zhuanxing [The City Incubates Innovation, Innovation Transforms the City-Spatial Transformation of Shenzhen]. City PLUS/城PLUS.

德国博特罗普（Bottrop）工业采矿复垦区，包括一个室内滑雪坡道
图片由 Guy Gorek 拍摄（CC BY 2.0）。

第3部分

开放制造

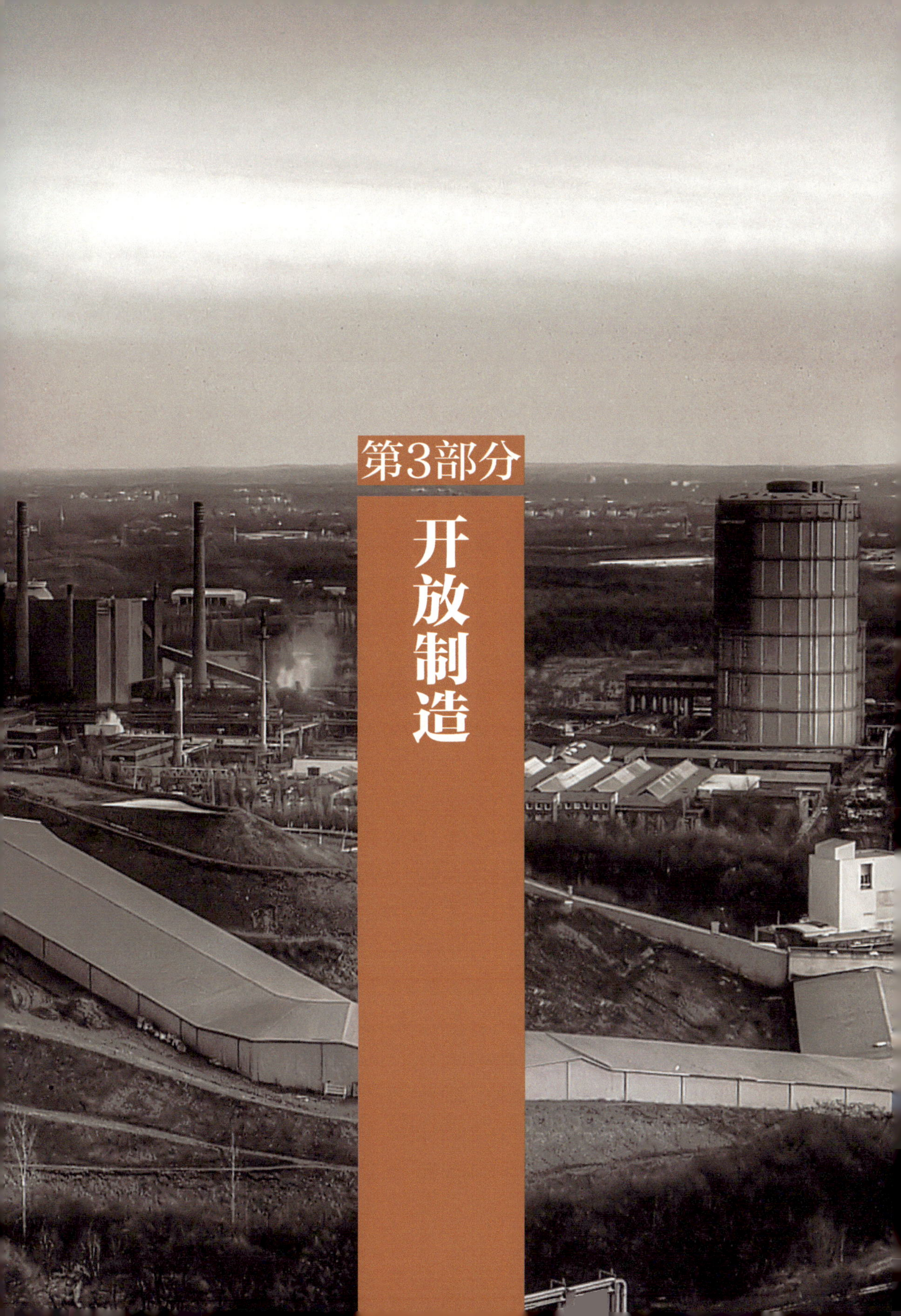

第3部分
开放制造

工作是我们生活中不可或缺的部分。无论是在远离家乡的大型工厂，还是在商业街的小型企业、高楼大厦的办公室，或是在家中的书房，人们在工作场所花费了大量时间。随着技术的进步及对可持续发展和精明增长的日益重视，我们必须重新审视支持产业发展的空间策略。我们应依据何种设计原则和空间规划标准来引导现代城市的产业发展？在制造业选址决策中，应考虑哪些关键要素？未来城市的制造业将呈现何种形态？这些都是规划行业必须面对的重要挑战和问题。

第3部分"开放制造"深入探讨了城市工业的未来发展趋势，并提出了利用当前制造业创新潜力以发展城市工业中心的构想。本部分指出，城市与地区政府、私营开发商及专业规划师应当鼓励用户与活动相融合，以创建充满活力的制造业和混合型经济集群。采纳这一方法将推动"新工业城市主义"成为城市产业发展新阶段的指导思想。"新工业城市主义"不仅是一项宣言，更是一套理念与方法，旨在引导专业人士关注被忽视的工业问题。该理念的提出也是一场对话的开始，引发这场对话的问题是：在不久的将来，什么可能会给我们的社会带来巨大的变化？——是先进技术。

我们当前面临的挑战是多重的。具体来说，技术进步的红利并不均等，其对所有劳动者的普惠性存疑。"在工业化国家，尽管大多数成年人目前能够通过有偿劳动摆脱贫困，但这并非普遍现象，更不应被视为理所当然。（Autor et al.，2020）[8]"实际上，人们普遍担忧：随着自动化的推进，会有更多原本依赖人类劳动力的工作岗位被机器替代，在生产率提高的同时引发大规模失业。更进一步来说，这种趋势可能导致只有少数掌握高级专业技能的劳动者能够获得更高薪酬，而大多数劳动者的收入水平会因此下降（Autor et al.，2020）[8]。

基于当前的背景，本部分借鉴过往经验并结合当前实践，将概念和思想按照区域、城市和建筑三个不同尺度进行组织，探讨当代工业变革如何影响各个尺度下的发展策略。这种内容组织结构源于工业在空间和场所上所呈现的多样化新形式，这些形式不仅影响着工业类型、法规、基础设施和目标受众等因素，而且也被这些因素所影响。值得注意的是，尽管以尺度作为章节组织原则，但其目的并非推广一种层级分明的分析方法，而是倡导一种关系性思维方式。关系性思维方式"使批判地理学家能够将资本主义的发展过程和地域政治的运作视为两个维度：即'垂直'或'向上'维度（例如，从地方逐步上升至区域、国家乃至全球规模），以及'水平'维度（即不同地方间的相互关系，涵盖全球性的联系和差异）"（Jonas，2012）[265]。从这个意义上讲，针对各个空间尺度所提出的策略和方法，同样可以应用于其他尺度。

第8章"推进区域发展"总结了为发展产业生态系统而设计和实施的关键区域战略和概念。第9章"整合城市－工业系统"则聚焦于城市规模，探讨了在重塑工业区的城市中进行编码与监管的试点过程。第10章"工作、生活与创新"介绍了一种新型建筑类型，该类型将工业和制造业与其他用途（尤其是住房和公共设施）相结合。最后，第11章提出了"新工业城市主义"的愿景，这是一个社会－空间概念，其中制造业被整合到城市和区域的结构之中。"新工业城市主义"提供了一个统一经济领域（技术趋势和相关经济发展举措）、政治社会领域（保障人类健康、福祉和增长的政策）和空间领域（实体规划）的框架。最为重要的是，"新工业城市主义"呼吁发展新的概念，以支持与城市生活相适应的城市制造和城市形态。

开放制造与城市生活

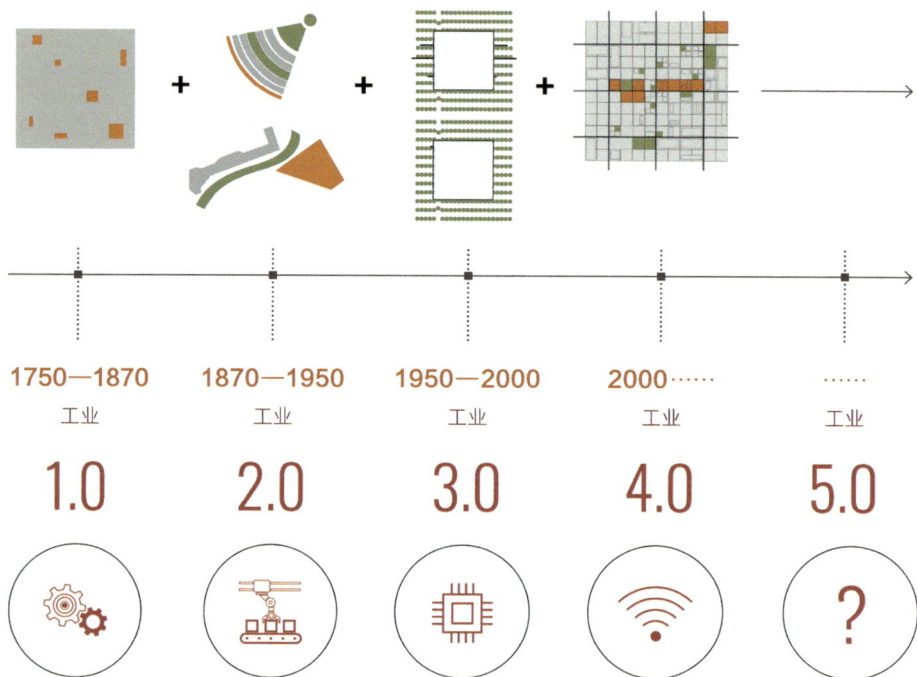

1750—1870	1870—1950	1950—2000	2000······	······
工业	工业	工业	工业	工业
1.0	2.0	3.0	4.0	5.0

8

推进区域发展

制造业的变革正在重塑城市和区域。自21世纪初以来，城市及其边缘区在特定行业和生产线方面逐渐呈现出专业化趋势（Helper et al.，2012）[12-13]。在美国，约三分之二大都市区的生产活动集中于"支柱产业"（如化学和机械）。集群化进程与创新型企业在软件、硬件和装配三个方面开展业务往来有关（如硅谷的软件、波士顿的生物制药、匹兹堡的机器人）。在这一产业专业化进程中，制定区域规划策略对于经济增长变得至关重要（Storper，1997）。这一策略还体现了从"大都市"概念（一个中心密集区，向外扩展到相邻且密度较低的"有轨电车郊区"）向"新区域主义"概念（强调不同城市形态在空间、经济和等级化方面的组合）的空间转变。正如政治地理学家和城市理论家爱德华·索亚（Edward Soja）所述："城市与地区曾是分明的实体，现在却融合成一种新颖而独特的存在，一个持续演化的区域——城市综合体，这要求我们采用全新的方式来理解它"（Soja，2015）[376]。

这种新的区域主义有别于传统区域主义。传统区域主义提倡城市与区域之间和谐而有层次的关系，涉及环境保护的生态要素、人口分散的人口学方面，最重要的是对城市增长的控制。而新区域主义则主张区域是重要的、有活力的、独立的社会单元，能够通过联合力量显著地推动经济发展、技术创新和文化创新（Pastor，2000；Weaver，1984）。这一观点产生的背景是地方主义的增强，以及非等级化和权力下放社会的形成（MacLeod，

2001；Swyngedouw，1997）。因此，自20世纪90年代以来，"全球区域"
（glocalregions）既非单纯的全球化，也非局部区域，而是两者的混合配置
（Healey，2006；Swyngedouw，1997）。作为具有独特地位和日益自主的实
体，它受到了政策制定者的特别关注（Allmendinger et al.，2009；Gellynck
et al.，2009）。这种对区域主义的关系认知"将区域及区域发展过程与有边界
的国家和领土概念分离"，并相应地将区域和区域主义与更广泛的经济全球化
流动、网络和进程相联系（Jonas，2012）[270]。这种认知方式影响了区域发展，
并在以下三个层面表现显著：

（1）经济层面：在各个领域（包括区域工业和旅游业）启动并管理一项明
确的经济与生产议程。

（2）社会层面：通过个人、团体和组织，发展形成该区域特有的集体意识
与身份认同。

（3）治理层面：与中央政府进行协商，以构建支持区域公共政策制定与执
行的架构。

值得注意的是，治理体系的变革是通过授权和下放政治权力，从集中的
层级体系转向分散的空间布局体系，从而增强了世界各地的区域思维（Soja，
2000）。因此，推行新区域主义，并将区域视为次国家空间（subnational
space），不仅仅是一种规划策略，更是一个政治工程，它包括符号重塑、公
共政策制定和制度发展等多个方面，以此作为重构该区域的方式。然而，当代
区域发展往往融合了以地域方式表达的经济和政治利益，以及基于关系思维的
面对全球经济不确定性时的韧性。在当代区域协调策略中，这种地域方式与关
系思维在区域发展中的融合显而易见。

区域产业协调

经济利益通常是区域行动计划编制的关键驱动因素（Searle，2020）。认
识到区域是一个经济-空间系统，有助于我们构建区域协同发展框架，发展这
一框架的基础在于联结相关社会参与主体，并促进利益相关方之间的平等协作。

正如以下例子所示，尽管成功制定此类共同议程的区域在地理、政治及文化背景上可能各不相同，但经济利益始终是推动其区域协调战略的共同关键因素。

美国北卡罗来纳州达勒姆科研三角区域伙伴关系组织

美国北卡罗来纳州达勒姆科研三角区域伙伴关系组织（RTRP）是一个涵盖10个县、拥有190万人口的地理区域组织，它依托三所一流大学——位于北卡罗来纳州达勒姆的杜克大学、位于北卡罗来纳州教堂山的北卡罗来纳大学，及位于北卡罗来纳州罗利的北卡罗来纳州立大学；此外，该区域还汇聚了七所其他高等教育机构。这些大学与产业界紧密合作，在先进制造、生命科学、工业技术、农业技术及清洁能源等领域共享知识。RTRP致力于向国际公司推介该区域，旨在吸引它们在此建立美国分公司或总部。

除了拥有一流的大学和广泛的就业机会外，居民还享受着较低的生活成本，而企业则能受益于低廉的房地产价格、全美最低的企业税率，以及针对落户该区域的机会区（经济困难地区）的税收优惠政策（Research Triangle Regional Partnership，2020）。然而，尽管教育资源丰富，该区域在教育水平与经济福利方面仍存在显著的种族差距。因此，该地区面临着一个重要挑战：如何在追求经济增长的同时，确保社会发展的包容性，使得各个族裔的居民都能平等地享受到发展的成果。为此，教育机构和企业需要竭尽所能，确保所有居民，特别是少数族裔做好就业准备（Policy Link and Pere，2015）。

该区域合作的独特之处在于其动态发展和适应性增长。RTRP初创于北卡罗来纳州，是促进区域经济发展的众多区域合作伙伴之一。2010年，州政府削减了对这些合作关系的资助，导致许多合作关系随之解散。尽管如此，RTRP仍然能够获得新的资金来源，并且现在主要专注于市场推广，经济发展任务则由其他机构（如北卡罗来纳州经济发展合作伙伴关系）承担。

美国加利福尼亚州旧金山湾区政府协会

旧金山湾区（以下简称湾区）横跨9个县，涵盖101个市镇，包括大型城市、郊区及若干农村城镇，总人口超过700万。自20世纪末以来，湾区见证

■ 区域协调：战略与活动

持久的伙伴关系
美国达勒姆

图标	类别	内容
	关注	■ 经济繁荣
	任务	■ 吸引企业入驻
	架构	■ 公私合作
	领导层	■ 本地企业
	资金	■ 私人捐助 ■ 政府补助
	活动	■ 市场营销 ■ 行业活动 ■ 搬迁服务

区域合作与协作咨询委员会
美国旧金山湾区

基于共同利益的合作组织
德国鲁尔区

区域协调平台
比利时米特耶斯兰

■ 经济公平、气候变化	■ 经济繁荣	■ 经济繁荣
■ 促进区域合作	■ 协调各利益领域	■ 促进经济合作
■ 区域咨询委员会	■ 超地方政府机构	■ 区域顾问小组
■ 成员政府	■ 议会 ■ 小组委员会	■ 区域行动主体
■ 成员缴款 ■ 政府补助 ■ 服务合同	■ 成员缴款 ■ 政府补助	■ 成员缴款 ■ 政府补助
■ 合作 ■ 研究 ■ 政策倡导 ■ 资金分配	■ 合作 ■ 研究 ■ 资金分配 ■ 规划	■ 合作 ■ 市场营销 ■ 政策倡导 ■ 规划

了科技产业的蓬勃发展与人口的急剧增长。然而，新住宅的建设速度未能满足日益增长的需求，导致房价飙升，许多居民面临住房压力，不得不选择外迁。此外，该区域的交通基础设施也难以跟上发展需求，而且已经没有足够的空间来建设更多的基础设施。

湾区政府协会（Association of Bay Area Governments，ABAG）成立于1961年，初衷在于应对州立法对地方交通资产控制权的威胁（ABAG，2020）。如今，ABAG致力于加强区域政府间协作，以共同应对土地利用规划、住房、交通、气候变化、灾害韧性及经济公平等多元区域性问题（Palm et al.，2017）。

ABAG从成员城镇、城市及县获得少量捐赠，但其主要收入则来自实施区域规划所获得的专项拨款，如能源分配、能效激励及区域水资源管理项目等。此外，ABAG还承担区域步道系统建设和水资源管理等项目。尽管ABAG与各市镇共同制定区域规划以应对这种增长，但该机构并不具备执法权来强制执行区域规划的各项条款。

面对工业、住房和交通危机，ABAG及其上级机构——大都会交通委员会，近期召集了众多利益相关方，共同商讨并推出了一系列政策举措（Roach et al.，2018）。尽管ABAG自身不具备执法权，但这些政策提案已获得州立法机构的认可，预计将通过立法程序正式成为法律。这一案例深刻体现了聚集与合作的力量，尽管非正式协议的具体实施路径及其获得的支持力度尚需进一步观察。

德国鲁尔区城市联盟

鲁尔区城市联盟由11个城市和4个地区组成，拥有超过500万居民。该区域的最高决策机构为鲁尔区议会，成员包括所有城市和地区的代表及市长。20世纪初，德国工业化时期，鲁尔区作为煤钢重地，经济繁荣程度位居全国前列，拥有众多德国最大规模的工业企业，并在国际上享有显著地位。鲁尔区城市联盟（原名Siedlungsverband Ruhrkohlenbezirk）成立于1920年，作为一个"特殊目的区域协会"，其初衷在于规范煤炭（当时德国最为宝贵的资源之一）的开发与管理（Keil et al.，2013）。除了经济协调职能外，该联盟的早期成员还负责地方分区规划及土地利用规划；重要的是，它规范了城市和地区内部及其之间的开放空间，以保留用于休闲娱乐的绿色空间。历经两次世界大战后，随着煤炭开采业的衰退，鲁尔区不得不调整其经济发展策略。至20世纪末，在鲁尔区城市联盟的引领下，通过与当地工业企业的合作，该区域开始转向清洁能源技术领域的发展。早在1984年，北莱茵－威斯特法伦州就已经开始调整其产业政策方向，从依赖煤炭的传统产业向环保型产业转型。该战略已初见成效：鲁尔区在环保技术领域创造了10万多个就业岗位，并在能源供应与废物处理领域形成竞争优势。值得一提的是，这一经济转型充分发挥了区域优势：众多清洁能源技术正是基于原有的采矿技术基础发展而来。为了提升国际影响力并吸引私人投资，鲁尔区于1989年至1999年间举办了国际建筑展（IBA）。这一公私合作项目成就了世界闻名的埃姆歇公园（Emscher Park），该公园是一个工业用地改造项目。得益于国际建筑展对该区域进行的生态与社会重建，埃姆歇公园如今已成为一个拥有众多艺术和建筑设施的旅游景点。

2004年是鲁尔区城市联盟发展历程中的一个重要转折点。北莱茵－威斯特法伦州政府通过修订《区域规划法》，正式赋予鲁尔区城市联盟区域规划的法定职责。该联盟的主要任务包括制定区域总体规划、推动埃姆歇景观公园发展及管理经济发展规划（Gruehn，2017）。

然而，该区域面临的最大挑战之一是其长期存在的负面形象（Berger，2019）。鲁尔区仍然被视为一个工资水平低、住房条件差的经济困难区域。但在鲁尔区城市联盟漫长且艰辛的努力下，该区域在重塑形象、吸引产业，以及为区域及其居民规划具体发展路径方面取得了显著进展。该联盟之所以能够高效运作，部分归因于其独特的组织结构设计：所有地方利益相关者均能在议会中发声，而具体的执行工作则由下属机构负责落实。

比利时米特耶斯兰乡村中心与区域网络

米特耶斯兰（Meetjesland）位于比利时西北部，属于北海沿岸的法兰德斯地区，由13个市镇组成，居民人数从6000到32000不等。进入21世纪以来，米特耶斯兰与欧洲众多农村地区一样，面临着农业产业单一与区域发展不均衡的双重挑战。相较于比利时其他区域，米特耶斯兰在经济发展和就业方面进展缓慢。然而，其得天独厚的自然资源，包括广袤的农田、开阔的空间及丰富的旅游景点，使得区域发展有了无限可能。为有效整合这些资源并破解发展难题，区域领导层与米特耶斯兰住房合作社（Meetjeslandse Bouwmaatschappij）及米特耶斯兰区域景观组织（Regionaal Landschap Meetjesland）等多个区域组织携手合作，共同创立了米特耶斯兰区域网络（Brunell et al.，2008）。

尽管自20世纪90年代以来，欧盟与联合国积极倡导在该区域发展多功能农业，但受限于区域组织力量的薄弱，各市镇往往各自为政，仅关注局部利益，未能形成经济多元化的合力，从而阻碍了区域整体的跨越式发展。此外，区域内基础设施老化严重，部分设施拥有超过百年的历史，难以满足现代农业与旅游业的发展需求，进而限制了商业机会的拓展与区域合作的深化。区域内部的竞争态势也为法兰德斯地区的市政当局带来了额外挑战。当时的区域协调机构在推动13个市镇之间的有效谈判方面存在不足，难以实施更具凝聚力和高效性的经济发展策略。

《米特耶斯兰2020：未来规划》所提出的区域网络被视为欧洲区域治理的首批试点案例之一。在米特耶斯兰乡村中心的引领下，一众区域组织与13个市镇紧密合作，共同构建了一个更加包容和繁荣的区域。米特耶斯兰乡村中心通过其标志性的"乡村实验室"（Plattelandslab），创建了多种流程，以应对乡村地区在经济、文化、社会和社区方面所面临的挑战，从而推动区域创新。最为重要的是，该中心通过组织农产品展示会、国际营销活动等多种形式，积极支持和促进了当地农业与园艺产业的发展（Arnaut et al.，2007；Brunell et al.，2008）。

与此同时，米特耶斯兰旅游组织（Toerisme Meetjesland）等组织，通过管理Boekhoute、Eeklo及Ursel等地的游客中心，支持博物馆和纪念碑的建设与维护等举措，积极推动区域旅游业的发展。这些组织构建了覆盖整个区域的旅游信息平台，并为游客提供探索该区域的自行车路线。此外，米特耶斯兰区域景观组织（Landschap Meetjesland）等组织亦持续致力于环境保护工作，通过一系列广泛的努力，区域景观组织促进了区域特色的展现、休闲活动的发展、休闲资源的共享利用、自然教育的普及、自然环境的保护，以及实施综合性和区域针对性的管理。此外，它还为市政当局和从事景观遗产保护工作的行动者提供必要的支持。

上述所有案例均面临巨大的经济挑战。此外，历史上的竞争态势与空间发展的差异导致区域间的协调变得尤为困难。然而，通过采用一种既包含地域性又涵盖关系性的综合区域发展策略，合作得以变得更加顺畅，进而助力各区域实现繁荣发展。这些案例均具有以下共同特征：共同的愿景、商定的工作模式及区域行动机构。

（1）共同的（社会和经济）愿景。区域愿景的基础在于对经济利益的共识，以及对作为增长引擎的工业与商业支柱的识别。这些利益和支柱为区域生产愿景的定义、框架和范围提供了指导。通过这一过程，可以明确共同利益，进而就共同的战略规划和实施工具达成共识。

（2）商定的工作模式。全球本土化的转变推动了"三螺旋"作为区域合作工作模式的普及（Etzkowitz，2012）。该模式标志着从国家主义模式向综合模式的转变。在国家主义模式中，政府是主导行为者，自上而下推动产业与学术界之间的互动；而在综合模式中，学术界、产业界和政府等不同行为者则扮演着平等的角色。区域合作的三螺旋模式模糊了各利益相关方传统角色的界限，同时保持各自在专业领域的领导地位。例如，学术机构仍然是知识生产的主要来源，产业在知识的生产和商业化过程中发挥着关键作用，而政府则继续履行其监管与引导的职能。

（3）区域行动机构。此类机构负责建立可操作机制、规划和团体，其职责通常包括但不限于围绕共同主题确定共同利益，明确愿景与目标。在实现愿景的过程中，它们还负责深化与私营部门及公共部门的区域经济合作，例如，定义一系列在政策、规划、研究和品牌建设领域的行动和合作，并募集资金，通常这些资金是公共和私人资金的结合。

■■■ 工作模式：学术界、产业界和政府

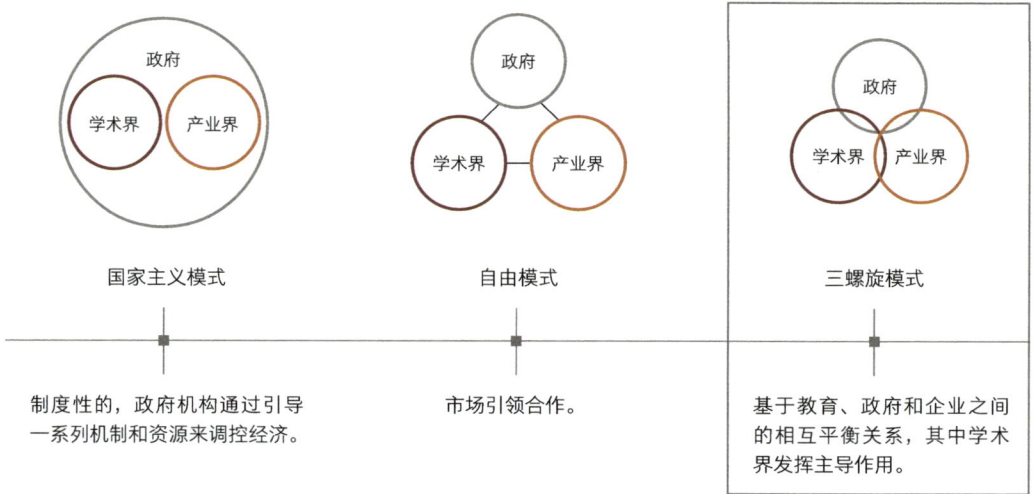

国家主义模式

自由模式

三螺旋模式

制度性的，政府机构通过引导一系列机制和资源来调控经济。

市场引领合作。

基于教育、政府和企业之间的相互平衡关系，其中学术界发挥主导作用。

    这些区域动态揭示了，空间或空间形态并非行动成功的唯一要素。更确切地说，还需激活并有效利用这些多维空间环境中的社会行动者（Mayer，2008）。

建设区域生态系统：以基里亚特施莫纳为例

以色列东加利利地区是当下定义区域愿景的最新案例（Hatuka et al.，2019）。由特拉维夫大学当代城市设计实验室（LCUD）提出的目标是着重于打造一个以当地居民为重心的工业经济专业单位（集群），并力求围绕三个关键主题促进区域生态系统。

（1）教育与工业，聚焦农业技术和食品技术。东加利利四周环绕着广袤的农田，具备成为全球农业与食品领域技术创新中心的独特优势。这里已经构筑起一个知识与研究组织网络，为未来发展奠定了坚实基础。

（2）旅游业与休闲农业，涉及农产品直购、农场自采及乡村接待等多元化活动。此类服务产业已成为振兴农业地区、应对农村人口向城市迁移、保护自然环境与文化遗产的战略途径。

（3）生活方式与幸福感，与乡村地区相关的慢饮食和慢生活被视作物质至上、节奏快、压力大的城市生活的替代选择。"慢"这一术语表达了一种悠然自得的生活趋势，同时也是慢生活所强调的意识形态议程的一部分：可持续、本土化、有机、小批量、未加工的产品及最终放慢的生活节奏。

基于上述主题，设定了四个区域目标：第一，提升区域慢生活方式与可持续发展的认知；第二，整合资源，围绕食品技术和农业技术，强化系统性区域思维；第三，最大限度地提高旅游业和工业的集聚程度，将商业和工业生产等独立的城市活动整合为集中发展的核心；第四，设立区域协调机构。

这些主题与目标的提出源自该地区的增长动力：依赖多元农业的独特产业、自然与景观资源、学术与研究机构。战略规划中勾勒的目标和资源划定了经济集群的新边界，这些边界跨越了城市管辖范围，并不受该地区各城市组织结构与政治架构的制约。相反，它们旨在围绕主要增长动力打造新的区域联盟。集群内部包含两个次区域：南部次区域拥有众多与葡萄栽培相关的景点与旅游目的地，如葡萄园、酒庄、游客中心与商店；北部次区域则在约旦河源头与胡拉谷北部设有旅游中心、农业旅游与工业。在结构上，该地区围绕一个区域交通环进行重新开发，将经济活动中心（酒庄、旅游业、学术机构和主要工业区）通过交通环连接起来。这些构想为制定详细的工业发展规划奠定了基础。

东加利利东部
一个产业生态系统
以色列

东加利利项目被设想为一个产业生态系统，基于对区域发展模式的分析，以及从"旧区域主义"——侧重于地域行政层级结构——向"新区域主义"转变的需求，新区域主义包括复杂的横向网络和在竞争性经济中的多重合作伙伴关系。
这一区域愿景的倡导者建议将东加利利地区和戈兰高地视为一个统一的产业集群。这种社会经济方法以居民为中心，并试图通过解决三个关键的、相互关联的维度来促进区域生态系统：教育与工业（强调农业技术和食品技术）、旅游与消费（强调农业旅游）、生活方式与居民（强调幸福感和慢生活）。

以色列东加利利地区基里亚特什莫纳
图片由 Moshe Kakon 提供。

作为产业生态系统的区域 | 概念结构图

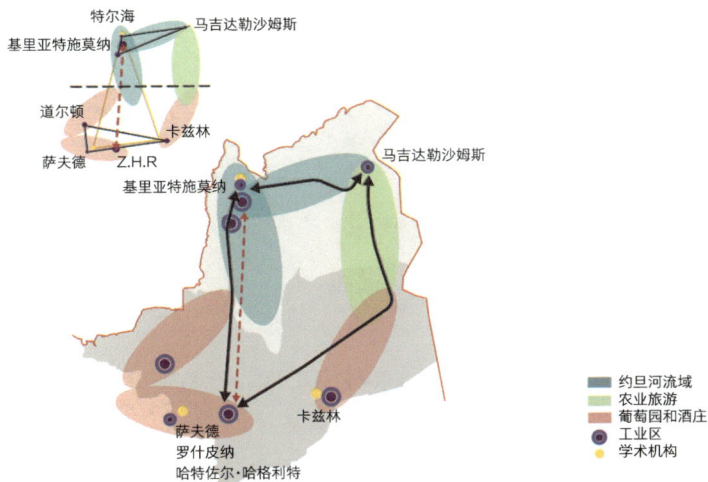

特尔海
马吉达勒沙姆斯
基里亚特施莫纳
道尔顿
卡兹林
萨夫德 Z.H.R
基里亚特施莫纳
马吉达勒沙姆斯
萨夫德
罗什皮纳
哈特佐尔·哈格利特
卡兹林

约旦河流域
农业旅游
葡萄园和酒庄
工业区
学术机构

区域生态系统 | 锚点、城市、位置

马吉达勒沙姆斯；布卡塔、马萨达、艾因基尼亚

基里亚特施莫纳

卡兹林

萨夫德；罗什皮纳，加利利哈措尔

建议东加利利区域实施双核心发展战略，此举旨在较大程度促进以下规划理念的落实：

促进土地集约利用，遏制无序蔓延。

明确区域中每个核心的主题身份；加强区域产业生态系统；基于市镇之间的合作伙伴关系集中工业区。

通过新的发展模式，加强住房与工业、就业和旅游之间的联系。

基里亚特施莫纳战略计划 | 设计原则

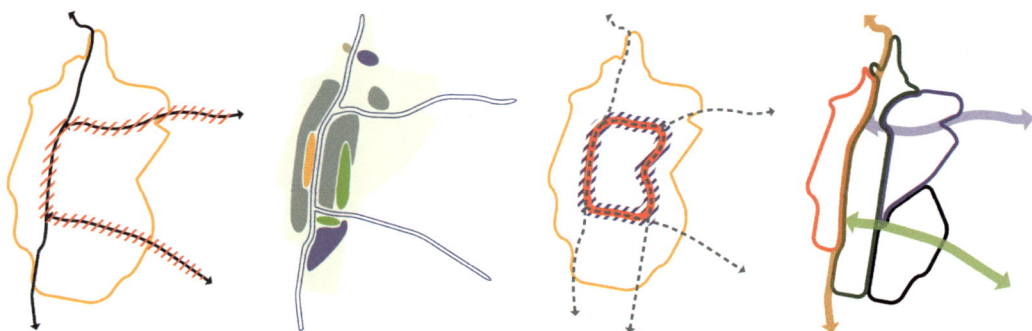

规划 | 规划城市南部作为区域生态系统的一部分

现状 | 城市发展没有清晰的愿景和结构

经济 | 发展环内经济活动

结构 | 围绕四个相互关联但又截然不同的区域重新构建城市

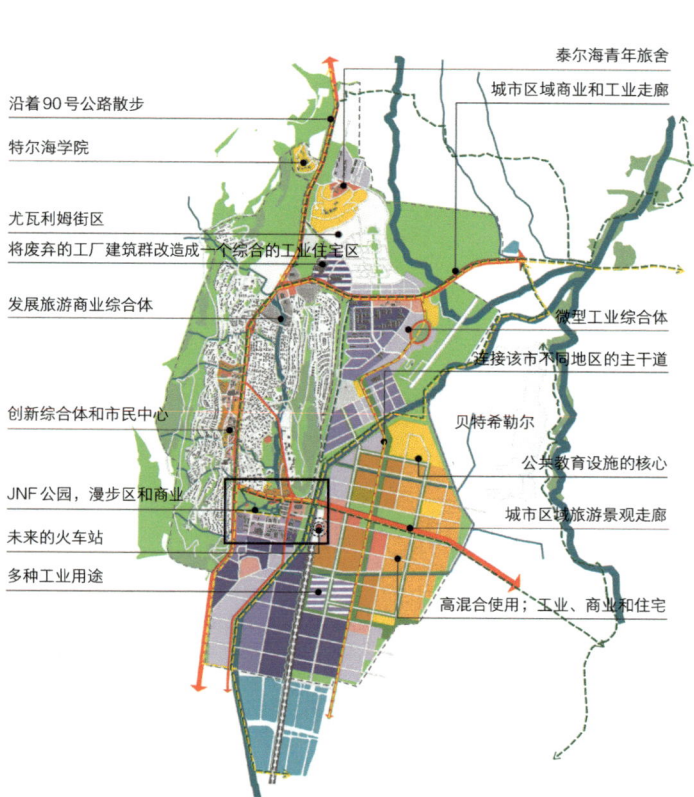

沿着 90 号公路散步

特尔海学院

尤瓦利姆街区

将废弃的工厂建筑群改造成一个综合的工业住宅区

发展旅游商业综合体

创新综合体和市民中心

JNF 公园，漫步区和商业

未来的火车站

多种工业用途

泰尔海青年旅舍

城市区域商业和工业走廊

微型工业综合体

连接该市不同地区的主干道

贝特希勒尔

公共教育设施的核心

城市区域旅游景观走廊

高混合使用；工业、商业和住宅

露营区

综合商务中心

通过创造旅游和商业机会，加强工业区与园区之间的联系。

特别开发区
森林
开放公共空间
果园
混合用途、住宅、就业（最多 4 层）
混合用途、住宅、就业（超过 4 层）
公共机构
民间机构
制造业、轻工业和商业
制造业、中型工业和商业
重工业
制造业、研发、学术界
工业和就业与居住相结合
旅游业
商业和就业
鱼塘和污水池
序列、条纹边界
主干道
次干道
溪流
自行车道
长廊

由特拉维夫大学当代城市设计实验室制作的图表

■ 生产模式与城市变革

| 过去的 | 分散生产模式 |

物理距离-分裂-工业单-文化主义

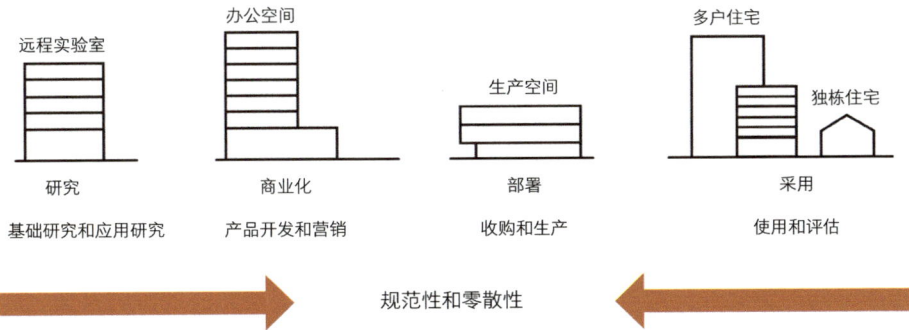

远程实验室　　办公空间　　生产空间　　多户住宅　独栋住宅

研究　　　　　商业化　　　　部署　　　　采用

基础研究和应用研究　　产品开发和营销　　收购和生产　　使用和评估

规范性和零散性

| 当代的 | 集成生产模式 |

邻近性＋趋同性＋多样性

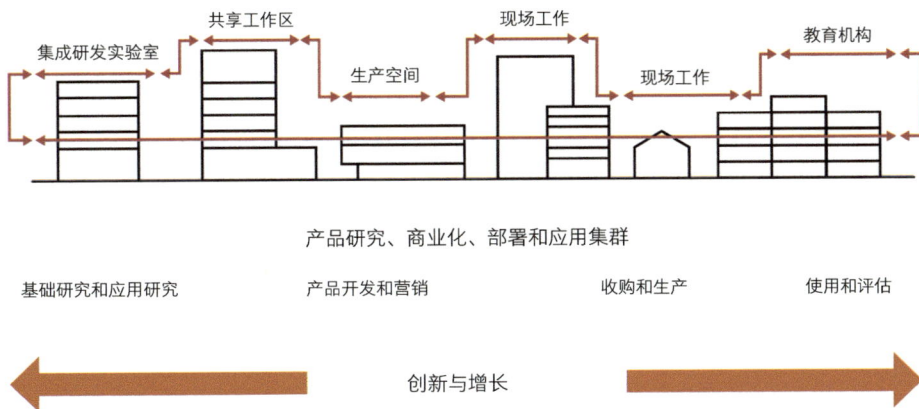

集成研发实验室　共享工作区　生产空间　现场工作　现场工作　教育机构

产品研究、商业化、部署和应用集群

基础研究和应用研究　　产品开发和营销　　收购和生产　　使用和评估

创新与增长

189

总结：区域社会经济愿景

新区域主义概述了一个基于效率和集聚经济架构的空间逻辑，重点关注基础设施系统。它指出，通过基础设施（无论是资本密集型项目还是更普通的项目）来理解和规划区域，是构建区域产业框架的重要工具（Harrison，2020）。区域基础设施和产业的框架不仅包含传统的基础设施（如道路、管道或电源），还广泛涵盖了学术机构、初创企业和能够制作产品原型并进行小规模生产的制造商。反过来，这些机构、企业和制造商通过为劳动者创造知识交流的机会来加速创新进程。这一方法标志着从过去割裂产品研究、商业化、部署与应用等生产环节的方法，向强化各环节间内在联系、支持空间整合的方法转变。为了实现生产集聚和空间整合，需要对现有的监管框架进行修正和重新思考，同时也要改变对与交通、水和能源相关的基础设施系统的传统看法。尺度在此过程中至关重要。当代一些地区和城市区域的规模堪比小型国家。"城市区域目前正在五大洲迅速形成，而它们的发展在很大程度上受到不断扩大的全球贸易和互动网络的推动"（Scott，2019）[574]。然而，城市区域也面临着严峻的社会经济挑战，包括可能引发公开社会动乱的阶级分化。经济和政治因素对区域的起源、内部组织及整体战略规划具有至关重要的影响。

本章中介绍的战略和行动强调了区域产业发展的三大变革：第一，承认生产链中各环节的相互依赖性，尤其是学术界与产业界之间的紧密联系；第二，从基于生产分离的方法（强化物理距离、分裂和工业单一文化主义）转变为基于各个层次整合的方法（强调邻近性、趋同性和多样性）；第三，整合总体区域经济议程与空间规划。这些空间、经济、社会和政治概念的转变促使城市重新评估其城市产业系统。

■ 区域：产业发展中的关键概念

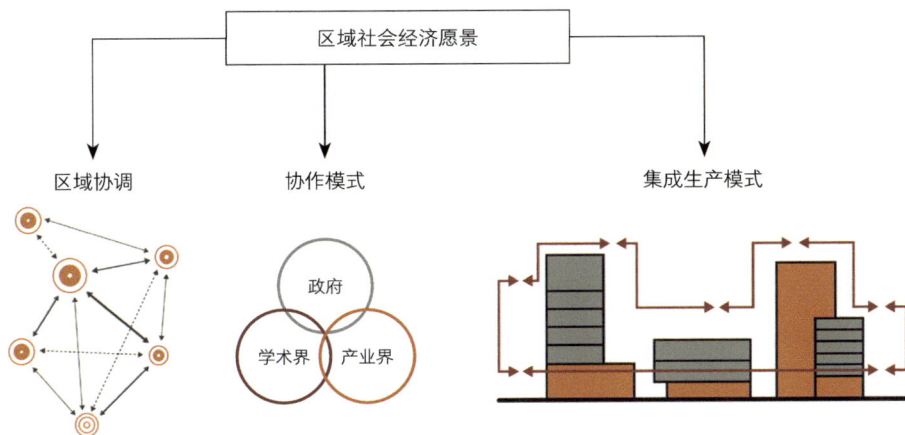

9

整合城市－工业系统

　　在未来几十年，制造业的问题不在于是否会增长，而在于它将在哪里增长。企业在选择厂址时，一个主要考量因素是向客户交付货物的速度，而交通便利性由于关系到交付速度也变得日益重要。在这一动态变化中，监管问题处于核心地位，并且我们需要发展包括工业用途在内的混合用地区。

　　法规是城市设计中的一个核心要素。专业机构和政府部门已经为城市建成环境制定了相关标准，这些标准规定了城市形态的各个方面，并据此塑造了社区。此外，公共工程的有序管理、土地开发的集中监管，以及工程学与城市规划专业影响力的崛起，使这些标准中的许多内容成为绝对准则。地方政府默认采纳这些开发标准并将其合法化，以规避承担决策责任的风险。在这种情况下，修改标准并不被鼓励，因为上级政府机构不允许变通，而下级机构也缺乏积极性。此外，金融机构和贷款方往往不愿支持非主流或不符合既定设计惯例的开发方案（Ben-Joseph，2005）。这些标准不仅塑造并影响着实体空间，也是规划实践的重要依据。规划专业人员投入了大量时间制定和执行这些规则。尽管建筑师和城市设计师对众多规范所带来的限制颇有微词，但他们仍积极参与标准制定，同时也愈发意识到当前许多监管机制的低效性和排他性。

　　这种故步自封、循规蹈矩、难以适应变化、不愿调整标准的现象，在城市工业发展中尤为凸显。尽管全球各地的土地利用类型、分区法规和建筑规范各不相同，但它们往往滞后于新的工业需求，常常阻碍企业在城市中建造工厂。这一观点同样适用于标准化储存和配送，虽然在郊区布局这类物流空间更加经济实惠，但是，为了服务城市中心市场，在市区内布局仓储空间以支持产品高效配送的需求正日益增长。此外，工业企业的特征各异，有些企业生产的产品由于体积小或数量少，可以通过小型卡车运输，也可以利用城市内部的仓储空间（Leigh et al.，2012）[88]。

要弥合市场需求与法规之间的鸿沟，就需要在更广泛的区域经济背景下构想城市。这要求我们将城市中心与周边地区或大都市区视为一个创新生产生态系统，通过区域战略，沿着"先进制造业连续体"培育生产活动（Reynolds，2017）。工业发展的每个阶段都需要特定的政策响应，以适应城市格局的变化。通过识别并开发适合各阶段制造商的场地，同时更新土地利用规划方法（而不是目前鼓励将未充分利用的城市工业用地转为其他用途的方法），可以鼓励工业回归城市。

更新后的规划法规提倡采用包容性的方法来实现精明增长。"精明增长"在此指的是通过一系列城市设计、规划标准和政策，来支持建设紧凑、混合用途、与更广泛区域相连的社区。尽管精明增长政策旨在促进地方经济发展并实现多样化，但相关标准和政策往往未能有效保护工业用地免受侵占，也不倾向于预留城市工业用地。城市不应在支持紧凑、混合用途开发与鼓励"城市工业开发"之间作出抉择。相反，城市需要"明确保护生产性城市工业用地，并遏制工业无序扩张的方法"（Leigh et al.，2012）[87]。为了建设经济强劲且宜居的城市，政策制定者必须将经济发展、工业政策和环境政策整合起来（Mistry et al.，2011）[6]。此外，政策制定者应"重新阐释制造业和大都市经济"，并确保"城市与工业用地利用战略应与更广泛的经济发展和劳动力目标相关联，并应最大限度减少劳动力、社区营造与城市经济发展目标之间的错配"（Mistry et al.，2011）[4]。

调节多样性：从分离到整合

鉴于传统监管体系通常将邻近制造业视为住宅用地的不利因素，且许多城市的工业用地正逐渐被其他用地（包括住宅）所取代，改革分区法规显得尤为重要。在此背景下，需要考虑两个问题。首先，应对土地利用规划中的"工业"和"制造业"进行明确界定。随着制造业经历重大技术变革并不断扩大其规模，现今的工业用地已涵盖了与传统制造活动无关的多种用途。其次，工业企业正处于数字化转型过程。尽管企业在适应新技术及应对自动化对劳动力的影响（即新任务如何分配给不同职业，以及这些角色的人员将享有何种激励措施和决策权）方面存在显著差异，但它们的共同关注点仍然是生产过程。虽然早期自动化浪潮的主要目标可能是替代人工，但新一波自动化浪潮的目标不单是替代人工，更是提高精度、安全性和产品质量（Helper et al.，2021）。因此，如果工业以往是按照其对环境的影响及其规模和强度（如重工业和轻工业）来定义的，那么生产模式的转变则需要建立一套更为细致的分类体系。轻工业（有时被称为"普通工业"）通常资本密集度较低，大多数轻工业产品是直接面向最终用户生产的，而非供应其他行业使用；与重工业相比，轻工业设施对环境的影响通常较小。重工业通常涉及复杂的工艺流程，需依赖大型机床、建筑和基础设施，这些行业的产品主要销售给其他行业，而非最终用户；重工业被视为资本密集型产业，通常与其他用途不兼容，因为其可能引发严重的环境污染或存在污染风险，例如石油、采矿、钢铁、化工和机械制造等行业。然而，近年来，许多新兴产业，如高科技、生物技术和食品技术等，展现出更高的安全性，且大多不会对周边地块造成不良影响。

除了具体用途和制造工艺之外，以往轻工业（普通工业）和重工业之间的常见区别并不一定与当代制造业的规模和性质相符。大型工厂既可能是重型制造商，例如化工厂，也可能是轻型制造商，例如半导体制造厂。然而，经营规模对选址和空间布局具有重要影响。例如，传统观念认为廉价土地是选址的最重要因素，但当下中小型企业更看重能否获得熟练劳动力。在制定土地利用规

■ 集成环境：从分离到整合

鉴于环境法规的改进、新的生产模式，以及与其他用途相结合的需要，隔离的工业区是否仍然适用？

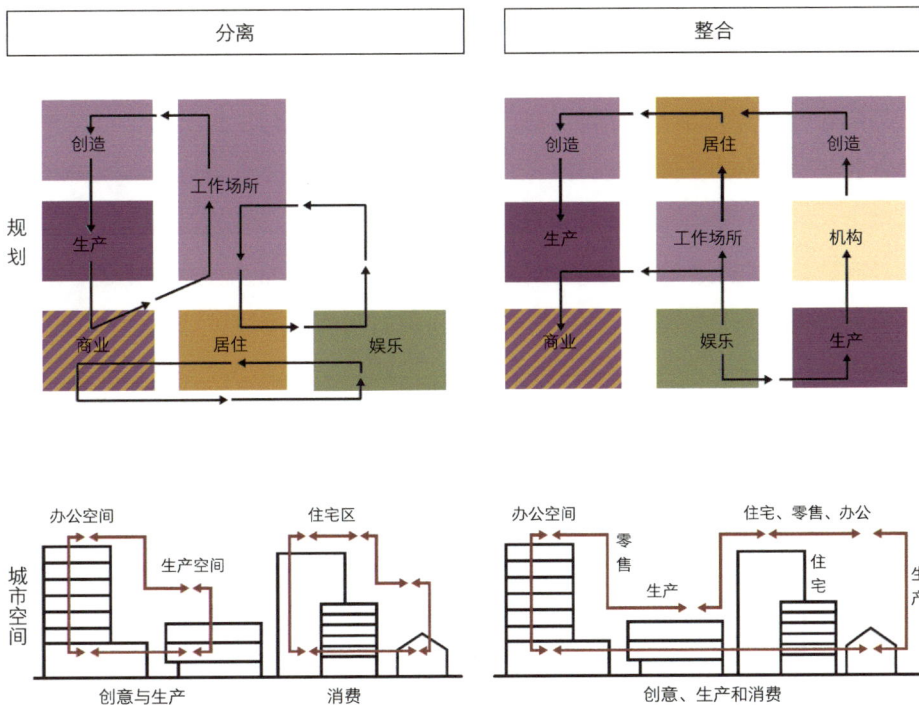

划时确认制造业企业的规模，能帮助地方政府决策应为特定类型的制造业企业保留哪些土地及保留多少土地（Kim et al.，2014）。同样重要的是，现有的法规和用地编码通常将研发活动视为单独用途，禁止其与制造和工业设施共用空间或靠近这些设施。然而，这种邻近性对于推动创新、实现制造流程转型、促进劳动力储备多样化及创造更多不同的空间形式至关重要。

工业用地在容纳各类企业方面具有重要价值。尽管如此，考虑到住宅用途在制造业附近仍然是最不受鼓励的用途，我们急需采用更为广泛的区域性或全市范围的策略来创造一些城市区域，使制造业劳动者能够在近距离内居住和工作，同时确保工业活动得到保护。在强劲的房地产市场背景下，这将需要一系列综合性干预措施，包括新的分区政策、财政激励与惩罚机制，以及与当地企业建立紧密的合作关系，以深入了解其未来需求（Becker et al.，2020）。事实上，诸如旧金山、芝加哥、巴塞罗那和深圳等城市，在区域性策略上展现了各自的独特之处。这些城市有的通过扩展制造业和工业类型中的用途，融合了零售、办公和住宅等多种功能；有的则更加明确地专注于保护现有的工业遗产和产业运营。

这些城市在定义更为细致的土地利用类型方面所做的努力，为推动变革奠定了基础，还引导了为实现各种目标而进行的战略制定，包括：通过保护和促进生产活动及增加就业机会来维护工业用地；通过鼓励新的工业和制造活动来激发创新；通过引入新的兼容用途（如居住、工作）来实现工业与城市的共存；制定工业用地转型政策；以及修订监管工具（如分区制度）。巴塞罗那、麦德林、深圳和波特兰的地图（详见第2部分）体现了多种完善分区类型的策略，这些城市通过这些策略重新审视现状并将独特的工业监管机制应用于城市中的特定区域。

旧金山使用生产、分销和维修（PDR）的土地用途类型就是一个例子。20世纪90年代末，受"互联网泡沫"及高科技行业迅速发展的影响，旧金山的房地产市场发生了翻天覆地的变化。城市有限的土地面积导致新住房、商业和其他用途之间激烈的空间竞争。位于城市东部的居民区，包括工业集中区，遭受了这场空间竞争最直接的冲击（San Francisco Planning Department,

2002年）。由于分区法规存在漏洞，允许在工业区内建造或改建为居住与工作结合的LOFT空间，开发商开始建造大型商住两用公寓，致使小型制造厂逐渐被办公楼所取代，街区的整体风貌亦随之改变。随着时间推移，这些工业区的新住宅项目逐渐激化了新入驻居民与既有工业经营者之间的矛盾。鉴于这种冲突可能持续加剧，并可能导致城市丧失大量工业用地，旧金山最终决定对东部居住区实施大规模的区划调整，采取区域性的城市规划方法，旨在保护并促进工业活动的健康发展及多种用途的混合并存。

作为这一工作的组成部分，城市规划部门提出了一种新的土地用途类型，称为"生产、分销和维修"用地（PDR用地）。该部门在建议中指出，"使用'PDR'一词代替'工业'，是为了避免让人联想到重工业或'烟囱式'工业，如大型制造厂、冶炼厂和精炼厂"（San Francisco Planning Department，2002）[4]。鉴于该市对更多住房的广泛需求，规划局设定了两个主要目标：一是，稳定工业用地，以保护PDR企业；二是，鼓励开发中低收入家庭可负担的住房。经过多年的社区规划，该市于2009年正式创建了PDR区域，以帮助保护现有用途，特别是工业和生产用途。

鉴于房地产市场仍追求住房与商业开发高端回报，在现有用途与经济和就业之间取得平衡尤其具有挑战性。为了实现这一平衡并确保混合使用，城市不仅需要清晰的空间发展规划设计，还需要激励开发商，使其能够补偿占用的工业空间，或建造混合用途建筑。例如，2014年，旧金山通过了一项交叉补贴计划，允许开发商在特定的PDR地块上建造新的办公空间，前提是开发商通过开发新的工业空间来进行补偿。2016年，该市居民投票通过，要求开发商"如果拆除5000平方英尺或以上的PDR用途，2500平方英尺或以上的机构社区（IC）用途，或任意规模的艺术活动用途"（X号提案），则必须提供用于建设的替代空间。在此后的几年中，该市继续对各个区域进行评估，包括2018年的混合用途PDR研究和目前正在进行的评估，这些评估试图解决用途之间的冲突问题（特别是居住与PDR用途之间的冲突）、更新设计标准和修订交叉补贴计划，以鼓励在目前没有PDR用途的地块上发展PDR（San Francisco，2020）。

旧金山的案例清楚地表明，创建一个可持续的混合用途区需要不断更新，需要强大的社区和企业参与，最重要的是需要一个专门的监督机构。该机构，无论是公共机构还是私营机构，或是两者的结合体，都需要不断探索如何平衡区域内的多种用途，从而创造一个能够长期存在且各种用途能够和谐共存的混合用途区域。

西班牙巴塞罗那

巴塞罗那的案例展示了波布雷诺（Poblenou）区的转型历程，该区曾是一个工业区。此前，专为工业用途保留生产空间的"22a"分区代码已被新的城市分类"22@"所取代（Gianoli et al. Palazzolo Henkes，2020）。这一新分类允许互补性活动的混合使用，以鼓励生产过程中的创新，包括住房和公共区域的整合，使人们能够在工作地点附近生活（Rota，2005）。"22@"分区代码通过引入混合的生产活动、研发、商业、住房和绿地的模式，改变了传统上将制造业分隔开的分区模式。这一新分类的编码类型包括：工业配套（仓储和物流）、工业、就业和机构用途，以及住宅和城市公园。由此形成了一个多样化的街区结构，每个街区都提供了不同种类和组合的用途。此外，该编码鼓励更高的开发密度，而不是旧工业区所特有的低密度，并允许在现有和新建筑中进行混合用途开发。新的监管框架还支持灵活的用途编码和建筑类型，并未制定详细或精确的规定，而是允许在规模和建筑类型上采取多样化的措施，同时尊重以往工业空间设计在类型和形态上的多样性。这一转变使工业空间逐步得到改造，在巴塞罗那市中心打造出一个高生活品质的街区（Rota，2005）。为了促进公共开放空间的发展，"22@"分区代码还关联了一套激励机制，要求每个开发项目为包括街道景观在内的公共空间提供资金支持（Rota，2005）。鉴于波布雷诺区旧工业结构的复杂性和广泛性，政府优先采取渐进式的灵活更新策略，并定期对规划进行审查和调整。

哥伦比亚麦德林

2014年，麦德林市通过了一项市政条例，对该市《区域组织规划》进行了修订和长期调整。该条例为引导房地产开发和允许市政府干预开发决策提供了法律依据。该规划源于早期该市与麦德林公共事业集团下属的UNE电信公司携手合作打造麦德林创新中心的尝试。作为该规划的一部分，麦德林划定了创新区，并将其纳入城市总体发展规划，该总体发展规划在城市综合干预的社会层面倡导多利益相关方参与和包容性发展。在此背景下，社区成员通过建立参与机制和创造交流对话空间，积极识别与当时情况相关的问题和机遇。这些措施赋予了居民参与社区事务和决策的权力（Tholons，2011）。该市还制定了一项经济融合战略，旨在促进当地经济发展，创造实践探索机会，扶持社会企业，并加强本土企业实力。作为战略的一部分，该市推出了"软着陆"计划，旨在吸引国内外创新企业入驻该区域。在规划过程中，城市对用地进行了细致的编码分类。这些类型包括低混合用途（主要是住宅，附带少量商业）、中混合用途（住宅与商业混合）、高混合用途（工业、商业和住宅混合）、单一用途（机构）及城市公园，从而形成一个综合且多样化的区域。为了进一步推动区域发展，该市与麦德林公共事业集团下属的UNE电信公司合作开发并建设了一个"锚点"综合体（Ruta N创新中心），作为该地区的创新中心、商业中心和媒介（EU University Business Cooperation，2019）。RutaN创新中心体现了编码愿景，包括三栋建筑、花园及通往主要交通枢纽的通道。这些建筑容纳了多家大型企业、麦德林公共事业集团下属的UNE电信公司、麦德林大学分校，同时还为孵化器和创业项目提供了空间。值得注意的是，Ruta N创新中心之所以能够成为该地区的成功锚点，与当地政府作为改革者所发挥的重要作用密不可分。这不仅包括直接的参与、规划和持续的监督，还包括与公共和私营部门的紧密合作，以及强有力的社区参与。

美国波特兰

20世纪末，波特兰的中央东区工业区面临着来自商业、办公及住宅开发的多重压力。得益于社区参与和城市的规划策略，这一传统工业区已逐渐转变为一个集多元化用途于一体的综合区域，同时依旧保持着鲜明的工业特色。20世纪70年代，出于对波特兰工业就业岗位流失的担忧及商业和办公开发带来的压力，人们开始努力保护该区的工业基础。这些担忧促使社区参与进来，其中包括非营利组织"俄勒冈千友会"的参与，该组织致力于解决该州土地利用及规划相关问题。20世纪80年代，该组织发表了一份题为"中央东区工业区：波特兰经济的受益者"的报告，指导了该区分区政策的修订。报告提出了六个被认为具有独特发展模式和需求的分区，并支持设立工业保护区以保护现有用途（Minner，2007）。约十年后，波特兰市采纳了一项工业保护区政策，要求在该区域内增加非工业用地需通过特殊条件使用审批程序。该政策认为中央东区的工业用地正面临被改作他用的风险，并希望通过限制资本投机施压和保护老旧工业建筑来保持较低的土地价格，从而确保初创企业和小型企业能够获得可负担的发展空间（Jones，2014）。

随着工业生产的不断变化及新型发展模式的强势来袭，对工业保护区的支持逐渐减弱。2003年，波特兰市对该地区的分区规划进行了修订，以适应所谓的"新城市经济"或创意阶层的需求。这一修订放宽了对工业用途的限制，允许数字生产、零售和办公用途的企业迁入以创造更多的灵活性（City of Portland Bureau of Planning，2003）。编码类型包括普通工业、重工业、就业、商业混合用途、住宅和城市公园。尽管该地区仍被笼统地称为工业保护区，但20世纪初实施的灵活分区计划允许了多种用途的整合。因此，该地区的餐馆、高端零售店、知识型企业及艺术家工作室不断增加，工业建筑也被改造为多种用途。这一变化说明，有必要不断修改限制条件，允许某些行业的性质发生变化，同时提供一个政策框架，保护和维护那些仍然具有活力和蓬勃发展趋势的传统工业空间。

中国深圳

深圳于20世纪70年代被设立为经济特区，被认为是中国改革开放时期经济产业政策的重要尝试。当时，深圳的工业发展主要依赖于廉价的土地和劳动力，工业区集中在邻近的交通枢纽内，并邻近香港。如今，这些区域已成为城市较为老旧的核心区。以前的主要工业包括电子、纺织和建筑材料生产。上步工业园区（成立于1982年，现为华强北电子市场所在地）是中国最早的电子组装专业园区。随着城市的发展及对高端商业和住宅发展空间需求的增长，那些密集型和高污染型产业迁移到了珠江三角洲其他地区及市郊的指定工业园区。上步工业区开始转变用途，以适应其他用途的需求，并逐渐发展成为一个混合商业生产区。值得注意的是，当时的发展政策缺乏明确的工业类型界定，且未能清晰区分商业活动与工业生产。这导致了用途的混合，尤其在以老旧工业为主的区域，出现了商业、零售及生产等多种用途混合的情况，且这些区域与老旧住宅区距离很近。编码类型包括混合用途或制造业、政府机构、市政和公共设施、人行道、广场及城市公园。

这种编码方法与中国经济战略的调整有关，也是城市发展从自上而下的决策模式向更加区域化和地方化的决策过程转变。这些变化是通过一系列战略方案改革、区域规划直至城市详细规划来实现的。在中国的城市规划过程中，一旦确定了城市总体功能，就会编制详细的分区规划，其中每个街区都被分配特定的功能，例如居住区、商业区、文化教育区、行政区、绿地或工业区等。区域内每个街区或地块的开发细节都有明确规定，除了建筑物的用途、密度、高度和体量外，还包括绿地的比例及公共和基本服务设施的数量（Curien，2014）。如果不在大片区域内统一实施，这种详细的地块级规划也允许每个街区内部存在多种用途和建筑类型。尽管受到高度管制，但实际上这种规划的结果更能兼容现有的和新的用途，从而形成一种多变、混合且有机的城市形态。

21世纪初，中国通过实施税收优惠政策来支持大众创业和创新，这一举措促进了创意空间、创新区和孵化器空间的迅速涌现。上步工业区和华强北地区在这些政策的推动下获益匪浅，其商业、住宅与工业混合用途建筑类型有效满足了当地的创新需求。

上述例子在适应工业监管框架变化方面展现了相似的观点，包括：

（1）通过对现有编码进行评估，识别其局限性，并采纳更为细致的分类体系，来制定一套更新的编码类型。这些更新的类型基于文化和空间特征，因此具有地域差异性。

（2）通过将商业、办公空间与中小型工业用地有机融合，支持混合、灵活的用途分区；允许制造业内的某些兼容用途位于同一地点（例如研发和生产

22@地区

西班牙巴塞罗那

规划	创新区	
空间形态	**综合的** 城市群	
土地利用	轻工业、商业、住宅	

住宅
就业
机构
工业活动 - 仓储和物流
工业
城市公园
道路

创新区

哥伦比亚麦德林

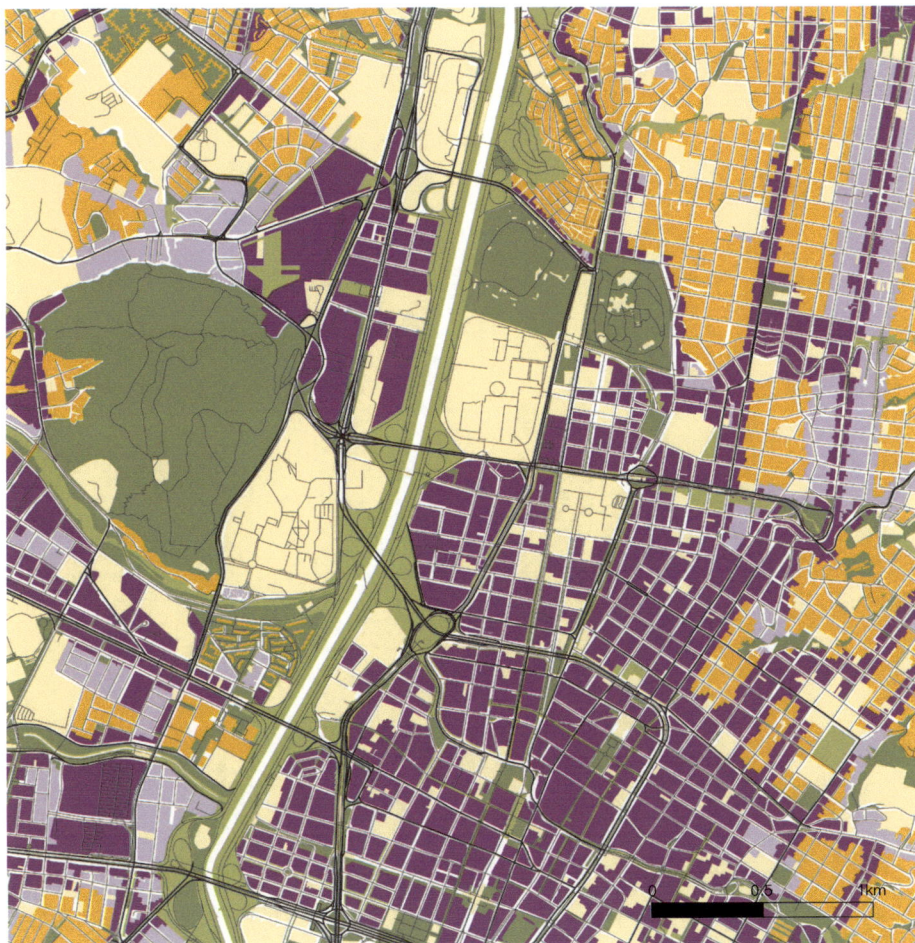

规划	创新区	
空间形态	**综合的** 城市群	
土地利用	轻工业、商业、住宅	

低混合用途：主要是住宅，附带少量商业

中混合用途：住宅与商业混合

高混合用途：工业、商业和住宅混合

单一用途：机构

城市公园

其他开放空间

道路

中央东区

美国俄勒冈州波特兰

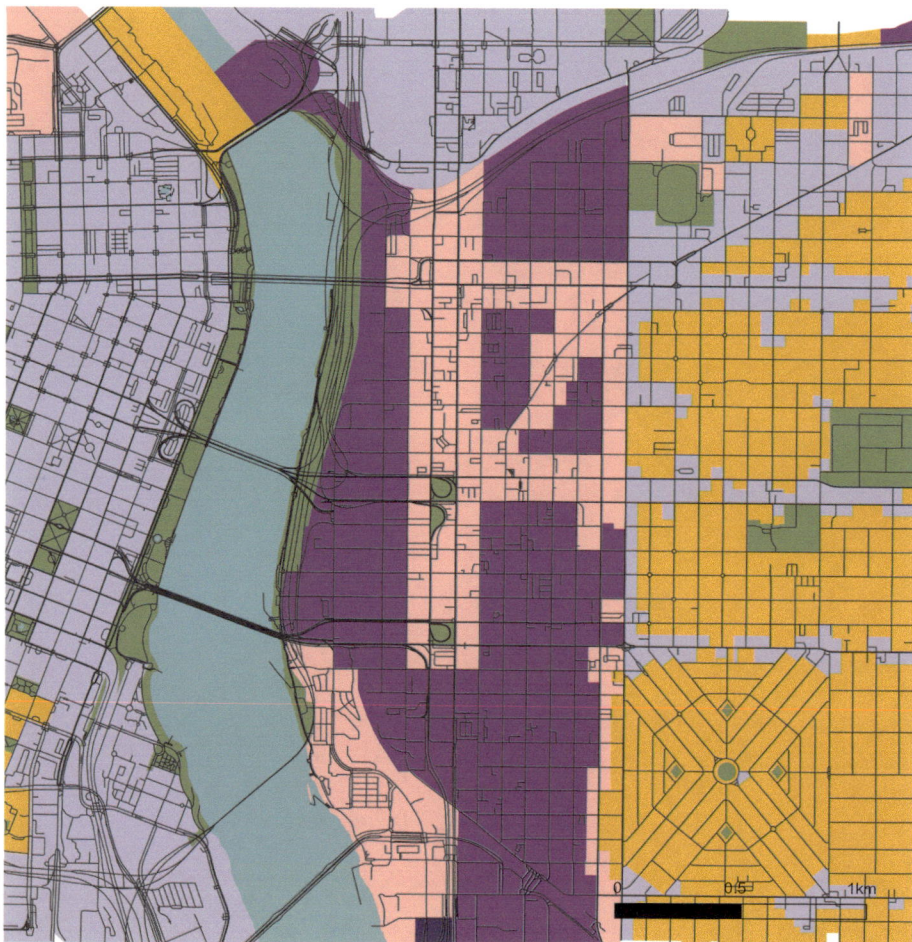

规划	混合用途工业区
空间形态	综合的 城市群
土地利用	重工业和轻工业、商业、住宅

住宅-各种类型
普通工业
重工业
就业
商业与就业和（或）住宅混合使用
城市公园
道路

深圳

中国广东

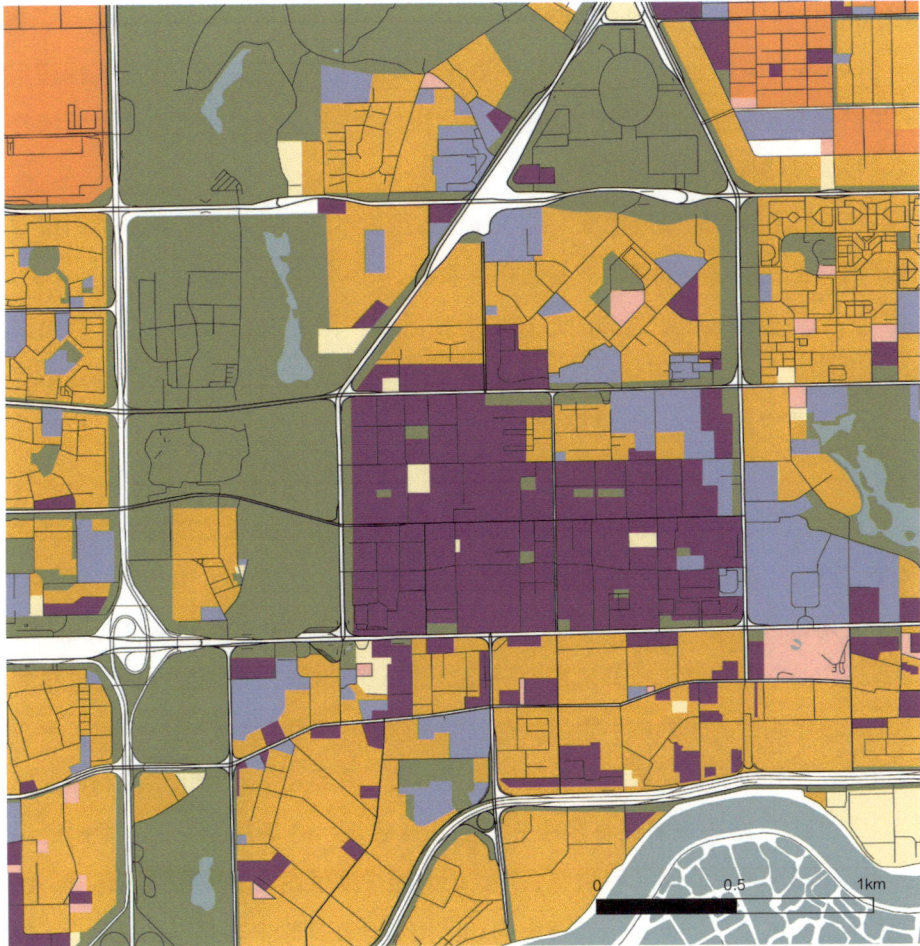

规划	创新区	
空间形态	**综合的**	
土地利用	电子市场、商业、住宅	

住宅
混合用途或制造业
政府机构
市政公用事业
人行道和广场
城市公园
道路

线）；保留现有用途；激励投资者；吸引多样化的劳动力；对工业和制造业类型进行更为精细化的分类（例如，为生物技术和制药行业引入新的类型）；基于细致的工业分类定义制造区；区分作坊、中小企业与大型工厂。

（3）通过保持工业用地分区的可行性来制定工业保护措施，包括引入工业保护区（如波特兰市的实践），或划定特殊的规划制造区、工业单元开发区或区域，如芝加哥市的计划制造区。

（4）支持制造业发展，设定特别要求，规定所有新开发项目中必须保留用于生产和轻工业用途的最低建筑面积；同时，为工业企业在当前位置继续经营或扩大规模提供确定性保障。

（5）确定最新的绩效标准，以确保工业用途不会产生负面影响，同时确保允许的非工业用途与现有工业基础相互兼容。

（6）通过采用逐案预测的方式来规划区域，保持规划的灵活性，并允许用途上的灵活性；利用特殊的叠加分区或计划单元开发模式，这些模式不受标准分区要求的限制，而是根据当地的标准和指导原则来确定用途、形态和设计。

这些监管机制往往得到经济政策及税收优惠和工业租金的交叉补贴（尤其是在混合用途建筑中）等激励机制的支持。有时，工业协会也会采取额外行动，利用公共和私人资金，将废弃的工业建筑改造为中小型制造企业生产空间。纽约的非营利性工业开发商——绿点建造设计中心（GMDC）便是这样的例子。该组织致力于为中小型工业企业提供永久性且可负担的生产空间，旨在通过规划、开发和管理房地产并提供相关服务，来维持城市社区中的制造业部门。GMDC在纽约布鲁克林收购并修复工业建筑，并将其出租给小型制造企业、工匠和艺术家。除了提供空间外，还为租户提供职业培训和共享环境。这一独特方式依赖于当地组织和强大的社区协会，而房地产市场强劲的地区（如纽约市）必须应对许多挑战。这些挑战包括：将未充分利用的工业建筑改造成高档住宅的压力、绅士化现象及可能禁止混合用途（尤其是居住和工作在同一场地内）的法规。

迈向综合系统：底特律东部市场社区

美国底特律的《东部市场社区规划》是整合工业功能与其他用途（尤其是住宅）的最新案例。120多年来，东部市场一直是底特律大都市区活跃的食品批发中心和文化地标，但该地区的历史建筑却限制了食品生产的升级扩张和当前入驻企业的成长（Planning and Development Department City of Detroit，2019；Utile，2021）。该地区的新规划发展愿景是为增加和整合以食品企业为中心的生产和配送、住房和空地利用制定实施战略，同时纳入生态和可持续发展战略。在Utile公司的领导下，底特律市政府与大自然保护协会（非营利组织）合作，于2019年发布了《东部市场社区框架与雨水管理网络规划》，通过分阶段落实规章修订、新建筑建设、闲置土地利用、街道景观改善及整合雨水管理景观特征，为当地产业扩张和现有核心区再开发提供指导。该规划建议通过扩建原市场，整合已有的生产、分销和零售企业的集群经济，同时尽量减少现有企业和居民的迁移，并保护历史市场的建筑遗产（Planning and Development Department City of Detroit，2019）。然而，受20世纪初历史工业建筑本身限制，企业在寻求足够的空间进行扩张和现代化改造时，纷纷选择离开该街区。

虽然该规划建议提供了非常必要的扩展空间，但如果按照典型的开发标准来实施，也将带来额外的挑战。根据常见的生产和配送设施要求，中转区、装卸区及其所需的半拖车机动空间需要占用大片空地。就东部市场而言，这些空间大多都将侵占曾用作住宅的现有地块，这不仅会破坏该街区的历史风貌，还会增加雨水径流，从而使本已不堪重负的污水处理系统面临更大的压力。为了减轻这些负面影响，扩建项目围绕内部卡车集结地、精心规划的卡车运输路线和绿色生态缓冲系统展开设计。该规划还要求新的企业与以食品为导向的生产与绿道交织在一起，并在扩建区边缘配置生活－工作建筑，通过绿道设置缓冲区将工业运营与邻近的同质住宅区隔离开来。设计导则对工业设施进行了规划，以确保每个工业设施都能形成人性化、活跃的街道边缘，并为绿化和公共

东部市场
美国底特律

120多年来，东部市场（Eastern Market）一直是底特律大都市区活跃的食品批发中心。然而，其历史建筑限制了内部食品生产和分销企业的升级与扩张。为此，东部市场街区框架和雨水管理网络规划通过分阶段实施监管修订、新建筑建设、街道景观改善、物流和货车路线规划，以及整合雨水管理景观特色，指导市场的扩张和现有核心区的再开发。

该规划提供了一个分阶段的路线图，以实现多方面的目标，并确保在各个项目实施前，公众有定期参与和提供意见的机会。针对市场特性的区划修订和设计导则是两项有力的设计工具，它们在引导发展符合规划愿景与提供适应未来不确定性的灵活性之间取得了平衡。

从既有住宅向食品企业过渡过程中，生活−工作空间和开放空间的规模及功能转变

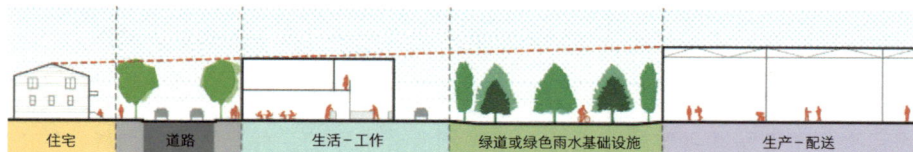

| 住宅 | 道路 | 生活−工作 | 绿道或绿色雨水基础设施 | 生产−配送 |

■ 规划及实施策略

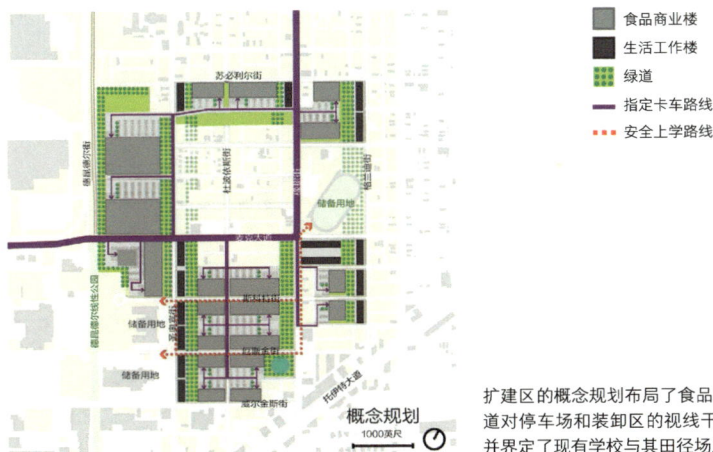

食品商业楼
生活工作楼
绿道
指定卡车路线
安全上学路线

概念规划

扩建区的概念规划布局了食品设施，以最大限度地减少街道对停车场和装卸区的视线干扰，规划了货车行驶路线，并界定了现有学校与其田径场之间的安全通道。

扩展区域

现有市场核心

拟议的市场扩建

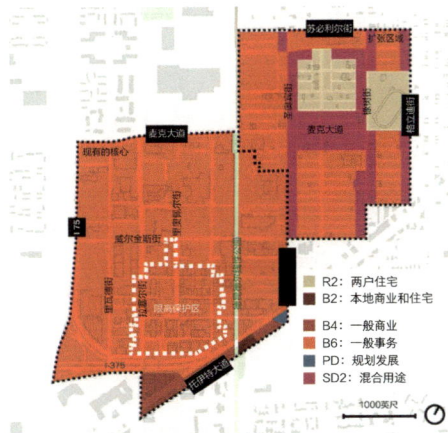

R2：两户住宅
B2：本地商业和住宅
B4：一般商业
B6：一般事务
PD：规划发展
SD2：混合用途

第一项战略针对市场扩建区，构建一个雨水管理景观特征网络，这些特征同时充当公共休闲绿道的功能。这些绿道的规模和位置与规划中的食品设施用地相协调，能够100%收集和管理新开发项目产生的雨水径流，防止其进入城市负担过重的合流制排水系统。此举通过防止合流制排水管溢流和减少该地区的街道积水，从而改善公共卫生状况。

第二项战略针对原市场区，旨在通过分区修订和设计导则（目前正被编纂成法律）鼓励对已有建筑进行谨慎且秉持尊重的再利用。新的分区规定限制了市场内历史建筑最为集中的区域所允许的建筑高度，以此推动开发方向朝着修缮和扩建已有建筑进行，而非拆除和重建。同时设计导则对任何扩建项目的体量和材质选择进行细致入微的塑造。

美国密歇根州底特律东部市场规划

图表由底特律市、Utile公司和Michael Van Valkenburgh Associates提供。

扩建区

针对扩展区域所设计的典型街区开发方案包括食品生产和配送设施，这些设施在布局上尽量减少其停车场和装卸区从公共街道上被看到的可能性；同时，通过雨水管理绿道将居住建筑和工作建筑分隔开来。
（与 Michael Van Valkenburgh Associates 合作绘制）

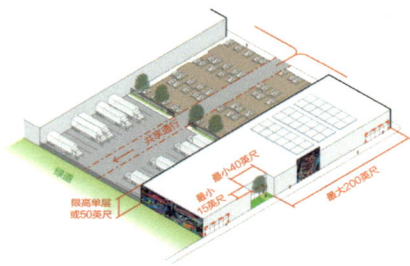

扩建区

设计导则将进一步优化新型食品设施，确保其停车场和装卸区的规模与布局不会对周边居民造成负面影响。建筑立面要求设置玻璃区域、活动区域及凹进区域，以限制连续立面的长度。预留的空白区域将成为东部市场的"市场壁画"（Murals in the Market）项目提供未来创作的画布空间。鼓励采用绿色或蓝色屋顶及光伏阵列。

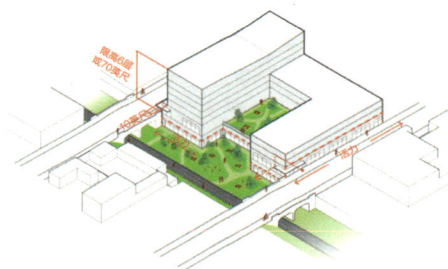

现有核心

对于市场核心区域周边新建的混合用途建筑，设计导则鼓励提高建筑密度，促进功能混合，打造活跃的临街界面。对于沿现有德昆德尔线性公园（Dequindre Cut）布置的建筑，额外的设计导则要求融入更多活跃的功能并增设公共空间，使绿道成为游客愿意驻足停留的场所，而不仅仅是一个经过的通道。

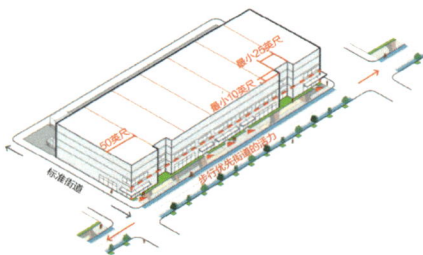

现有核心

市场核心区存在多处适合整体地块开发和填充式商业开发的机会。针对新建商业建筑，设计导则鼓励打造活跃的街道边缘和衔接的外墙，以延续现有市场结构的活力。

艺术提供空间。此外，该规划还允许进行高密度、混合用途的住宅开发，以便更好地利用靠近绿道的优势，并缓解在旧市场建筑内引入新用途的开发压力（Planning and Development Department City of Detroit，2019）。

这个新的社区规划成功地容纳了生产和配送设施及其配套的卡车集结区，同时保留了当地的历史风貌，并融入了绿色雨水基础设施，以缓解建成区的雨水径流问题，同时提供休闲空间。该规划还为城市和社区提供了清晰、分阶段的路线图，以实现多方面的目标，并在每个项目实施前定期提供公众参与的机会。分区修订和设计导则是针对特定市场的规划过程中出现的两个重要工具，它们在按照规划愿景引导开发及提供适应未来不确定性所必须的灵活性这两方面达成了平衡。社区运用这些工具，旨在确保工作市场持续充满活力，既避免其成为历史的陈列品，又防止其因发展压力而被排挤。自该规划实施以来，扩建区域内相继涌现出多个食品产业发展项目，使长期经营的市场商户得以扩张，保留现有就业岗位，并创造新的就业机会。同时，该规划还引导了专门针对食品相关企业的分区设计，以确保这一市场能够为底特律带来世代的持续繁荣（Planning and Development Department City of Detroit，2019）。

总结：重构工业与居住的联系

从灵活的视角来看，工业发展应鼓励功能复合，促进包含多种用途和活动在内的异质化区域的发展。实现这种多样性的规划策略之一是开发工业城市及其边缘地带的混合型特殊区域。在这些区域内，办公、零售、仓储和轻工业制造等多种经营活动相互交融，某些情况下还混入了住宅和教育用途，从而形成了功能与活动的多样性。为支持这种混合，最小地块面积、建筑退距、建筑高度及整体开发密度等要求往往灵活多变，更具自由裁量权。工业区内的混合用途增加了公共空间成为活跃、生动场所的机会，不仅是当地居民和经营者，更广泛的社会群体也能使用这些公共空间。活动的增加能够促进社会、文化和教育项目的进一步融合，同时也为就业创造了更多机会。

在用途再编码的过程中，形成了三种关键方法：融合、过渡与锚定，其

工业与居住的联系

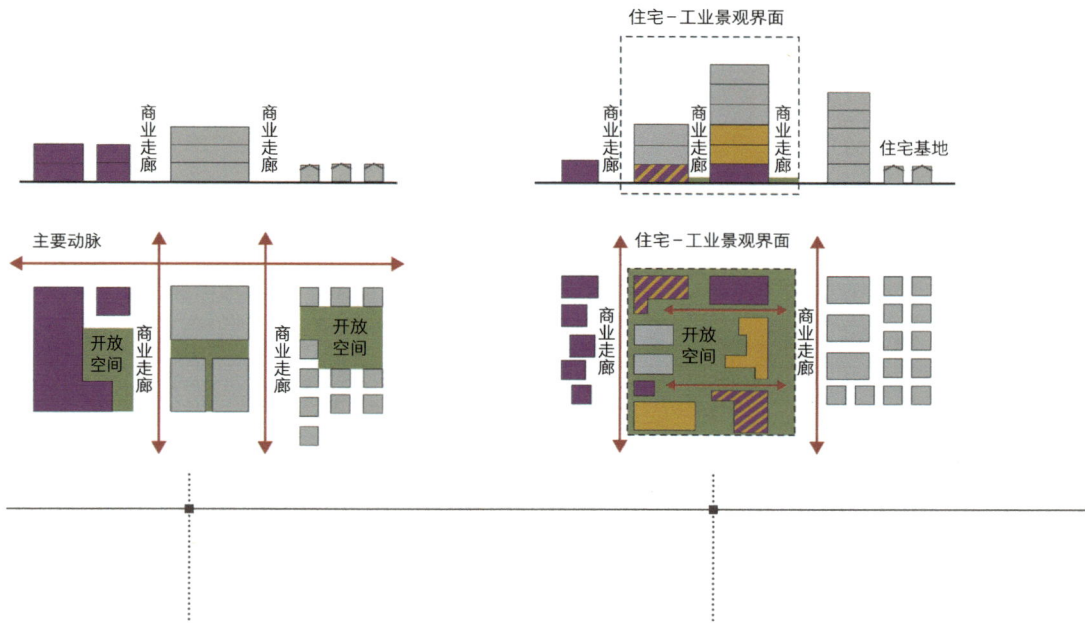

分离

典型的住宅区，配备相应的社会设施，并与工业用途的工作场所既分离，又保持良好的可达性。

规划	严格区域划分
城市背景	工业发挥着重要作用，但尚未很好地融入城市结构

过渡

景观既作为基底，又作为从非兼容性工业用地向居住用地转变的过渡性基础设施。

规划	带有混合工业零售单位的住宅和工作空间
城市背景	工业在混合区中发挥着重要作用

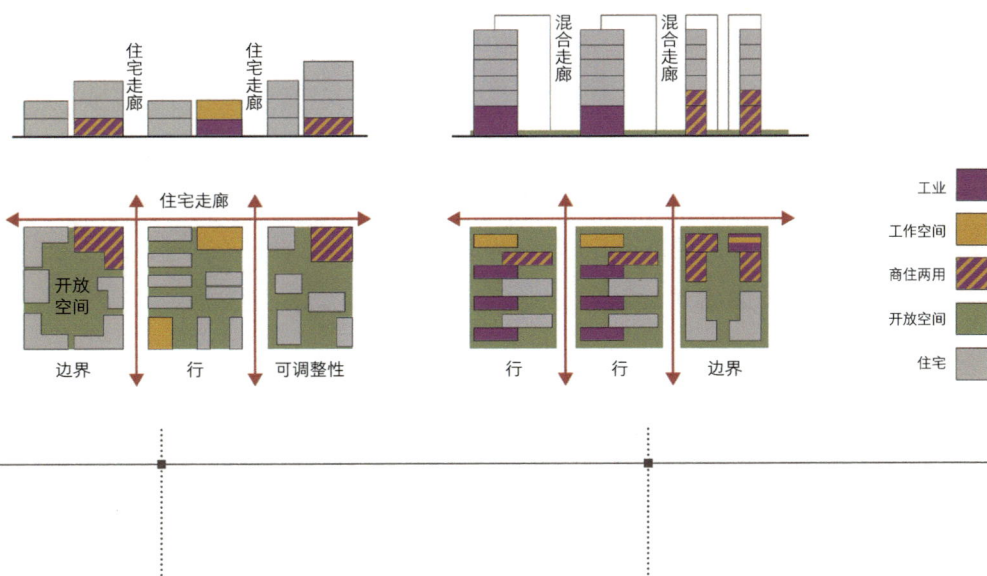

住宅走廊

住宅走廊

混合走廊

混合走廊

工业

工作空间

商住两用

开放空间

住宅

住宅走廊

开放空间

边界

行

可调整性

行

行

边界

锚定

集中且交通便利的制造业中心，服务于周边街区或社区。

融合

集居住、工作与零售空间于一体的混合型城市发展

规划	兼容中小型工业用途的住宅	
城市背景	先进产业是居住区不可或缺的一部分	

规划	为城市住房和大型地块住房扩建小型制造单元	
城市背景	工业是城市结构不可或缺的组成部分	

中混合用途区是最具融合性的方法。"融合"鼓励混合型的城市发展，纳入集居住与工作功能于一体的建筑综合体或纯居住建筑群。从地块层面到住宅设计，工业用途都是城市结构不可或缺的组成部分。"过渡"通常表现为开放空间和景观区域，这些区域充当不兼容的工业区与居住区之间的缓冲区。缓冲区不仅能够使不同用途的空间相互邻近，还能确保每个区域内的相对灵活性，同时保障安全并减轻潜在的干扰。然而，这种配置往往缺乏工业区内的居住或住宅部分。最后，"锚定"方法指的是一个集中的生产综合体，它作为工业制造中心，在特征和形态上相对独立于周边社区。这种布局支持配套有中小型工业用途（通常为工作与生活结合的类型）的住宅开发。

毋庸置疑，公众对工业与其他用途混合的抵触情绪将持续存在。不过，我们预计，社区将更加关注特定工业项目为其带来的实际利益。换言之，通过社区、工业界和政府之间真诚且透明的协商，可以化解对工业用途混合的反对意见。

无论社区对生活与工作融合的举措持何种态度，混合用途的发展趋势预计都将持续进行，并且会在第四次工业革命、对气候变化的担忧及新冠疫情引发的全球经济衰退的多重影响下加速推进。随着电子商务的扩张和远程工作模式的广泛转变，日常数字化取得了巨大进展。然而，这一转变也给劳动者带来了重大挑战，他们必须在短时间内适应新的工作方式，否则其福祉将受到影响（World Economic Forum，2020）[16]。

10

工作、生活与创新

在许多经济体中，远程工作的需求快速增长，并呈现出两种趋势。首先，信息技术和保险行业率先开启了居家办公的新篇章，有高达74%的员工已顺利过渡到远程工作模式；与此同时，金融、法律及商业服务等其他行业也在居家办公方面展现出了可观的潜力，理论上这些行业内更多的工作任务可以通过远程方式得到有效执行。"据Glassdoor在线平台调研数据显示，自2011年来，居家工作的机会几乎翻了一番，能够居家工作的员工比例也由28%上升至54%"（World Economic Forum，2020）[16]。其次，全球性公共卫生危机，如传染病疫情等，进一步推动了新型工作模式的诞生。尽管企业管理层对远程或混合工作模式下的生产力产出仍心存顾虑，但在新冠疫情暴发后无疑已经证明，居家办公的可行性远超以往预期。尽管对于这一转型过程及其对工作效率的潜在影响仍存在争议，但不可否认的是，这一变化已经成为大势所趋。

面对工作模式的巨大变化，我们要解决的社会问题不是自动化程度与人力增长如何影响就业岗位数量，而是全球劳动力市场在何种情况下能够在人、机器人与算法之间寻找到新的平衡点（World Economic Forum，2020）[49]。与此相呼应的一个建筑领域问题是，建筑环境设计应在多大程度上支持这些趋势的发展，同时增强社会的整体福祉与韧性。

为了应对上述问题及当前日益增长的将工业与其他用途相融合的迫切需求，建筑领域正探索一种新兴的项目类型——共时型建筑（Hatuka et al.，

■ 城市制造业*

城市服务

商业清洁、餐饮服务、活动管理、建筑服务、专业印刷

图片由 Blaz Erzetic 拍摄并发布于 Unsplash。

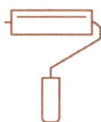

创意

录音工作、舞台与道具设计、平面设计、玻璃吹制、时尚设计

图片由 Evgenii Pliusnin 拍摄并发布于 Unsplash。

生产

3D打印、家具修复、商店或活动展示制造、医疗假肢制造、虚拟现实硬件与软件制造

图片由 Tom Claes 拍摄并发布于 Unsplash。

公共服务

汽车维修、汽车租赁、升级再造、厨房安装、建筑材料供应

图片由 Kiefer Likens 拍摄并发布于 Unsplash。

配送与仓储

艺术存储、最后一公里物流、包裹仓库、食品批发商、自助存储

图片由 Mark Timberlake 拍摄并发布于 Unsplash。

* 本插图以"新伦敦混合"示例活动为基础（Beunderman et al.，2018）。

2020）。不同于传统的混合使用概念，共时型建筑旨在同一物理空间内，支持多样化的业务活动并行开展、和谐共存，并以最高效的方式共享各类资源。这些资源广泛涵盖土地、公共服务设施、基础设施系统、综合生活与办公空间，以及多样化的交通方式等。共时型建筑的核心原则包括：优化管理和利用土地资源、整合居住与工作空间（不一定服务于相同的使用者）、减少日常通勤并降低对私家车的依赖，以及实现建筑区域的全天候使用。整体而言，共时型建筑代表了一种综合性设计理念的新范式。

共时型建筑的工业用途不仅涵盖了轻工业、设计制造、仓储空间、物流仓库或艺术家工作室，也正在融入商业和社区功能。从空间选址看，项目既可以围绕开放或封闭的院落进行规划，也能直接沿街道布局；从规模上看，这些项目既有小到10平方米或15平方米的多个小型制造单元，也有大至约1000平方米甚至更大的单一空间（Beunderman et al.，2018）。

可以肯定的是，住宅和工作空间的整合虽然并非一个全新的概念，但其新颖之处在于迎合了当前日益凸显的趋势，即出于管理上节约运营成本和通勤时间的考虑，鼓励员工居家办公。这一趋势伴随着数字化进程的加速而不断强化，为小型家庭办公室及企业带来了前所未有的发展机遇与市场需求（Beunderman et al.，2018）。

共时型建筑的多样性

共时型是一个不断发展着的概念，在建筑设计和实体形态上呈现多样化的表现形式。一般来说，在推进共时型建筑发展的过程中，存在着两种设计策略：集中式和分散式。这两种策略对于如何处理居住区与工业区之间的边界持有截然不同的态度。

集中式设计策略是指将工业功能融入单个建筑或建筑群的一系列设计。在此策略下，有两种关键的建筑类型：分级型与翼型。分级型建筑将工业和商业区域布置于较低楼层，如街道层或地下层，而上方则建造住宅单元，以此实现工业与居住功能的整合。此类建筑与城市环境之间的交互界面，融合了工业活动和与行人互动频繁的商业外观，不仅能有效整合工业活动，还满足了城市中心对仓储和物流配送空间的迫切需求。针对这些特征有许多具体的设计解读。例如，在某些方案中，工业活动被巧妙安排在直接面向街道的位置，营造出一种充满活力且独具特色的街道景致，实现了制造业与其他功能用途的交织融合；另一种设计思路则是将工业空间布置于地下或建筑顶层，以确保建筑物的临街区域能主要用于商业活动。

另一种集中式设计策略是翼型。此类型将工业空间作为整体规划的一部分，置于建筑或综合体内特定的侧翼，剩余区域专门用于住宅和商业活动，这些区域通常还融入综合性的公共空间。借助侧翼的布局方式，如装卸区等工业活动频繁的区域与非装卸区（包括停机坪和卡车回转区）实现了物理上的隔离，从而使得街道立面更加贴合行人的需求。此外，翼形建筑还具备灵活调整顶棚高度和柱网间距的优势，使得生产与工业区域能够拥有更高的楼层空间和更宽敞的柱间距离，这不仅便于进行垂直堆叠和机械化设备的进出，还能够整合工业级别的空气处理系统。以下通过具体案例进一步阐述这些建筑类型的特点。

加拿大温哥华斯特拉斯科纳村

在加拿大不列颠哥伦比亚省的繁华都市温哥华，由GBL建筑事务所设计的斯特拉斯科纳村以其独特的建筑风貌，成为分级型建筑的典范之作。该项目坐落于市中心南部边缘，紧邻温哥华港，是一个集工业与住宅于一体的综合性开发案例。历史上，该区域曾以工业为主，但随着城市扩张的压力日益增大，地块逐渐转型为住宅用地（GBL Architects，2021）。斯特拉斯科纳村项目在增加住房供应的同时，保留原有的工业空间，将传统观念中看似难以兼容的工业与住宅空间融为一体，开创了一种全新的多功能混合建筑模式。这一模式不仅有效应对了城市的经济与住房需求，还保护了现有的城市结构和地域特色，成为城市复兴的典范。在斯特拉斯科纳村的设计中，工业空间，即生产、分销和维修空间与住宅入口大堂空间相互交错（General Manager of Planning and Development Services，2012）。项目内设有70个由市政府所有的社会住房单元，其中特别为17户携有年幼子女的家庭设计了专属单元，并依据《东城区住房规划》按庇护所租金标准提供了23套出租单元。设计上，项目采用水平分隔的理念，住宅塔楼耸立于集工业、商业和办公功能为一体的多层基座之上，使高层公寓区的私有景观与街道层面的公共区域自然分隔。工业物流设施，如配送码头等，被巧妙地布置在综合体后方的小巷内，确保了建筑前部的通畅，进一步提升了街道的行人友好性。此外，项目通过采用独立的通风系统，并将工业单元的面积控制在500平方米以内的方式，成功地将工业活动对上方住宅区的影响降至最低。这一创新的分区方案不仅促进了就业，还扩大了住房供应，使广大公众受益匪浅（General Manager of Planning and Development Services，2012）[12]。

英国伦敦东区冰岛码头和鱼岛

在伦敦东区，pH+建筑事务所设计的冰岛码头和鱼岛项目（pH+ Architects，2021），诠释了现代翼形建筑。这片区域承载着丰富的工业遗产，涵盖了橡胶、塑料、石油及糖果制造等多个领域，四周被复杂交织的水道、公路与铁路网所环绕，虽非地理意义上的岛屿，却巧妙营造出一种岛屿般的独特氛围。根据《伦敦规划》的指引，该地区被划定为"其他工业区域"（OIL），预示着其将被开发为混合用途的工业地带。在此规划中，仓库、存储与配送等就业岗位的创设被置于优先地位，同时，该区域也蕴含着住宅开发潜力（Ogundiya，2018）。该项目坐落于伦敦市中心奥林匹克公园附近，具有发达的公共交通网络和完善的基础设施。然而，使其保持长久生命力的关键是社区内部及与周边区域连通性的提升。项目融合了多功能设计，包含120套住宅单元，与制造商及零售空间层层叠合，覆盖了约3710平方米的商业区域，为居民提供了灵活的工作与生活环境（Duddy，2018）。区域内新建造的独立建筑与历史悠久的氨气厂遗址相邻。氨气厂保留了工业风格，但功能上已焕新为创客空间和现代化办公室。新旧建筑通过庭院和室外走廊相互串联，融为一体，光线得以引入原本较为昏暗的内部空间。项目团队将工业用地集中布置在靠近主要道路的区域，远离河流。一幢5层高的工业建筑为大型卡车提供了便捷的货物接收与商品装载出口，住宅楼则布局在地块后侧，更接近河流水域。其公共区域对所有租户开放，既可用作休闲空间，又可作为项目与社区的过渡地带。此外，可穿透的庭院与入口设计，进一步增强了综合体与周边环境的紧密联系。项目中，传统的分区、密度标准及对"非正式性"的追求，不仅受到混合用途的挑战，而且也面临着高度、外观、体量及材质变化带来的全新考验。

与集中式设计策略不同，分散式设计策略更适用于那些工业用途散布于整个建筑或地块的项目，展现了高度的空间整合，且其生产制造活动需严格遵守环境限制与法规约束。在此策略中，存在两种关键的建筑类型：集成型与交织型。集成型设计能够在地块或街区层面提供多样化的布局和配置选择。此类设计中，住宅空间通常与工业空间相邻或位于其上方，从而实现各类用途的无缝衔接与整合。工业空间设计可用于货物装卸，而公共通道则与街区内的开放空间或城市绿地系统相连。交织型建筑则将工业、产品制造与住宅功能相结合，以生活–工作或工作–生活的布局形式与住宅单元融合，既满足了日益增长的居家办公需求，还允许在同一空间内同时开展商业与住宅活动。在生活–工作的模式中，空间主要被界定为住宅用途，其中商业面积的占比不得超过单元总面积的50%；而在工作–生活的模式下，空间本质上具有商业性质，住宅用途的占比相应地被限制在50%以内。在这两种模式下，企业主均能在同一空间内居住并经营业务，但与普通住宅不同的是，这里的企业还可以雇佣员工并接待客户，从事商业活动。在工作–生活的模式中，只要不产生危险，便允许进行制造、材料处理、维修、加工等生产活动。以下通过具体案例来进一步阐明这些建筑类型。

英国伦敦维克巷

集成型建筑的代表是dRMM建筑事务所精心打造的维克巷项目，项目位于伦敦东区哈克尼威克。维克巷项目是伦敦东区迎接2012年奥运会前夕翻新工程的组成部分。哈克尼威克地区以其运河沿岸的维多利亚时期仓库而闻名，如今已发展为一个充满活力的艺术社区，维克巷项目则如同一座桥梁，连接了鱼岛保护区与工业区，北端与维多利亚时期的仓库建筑相衔接，南端则毗邻战略工业用地（SIL）（dRMM Architects，2020）。规划者的初衷在于对这一区域进行翻新改造，改善其后工业化时代的景观面貌，提升居住条件与居民的经济前景，同时保护当地文化遗产。因此，该项目包含175套高质量经济适用房住宅单元，以及约2500平方米的多样就业空间。这些就业空间涵盖从2层高的工业单元到独栋的1~3层商业单元，为街道增添了生机活力。整个方案由六座独具特色的建筑构成，每座建筑都以其独特的风格、形状和材质，与周围街区的历史风貌紧密相连，并为邻近的工业区与保护区提供了过渡空间。通过设置不同的缓冲区域，项目将住宅区与工业活动有机整合在一起，从而保障了住宅免受工业活动的干扰。例如，在战略工业用地与维克巷南侧之间设立缓冲区，住宅建筑适当后退，确保即使战略工业用地未来有所发展，也不会对维克巷的居民产生负面影响。

英国伦敦西费里工作室

伦敦东区的西费里工作室（Westferry Studios）是交织型建筑的典范。这个项目由CZWG建筑事务所按照生活－工作模式设计，并于1999年圆满竣工。得益于公共部门的支持，项目得以在伦敦码头区发展公司（LDDC）与皮博迪信托基金会（The Peabody Trust）的共同构想下，为伦敦东部的小型企业提供了一个无经营类型限制的包容性发展空间。作为新兴企业的"孵化器"，西费里工作室不仅提供租金补贴，还为企业提供种子资金，成功吸引了众多从事创意产业的居民汇聚于此。该建筑坐落于东侧的西费里路与北侧的码头轻轨之间，所设计的9米高浅奶油色砖块与背景中的蓝灰色砖块交相辉映，形成了鲜明的视觉对比（CZWG，2021）。这座4层建筑环绕着一个内院，共设有29个居住－工作单元。项目的独特之处在于，每个单元内部都实现了生活与工作的完美融合，但同时也对允许进行的工业活动类型进行了合理限制，并明确规定不得将单元单纯用作居住用途。建筑中所有楼层的单元均可通过外部通道直接进入，这种围绕庭院的设计不仅有利于在地面层开发公共设施和商业空间，还极大地方便了货物在公共区域的装卸。

这些项目的涌现恰逢其时，引发了规划与政策层面的关注。在某些情况下，它们有可能会对地区的原有风貌造成改变，并推动房地产价值攀升。久

■ 共时型建筑

集中式

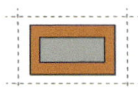
原型 I
分级型

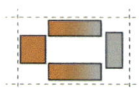
原型 I
翼型

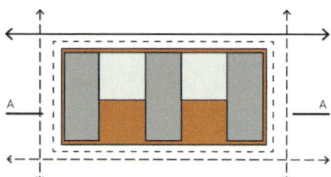

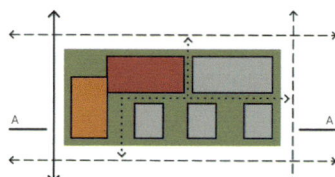

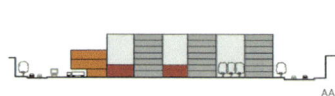

斯特拉斯科纳村
加拿大温哥华

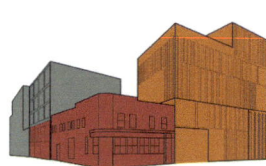

冰岛码头
英国伦敦东区，哈克尼威克鱼岛

分散式

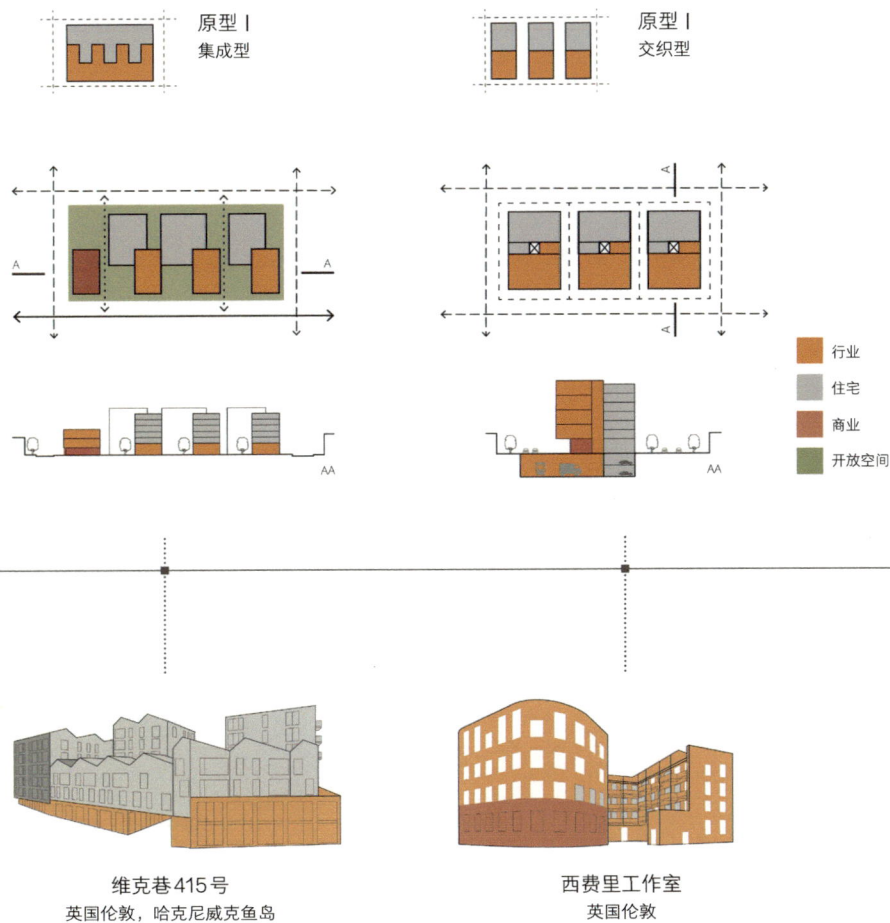

原型 I
集成型

原型 I
交织型

图例:
- 行业
- 住宅
- 商业
- 开放空间

维克巷415号
英国伦敦,哈克尼威克鱼岛

西费里工作室
英国伦敦

温哥华港

温哥华

斯特拉斯科纳公园

加拿大温哥华，斯特拉斯科纳村

设计：GBL 建筑事务所

概念： 在保护现有工业空间的同时，通过采取可持续社区模式来增加该地区的本地住房供应。该更新项目为约 30% 的人口在当地工作的社区中提供了所需的经济适用房。

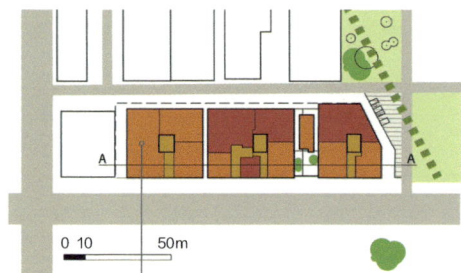

0 10   50m

底层

工业用途建筑沿街道布局，为公共空间提供了通道和有效连接；同时，商业设施和工厂出口面向行人。

0 10   50m

一层

为减少工业对住宅单元的影响，采取以下措施：设置独立的通风系统；明确规定工业单元的大小。

住宅塔楼建在多层混合用途的基座上。

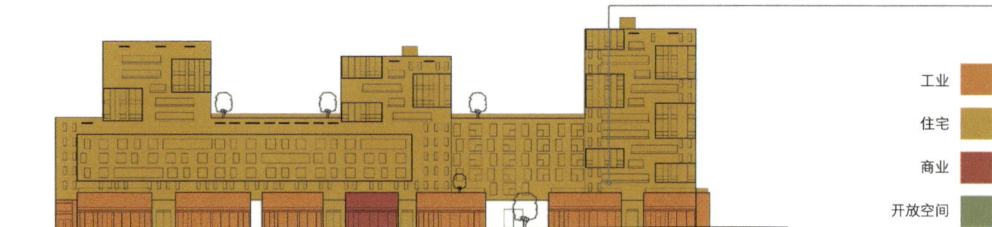

工业

住宅

商业

开放空间

原型 I
分级型

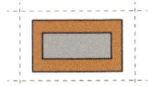

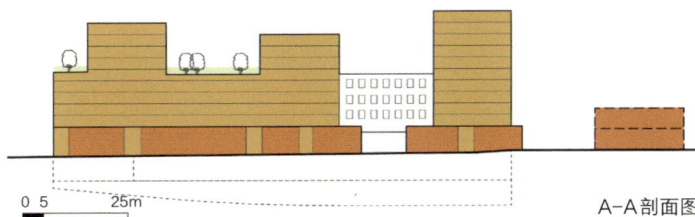

0 5   25m

A-A 剖面图

加拿大温哥华斯特拉斯科纳村

图片由Ema Peter拍摄。

英国伦敦，哈克尼威克，冰岛码头和鱼岛

设计：pH+ 建筑事务所

概念：将现有工业区与住宅建筑相结合，创造一个高密度的生活环境。

维多利亚公园

伊丽莎白女王公园

工业区

绿道

A12

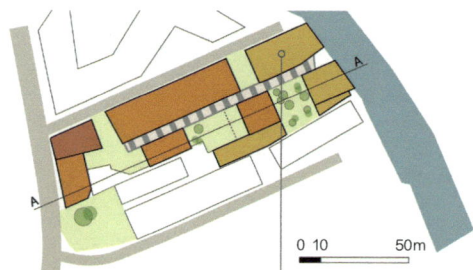

0 10   50m

底层平面

主要街道层有多样化的工业和商业空间。

0 10   50m

一层平面

公共区域是项目所有组成部分的公共空间，也是连接项目与周边地区的休闲与过渡空间。

工业所占的位置从河边向主要街道移动。

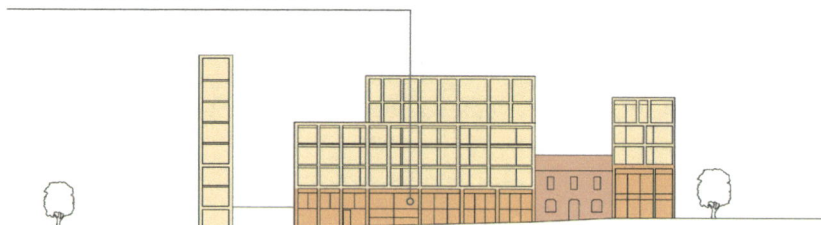

工业
住宅区
商业区
开放空间

原型 I
翼型

A-A剖面图

0 5   25m

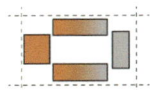

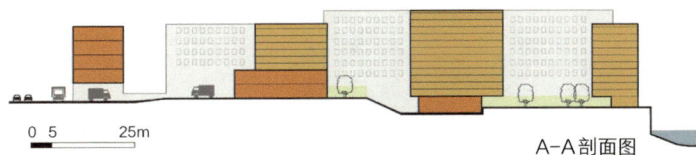

英国伦敦哈克尼威克冰岛码头

图片由Ph+ 建筑事务所提供。

英国伦敦，哈克尼威克，鱼岛维克巷415号

设计：dRMM建筑事务所

概念：更新后的工业景观不仅保护了当地遗产，还改善了经济前景和生活条件。依托毗邻的工业区，打造一个以就业为中心的综合体，涵盖轻工业、零售业、办公区和住宅区等多种功能。

一层平面

工业	
住宅	
商业	
开放空间	

二层平面

多样化的就业和商业空间，使主要街道焕发生机。

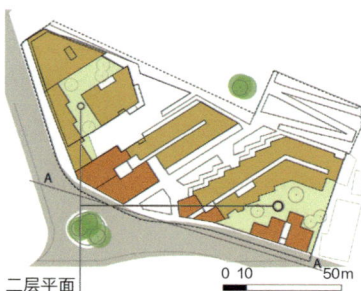

公共区域包括为租户提供的小花园，还有一个人行横道和一个公共广场，将该项目与社区连接起来。

住宅建筑由六个独立建筑组成，最大限度地利用日光和景观视野。

原型 I
综合的

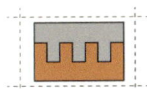

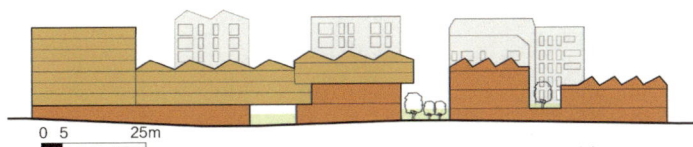

0 5   25m

A-A 剖面图

英国伦敦哈克尼威克维克巷

图片由dRMM建筑事务所提供。

巴特利特公园

西费里
工作室

泰晤士河

英国伦敦，西费里工作室

设计：CZWG 建筑事务所

概念： 一个在伦敦东区运营的小企业"孵化器"，租户可获得政策支持和租金补贴。

一层

0 10   50m

一种庭院式结构，允许在公共空间内进行卸货和装货。

二层

0 10   50m

为生活－工作住房单元；一个开放式通道，可直接通往各层单元。

对工业活动类型限制；居民需要租用工作空间。

工业	
住宅	
商业	
开放空间	

原型 I
交织型

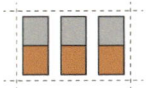

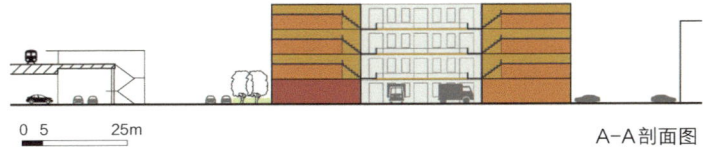

0 5   25m

A-A剖面图

英国伦敦西费里工作室
图片由谷歌街景提供。

英国伦敦，伊克尼项目屋顶床概念

办公： 伊克尼项目有限公司

概念： 在客户住所附近建设仓库，有助于提高送货速度和简化送货流程。当配送由小型电动车完成且行驶距离较短时，则可以减少车辆的污染物排放。该模式允许在市中心建造包括经济适用房在内的公寓。

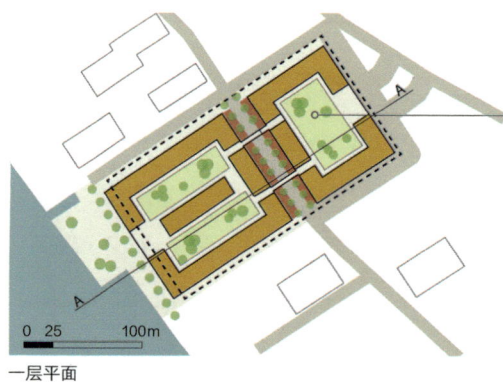

一层平面

将卸货区和装货区与居民住宅区分开，并使用创新静音系统来操作仓库。

住宅、仓储区和配送中心之间水平分隔；下层用于仓储，上层用于居住单元。

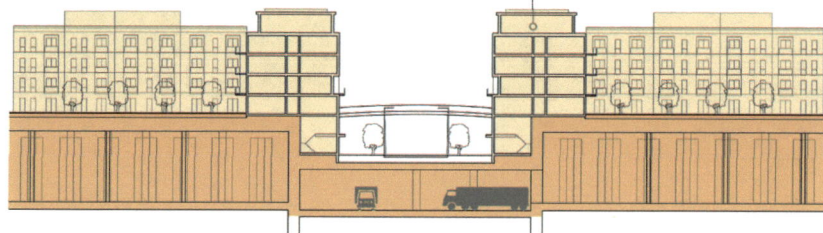

工业
住宅
商业
开放空间

原型 I
地下室

0 25 50m

A-A剖面图

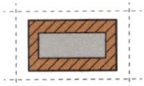

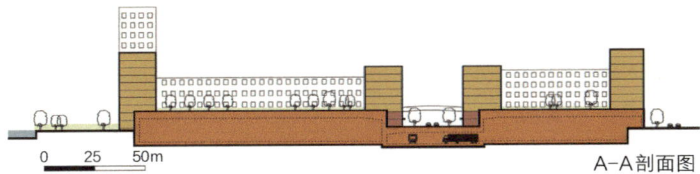

"床与棚"混合使用概念
图片由伊克尼项目有限公司设计总监保罗·德鲁提供。

而久之，这些区域可能会逐渐演变成以住宅主导的社区，这一现象通常被称为"住宅复兴"（Cutting Edge Planning & Design，2018）[13-14]。若放任自由市场机制无序运作，可能会导致住宅功能过度膨胀，进而引发所谓的"邻避效应"（NIMBY，即"别在我家后院"），这种效应会对工业和商业的发展构成挑战，阻碍其与住宅区的和谐共存。此外，经济可负担性也是一个亟待解决的问题。其矛盾之处在于，共时型建筑的目标用户往往是那些需要寻找低价空间的工匠和艺术家，而这类空间又大多只能在老旧的工业建筑中找到。而在房地产市场火爆的区域，非业主持有者若要保持对这些空间的控制权，往往需要借助长期的租金补贴，或是依赖市政监管下的长期租赁计划。这些担忧及其衍生问题已引发广泛讨论，而当前的政策趋势，则聚焦于如何在当代城市中发展工业：既要确保那些不适宜进行混合使用的工业用地得到保护，又要加强工业与就业空间的集约、高效利用，同时还要促进更广泛的就业空间与住宅及其他功能用途的有机融合（Beunderman et al.，2018）[9]。

总结：在城市中定位共时型建筑

共时型是一种不断演进的新兴开发模式，体现了我们在创造以工业和就业为基础的居住环境方面的迫切需求，并高度重视运用新技术以适应现代生活的快节奏。这一趋势被视作一种包容且可持续的策略，旨在应对21世纪城市面临的双重挑战：提供适宜的住所与城市工作环境（Beunderman et al.，2018）。当前，一系列政策措施已付诸实施，涵盖住房与税收减免、抵押贷款补贴、公共住房建设，以及特定的土地利用法规与分区规划，这些措施旨在推动混合收入与混合用途的住房开发项目。然而，在住房可负担性方面，我们尚未充分建立起其与劳动力市场及经济发展之间的紧密联系。经济适用房的缺失不仅给工人的通勤带来不便，还进一步加重了交通系统的负担。共时型通过将工业及就业环境与住宅环境融为一体，为我们提供了一种新颖且此前难以推广的解决方案。

预计这一国际化趋势将持续扩展，并伴随着新概念、新想法的不断涌现，以及与之相应的新消费模式和居住方式的兴起。例如，网上购物的激增已成为一个急需应对的议题。许多企业正寻求将配送中心迁移至更靠近住宅区和办公地点的位置。然而，这类土地非常稀缺，多被规划为非工业用途且仓储空间严重不足，在城市中心难以获得。针对伦敦市中心日益增长的仓储空间和供应中心需求，伊克尼项目有限公司推出了一项建筑项目提案文件。该公司的设计总监保罗·德鲁（Paul Drew）表示，我们面临的挑战在于项目空间。

如何实施以就业为导向的混合用途方案，通过多用途利用提升土地效率而不引发一系列冲突？我们力求保证任何商业活动都不会受到住宅邻居的影响，反之，社区与商业活动也能够接纳具有潜在侵扰性的工业邻居。

（Drew，2020）

该提案尝试通过开发一种集仓储与居住功能于一体、上居下厂的建筑类型来满足这两种发展趋势的需求。其愿景是在消费者住宅附近建造仓库，以此改善和优化物流配送的日程安排与交货时间。在设计原则上，该提案强调水平分隔：仓储空间与配送中心被设置在建筑的下层，而住宅单元则安置于上层；同时，充分利用地下及背街空间作为仓储区域，临街部分则专门规划为商业或轻工业用途。该提案还要求设立独立的装卸区域，并引入创新的仓库运营静音系统。近期，Iceni公司开始探讨更为广泛的问题，例如：如何在减少流动性的同时维持经济的正常运行？未来的分销网络将呈现何种形态？随着送货上门服务的增加，运输与交付物流将如何演变？"第一英里"与"最后一英里"的配送应当如何更好地融入城市结构？这些解决方案能否为实现社会的低碳目标贡献力量（Drew，2020）？

这些及时性问题的提出，不仅回应了工业4.0、产业生态系统及工业生态学相关的概念，也是对日益增长的可持续发展需求的积极回应。这种全新的生活与工作方式，正在以多样化的形式重塑城市空间。尽管目前仍处于初步探索阶段，但其未来的发展潜力不容小觑。因此，问题的关键不在于是否会涌现更多的共时型建筑项目，而在于这些项目将如何深化发展，以及将在城市的哪些区域落地生根。

共时型建筑的关键特征

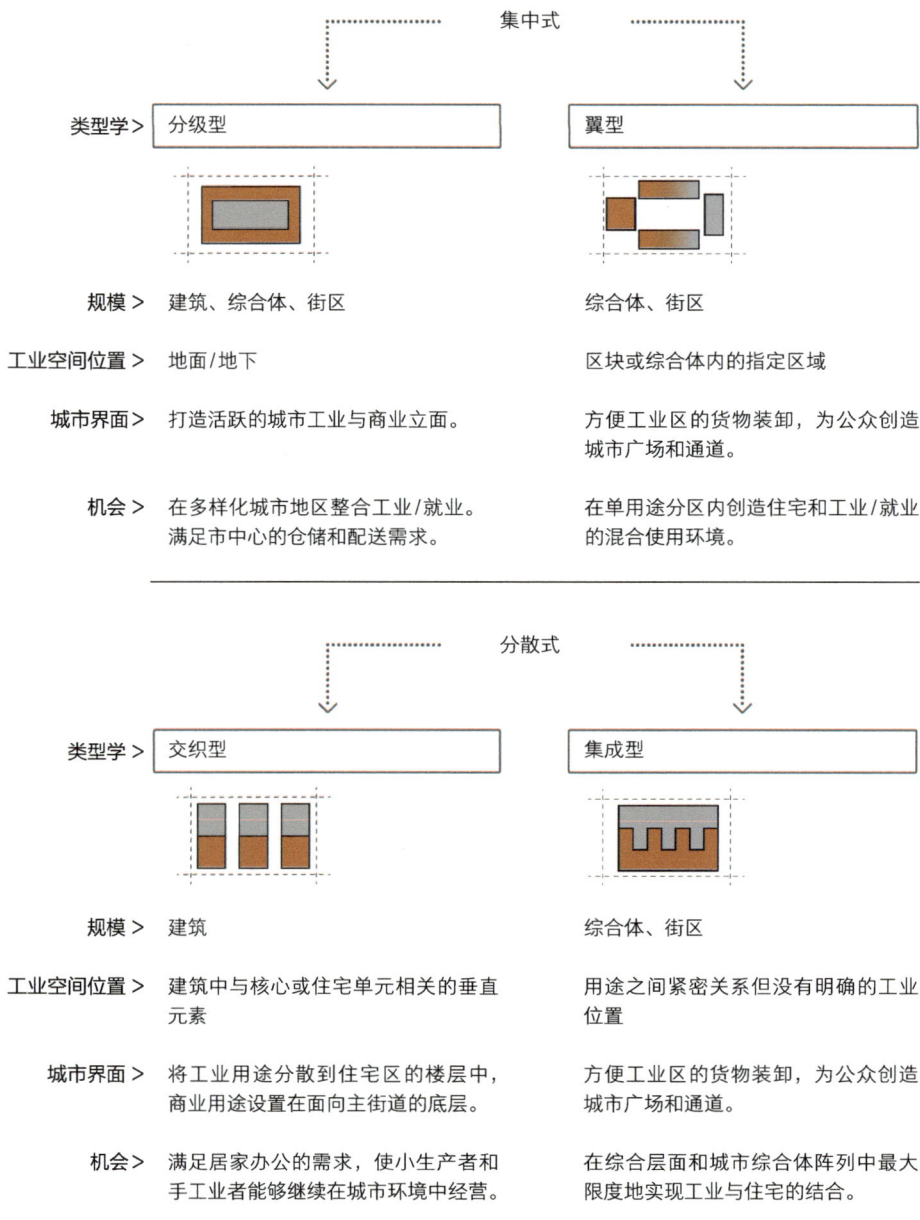

集中式

类型学 >	分级型	翼型

	分级型	翼型
规模 >	建筑、综合体、街区	综合体、街区
工业空间位置 >	地面/地下	区块或综合体内的指定区域
城市界面 >	打造活跃的城市工业与商业立面。	方便工业区的货物装卸，为公众创造城市广场和通道。
机会 >	在多样化城市地区整合工业/就业。满足市中心的仓储和配送需求。	在单用途分区内创造住宅和工业/就业的混合使用环境。

分散式

类型学 >	交织型	集成型

	交织型	集成型
规模 >	建筑	综合体、街区
工业空间位置 >	建筑中与核心或住宅单元相关的垂直元素	用途之间紧密关系但没有明确的工业位置
城市界面 >	将工业用途分散到住宅区的楼层中，商业用途设置在面向主街道的底层。	方便工业区的货物装卸，为公众创造城市广场和通道。
机会 >	满足居家办公的需求，使小生产者和手工业者能够继续在城市环境中经营。	在综合层面和城市综合体阵列中最大限度地实现工业与住宅的结合。

11

新工业城市主义

　　新工业城市主义是一个将制造业视作城市生活一部分的社会－空间概念，旨在通过重新评估城市凭借其高技能劳动力、教育机构（研究与实验中心）及客户基础所具备的区位竞争优势，并据此为工业规划开辟全新路径。这一理念强调地方经济的重要性，致力于通过增强对中小型企业和个人创业者的支持力度强化地方主义，进而在社会领域产生影响。其最终目标是促进城市和社会全面适应未来的工作环境。

　　新工业城市主义主张城市制造业至关重要。城市制造业对于缺乏经济机遇的城市而言，是促进生产和增加就业机会的关键所在。当制造商将业务从城市中心迁移至郊区时，工厂与城市劳动力之间的纽带被切断，进而加剧了阶层与收入之间的"空间错配"。将制造业岗位重新引入城市中心，不仅可以缓解工业无序扩张带来的负面影响，还能促进劳动力市场的多元化发展。此外，城市制造业为居民提供了就近工作的机会，这种地理上的邻近性不仅带来了显著的环境效益，如缩短通勤时间和企业间的物流距离，还通过知识溢出效应和强大的劳动力市场，进一步增强周边区域的经济集群影响。从财政政策角度来看，推动城市制造业发展也是一种明智的选择，因为它能够促使城市通过更高效的工业土地利用来增加税收。最后，城市制造业还蕴含着一种内在价值，这对城市的场所营造和公民自豪感至关重要。其核心在于与生产活动的紧密联系，这种联系能够激发并彰显城市的创造性和建设性精神，使城市因其作为生

■ 新工业城市主义：前提

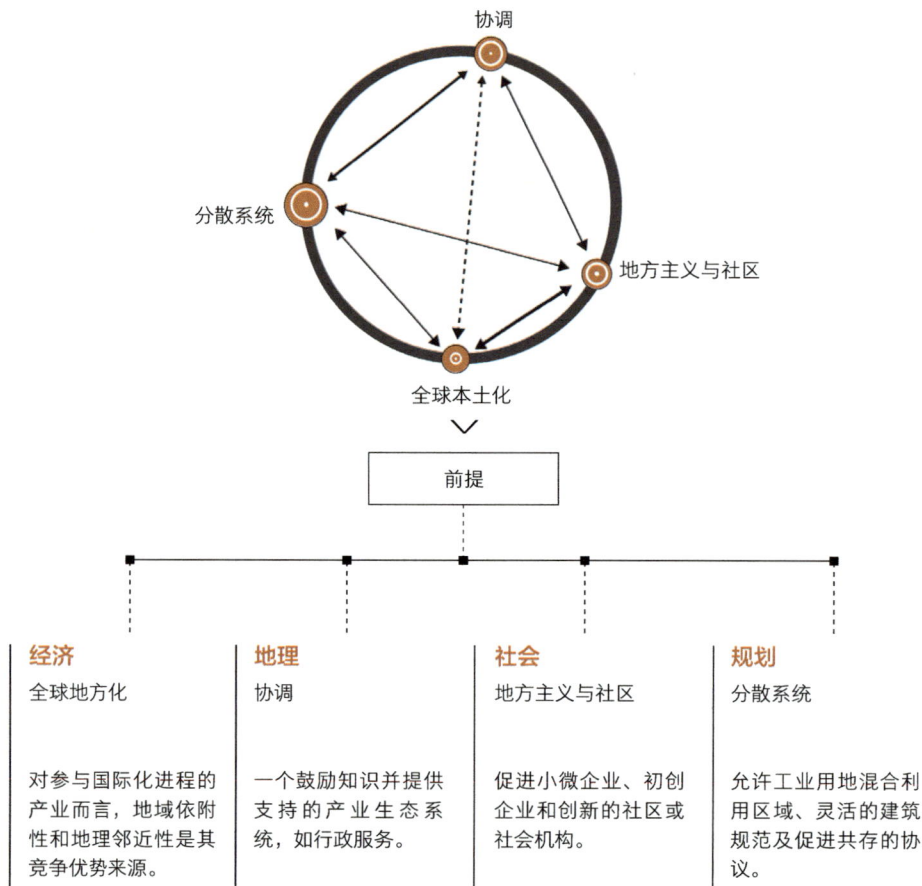

经济	地理	社会	规划
全球地方化	协调	地方主义与社区	分散系统
对参与国际化进程的产业而言，地域依附性和地理邻近性是其竞争优势来源。	一个鼓励知识并提供支持的产业生态系统，如行政服务。	促进小微企业、初创企业和创新的社区或社会机构。	允许工业用地混合利用区域、灵活的建筑规范及促进共存的协议。

产中心而庆幸，不论在过去、现在，还是未来。

四个关键前提构成了新工业城市主义的基础：

（1）全球地方化（经济层面）：这一理念超越了单纯的地方性或全球性视角，强调地域依附性和地理邻近性在国际化竞争中的独特优势。

（2）协调（地理层面）：新工业城市主义倡导构建一个鼓励知识转移与合作的工业生态系统，该生态系统不仅涵盖工业生产领域，还包括行政服务、社区服务等共享支持体系。

（3）地方主义与社区（社会层面）：该理念强调将当地的社区及其内的各类社会机构，如学校、医院和非营利组织，视为促进创新、发展初创企业和小企业的动力引擎。

（4）分散系统（规划层面）：新工业城市主义主张通过灵活的建筑规范和促进共存的协议，开发允许工业活动的混合用途区。

这些规范性前提表明，无论是先进制造业还是传统制造业，都不仅仅是经济趋同的产物。

■ 新工业城市主义：关键规划概念

城市如何才能建立一个更加综合的城市－产业框架，将经济领域、政治社会领域和空间领域统一起来？

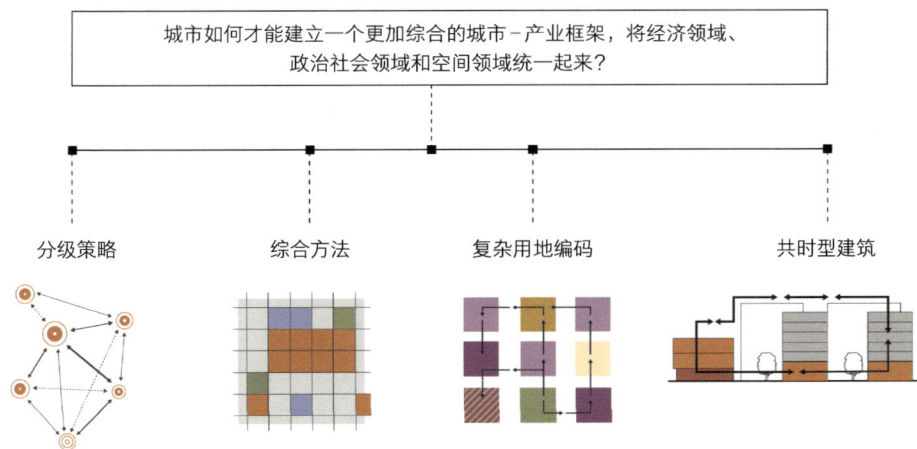

分级策略　　　　综合方法　　　　复杂用地编码　　　　共时型建筑

新工业城市主义：关键规划概念

　　新工业城市主义提供了一个统一的经济领域（技术趋势和相关经济发展举措）、政治社会领域（支持人类健康、福祉和增长的政策），以及空间领域（实体规划）的概念框架。它基于四个关键的规划概念：分级策略、综合方法、复杂用地编码，以及共时型建筑。

分级策略

　　关注城市的社会需求、规划法规及先进制造业的发展，要求我们对城市各层面有更为深入且全面的认知。这一概念将城市置于更广阔的发展脉络之中，将其视为一个创新生产生态系统，致力于在地方城市及其周边区域内，实现生产与宜居性的和谐统一。在区域层面，合作框架随时间演变，并在工业参与者与机构之间实施一系列互动策略；在城市层面，创建多样化的土地利用分类与建筑设计类型，成为吸引新兴制造商、确保空间多功能性的关键。为实现这一目标，我们需要将兼容的用途与可调节的空间建筑配置相结合，以适应不同规模的工业需求。总而言之，这些方法为城市的社会与自然环境提供了极大的灵活性，使它们能够更好地适应动态且不断变化的工业属性。

综合方法

　　要减少城市与工业之间的隔阂，创造宜居且多功能的综合社区，需要我们在确定地块大小、建筑形状及其规模尺度的基础上，进一步关注概念层面的规划与设计。其中包括：

　　（1）连接性：积极推动城市设计标准和规划政策的制定，以支持混合用途工业社区的建设。这些社区通过多样化的交通系统与更广泛的区域相连，促进地方经济的多元化发展。同时，还应注重保护自然资源和农田，确保现有工业区域免受无序扩张的侵扰，并增加城市新兴工业用地分区的土地供给。

　　（2）复杂性：创造多样化的多类型（工业、商业和住宅）空间共生关系，

■ 分级策略：通过合作与整合培养生态系统

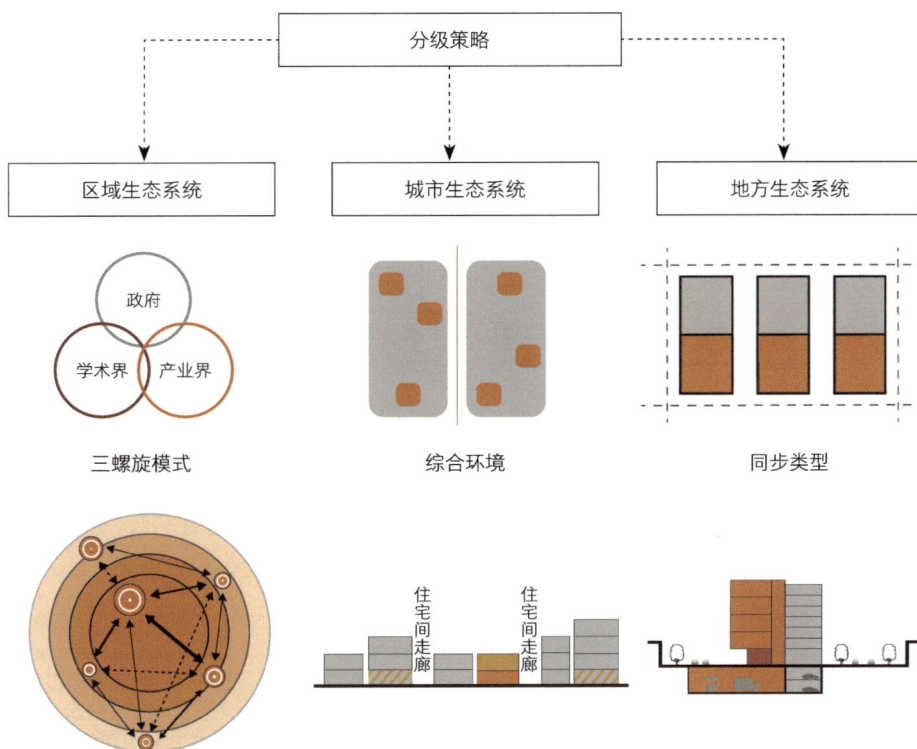

	分级策略	
区域生态系统	城市生态系统	地方生态系统

三螺旋模式

综合环境

同步类型

政府
学术界 产业界

住宅间走廊

住宅间走廊

合作框架随着时间的推移而演变，并在工业参与者和机构之间采用一系列的互动策略。

多种类型和规模是吸引新制造商并确保空间多重用途的关键。
兼容的用途与可调节的建筑结构相结合，以适应不同规模的工业。混合用途的街区或地块，也增强了灵活性，扩大了各种投资规模。

城市框架中的每个系统在设计上都具有灵活性，以适应其环境的动态特性。整个系统形成一种城市结构，充分利用每个地方独特的工业遗产和未来的制造业前景，同时使用多样化的技术重新混合并构想市民与工业之间的关系。

将创新的建筑设计形式与可持续的生态系统相结合。

(3)特征性：支持工业用地开发与工业建筑设计，既可以面向公共领域使用，又可以反映出其制造功能和空间结构特性。在设计过程中，将与产业相关的配送系统作为整个区域设计的一部分进行综合考虑和展示。

■ 综合方法：为工业环境制定新标准

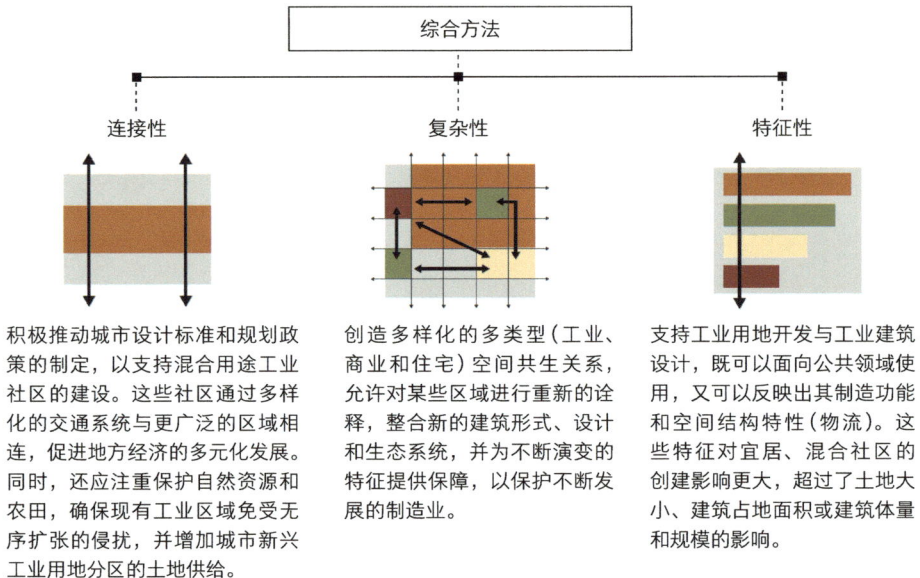

连接性	复杂性	特征性

积极推动城市设计标准和规划政策的制定，以支持混合用途工业社区的建设。这些社区通过多样化的交通系统与更广泛的区域相连，促进地方经济的多元化发展。同时，还应注重保护自然资源和农田，确保现有工业区域免受无序扩张的侵扰，并增加城市新兴工业用地分区的土地供给。

创造多样化的多类型（工业、商业和住宅）空间共生关系，允许对某些区域进行重新的诠释，整合新的建筑形式、设计和生态系统，并为不断演变的特征提供保障，以保护不断发展的制造业。

支持工业用地开发与工业建筑设计，既可以面向公共领域使用，又可以反映出其制造功能和空间结构特性（物流）。这些特征对宜居、混合社区的创建影响更大，超过了土地大小、建筑占地面积或建筑体量和规模的影响。

复杂用地编码

新工业城市主义致力于实现灵活的分区整合，这一目标的实现要求我们重新评估当前获准的用地类型，并考虑将住宅与零售、研发、食品生产、办公、服务及其他无不良影响的生产形式相结合。此外，还需创建新的监管框架与分区类别，以适应制造业特性的持续变迁。这种灵活性也意味着要重新定义以下内容：

■ 复杂用地编码：创建新的监管框架

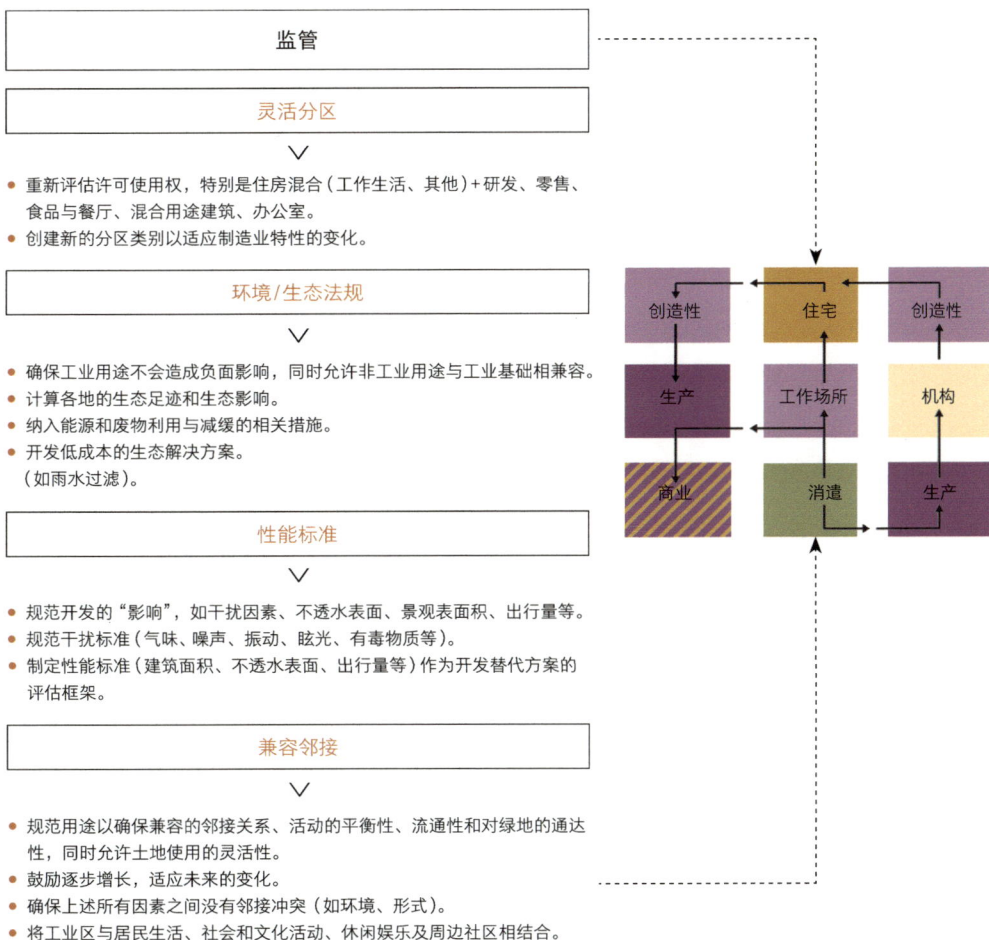

监管

灵活分区
- 重新评估许可使用权，特别是住房混合（工作生活、其他）+研发、零售、食品与餐厅、混合用途建筑、办公室。
- 创建新的分区类别以适应制造业特性的变化。

环境/生态法规
- 确保工业用途不会造成负面影响，同时允许非工业用途与工业基础相兼容。
- 计算各地的生态足迹和生态影响。
- 纳入能源和废物利用与减缓的相关措施。
- 开发低成本的生态解决方案。
  （如雨水过滤）。

性能标准
- 规范开发的"影响"，如干扰因素、不透水表面、景观表面积、出行量等。
- 规范干扰标准（气味、噪声、振动、眩光、有毒物质等）。
- 制定性能标准（建筑面积、不透水表面、出行量等）作为开发替代方案的评估框架。

兼容邻接
- 规范用途以确保兼容的邻接关系、活动的平衡性、流通性和对绿地的通达性，同时允许土地使用的灵活性。
- 鼓励逐步增长，适应未来的变化。
- 确保上述所有因素之间没有邻接冲突（如环境、形式）。
- 将工业区与居民生活、社会和文化活动、休闲娱乐及周边社区相结合。

创造性 | 住宅 | 创造性
生产 | 工作场所 | 机构
商业 | 消遣 | 生产

243

共时型建筑

共时型建筑是一种概念性方法，它允许多种用途在同一建筑空间内共存与同步运作，确保在资源利用与协同管理过程中，各功能空间互不干扰。该方法基于五项关键原则：优化土地资源的管理与利用；实现居住空间与工作空间的结合（当然不一定针对同一用户）；减少日常通勤并降低对私家车的依赖；实现建筑空间的全天候使用；让工业活动面向公众开放。要确保共时型建筑落地，需要对城市空间深入研究，具体包括以下方面：

(1) 城市地图绘制与分析：评估城市生产区域的现有空间布局，重点关注生产、配送和仓储环境，分析项目特点和发展机遇。

■ 共时型：空间、时间和规划压缩

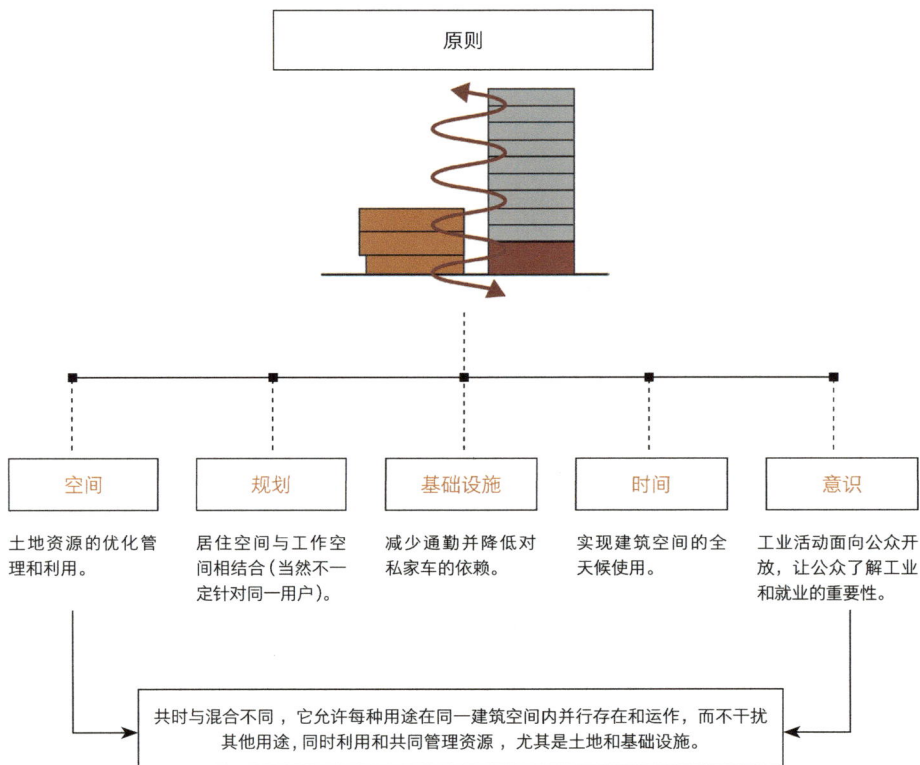

（2）配套政策制定：确定城市内不同共时型建筑的地理分布特征，制定经济标准，明确全市范围内共时型建筑项目的发展优先级并予以推广。

这四大关键概念——分级策略、综合方法、复杂用地编码与共时类型学，虽非涵盖一切，但为我们展望城市未来发展提供了独特视角，有助于为数字化进程下未来社会的到来奠定坚实基础。

新工业城市主义是一项亟待开展的前瞻性规划与建筑设计工作。"若缺乏积极主动的规划与干预，技术的快速发展很可能进一步加剧社会不平等。在经济紧缩的初步阶段，低收入群体、女性群体及青年工作者的就业岗位更容易受到影响"（World Economic Forum，2020）。

新工业城市主义的发展与尝试

在过去的一个世纪中，世界各国普遍经历了城市边缘区的快速城市化与核心区域的去工业化。面对气候变化、大规模移民、家庭结构变迁、技术飞速革新、公共卫生危机及其他重大的社会与政治影响，全球城市必须不断适应这些复杂多变的环境。在此过程中，城市不仅要应对当前紧迫的社会需求，还需洞察未来发展趋势，并重新评估和调整建筑环境的模式与系统特征。这种调整不仅孕育了由先进科技变革所引领的新经济机遇，同时也伴随着城市种族多样化、持续不平等及基础设施老化所带来的社会挑战。在应对这些挑战时，灵活监管与实体规划成为关键机制。通过设计实体空间，制定空间利用的相关政策和技术规范，城市将能够维持并提升包括生产场所在内的人居环境质量。

事实上，正如本书所述，全球众多城市正致力于探索灵活的监管体系和参与性框架，来促进城市与工业区的深度融合，从而适应其不断变化的需求及未来的功能定位。在设计与建筑层面，这些区域还鼓励探索融合多元风格的新型建筑类型。

城市应当将工业规划视为介入公共领域的一种目标性手段，以提升场所和空间的整体生活质量。在此过程中，经济、社会与建筑环境问题必须得到均衡考虑，不可厚此薄彼。提出这一方法的背景是工业部门依赖社会，反之社会亦依赖工业。这种相互依存的关系提醒我们，每个工业区或工业用地的规划都是一个复杂的社会政治项目，也可以对城市的发展产生深远影响。因此，推动工业发展需要秉持一个具体且全面的愿景，既要解决社会需求，也要优化物质环境。

在上述规划愿景中，我们必须要重视制造业教育。通过教育手段，我们可以消除那些对工业对象根深蒂固的误解，即认为工业总是伴随着安全隐患与环境污染。事实上，制造业应当被视为城市中一种适合甚至受欢迎的活动。当工业生产过程被错误地描绘为具有危害性且令人反感时，工厂往往会从城市迁移到没有窗户的大型建筑中；这种对立是相互的：制造商希望将公众排除在外，而公众则希望将制造业工厂驱逐出城市。

综上，新工业城市主义不仅是概念上的挑战，也是空间方法论上的挑战，它要求我们深思如何审视并推动城市和区域的发展。只有系统性地应对这些挑战，鼓励并支持制造业发展，并将规划与政策有机结合，我们才能构建出具有韧性的未来城市。遗憾的是，当前大多数工业场所的建设往往忽视了公民参与与优质设计的重要关联，更多地被视为一项制定规则、确立标准和执行规范的官僚性任务来完成。这种做法忽视了城市规划的核心目标：促进民主的市民参与过程，维护社区的地方特色，充分利用现有的建筑和自然环境条件，创建与周围环境相协调的发展项目。要使工业重新受到欢迎，并恢复其作为生产性"公民角色"的地位，必须改变当下工业场所的建设方式。通过提高工业运营与实践的透明度，以及规划者和政策制定者采用清晰的新工业城市主义方法，不仅能增强城市的市场竞争力，还能重新激发所有市民的工业自豪感。

开发新的行动框架

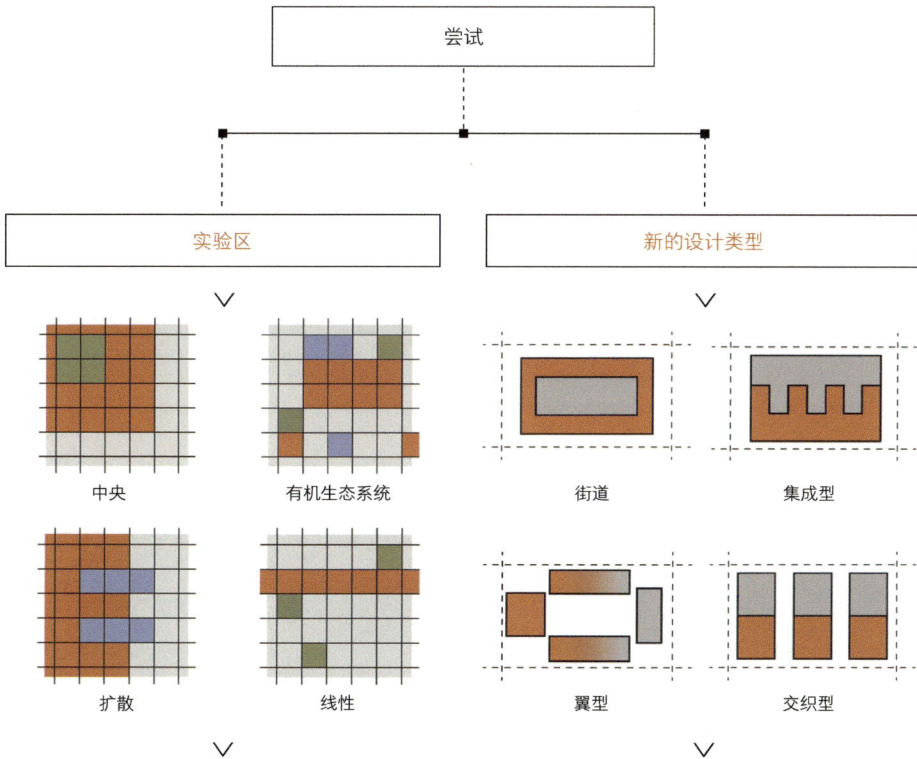

开发灵活的分区覆盖（如城市改造区），鼓励建立一个多功能工业区，以适应不断变化的需求和未来的用途。

在覆盖区内使用特定用途的梯度百分比，以确保所有用途的一定分布（例如，住宅20%~40%；轻工业15%~25%等）。

允许在标准规则中留出灵活性，以允许混合用途、创造性设计和（或）公共利益。

为工业建筑和混合用途工业建筑创建类型。

确保建筑能够适应不断变化的经济和社会环境。

强化工业建筑底层活动，设计透明立面。

图例：
工业　住宅　商业　开放空间

城市中的人和制造

图片由 Science in HD 提供并发布于 Unsplash。

图片由 CDC 提供并发布于 Unsplash。

图片由 Science in HD 提供并发布于 Unsplash.

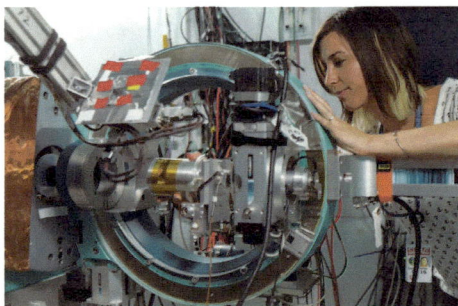

图片由 Science in HD 提供并发布于 Unsplash。

图片由 Mixabest 提供（CC BY-SA 3.0）。

图片由 Science in HD 提供并发布于 Unsplash。

图片由Malcolm Lightbody拍摄并发布于Unsplash。

图片由Hosny Salal拍摄并发布于Pixbay。

图片由This is Engineering RAEng提供并发布于Unsplash。

第3部分参考文献

ABAG，Association of Bay Area Governments. 2020. About.

Allmendinger，Phil，and Graham Haughton. 2009. "Soft Spaces，Fuzzy Boundaries，and Metagovernance: The New Spatial Planning in the Thames Gateway." *Environment and Planning A*: *Economy and Space* 41，no. 3: 617-633.

Arnaut，Mark，Freddy Bertin，and Bart Van Herck. 2007. "Meetjesland 2020: Toekomstplan. Eeklo: Streekplatform Meetjesland."

Autor，David，David Mindell，and Elisabeth Reynolds. 2020. *The Work of the Future*: *Building Better Jobs in an Age of Intelligent Machines*. Cambridge，MA: MIT Press.

Becker，Jennifer，and Adam Friedman. 2020. "Mixed-Use Neighborhoods: A Challenging Strategy for Maintaining Industry." In *The Design of Urban Manufacturing*，edited by Robert N. Lane and Nina Rappaport，212-219. New York: Routledge.

Ben-Joseph，Eran. 2005. *The Code of the City*: *Standards and the Hidden Language of Place Making*. *Urban and Industrial Environments*. Cambridge，MA: MIT Press.

Berger，Stefan. 2019. "Industrial Heritage and the Ambiguities of Nostalgia for an Industrial Past in the Ruhr Valley，Germany." *Labor* 16，no. 1: 37-64.

Beunderman，Joost，Alice Fung，Dan Hill，and Martyn Saunders. 2018. "Places that Work Delivering Productive Workspace and Homes in London's New Neighborhoods."

Brunell，Dieter，Filip De Rynck，Kristof Steyvers，and Herwig Reynaert.

2008. "The Impact of Local Governance on Local Government Leadership-Setting the Stage for a Pilot Case: Preliminary Hypotheses." Paper for the 58th Political Studies Association Annual Conference，Swansea，United Kingdom，April 1-3.

Chen Hua，Gao Ning，and Georges Albert. 2012. "From Village Construction to Regional Development: The Rural Cluster Development Model." *Journal of Zhejiang University* (*Humanities and Social Sciences*) 42，no. 3: 131-138.

City of Portland Bureau of Planning. 2003. "Central Eastside Industrial Zoning Study."

Curien，Rémi. 2014. "Chinese Urban Planning: Environmentalizing a HYPER-functionalist machine?" China Perspectives 2014，no. 3: 23-31.

Cutting Edge Planning & Design. 2018. "Does Live/Work? Problems and Issues Concerning Live/WorkDevelopment in London: A Report for the London Borough of Hammersmith and Fulham."

CZWG Architects. 2021. "Westferry Studios."

Drew，Paul. 2021. Interview with authors.

dRMM Architects. 2021. "Wick Lane，Integration of Industrial and Residential Mixed Use."

Duddy，Lindsay. 2018. "pH+ Architect's Iceland Wharf Creates a 'Flexible，Tethered，Living and Working Environment'." *Arch Daily*，November 3.

Etzkowitz，Henry. 2012. "Triple Helix Clusters: Boundary Permeability at University-Industry-Government Interfaces as a Regional Innovation Strategy." Environment and Planning C: Government and Policy.

EU University Business Cooperation (UBC).

2019. *Ruta N Medellín*: *From Drug Capital to Innovation Hub*.

GBL Architects. 2021. "Strathcona Village."

Gellynck, Xavier, and Bert Vermeire. 2009. "The Contribution of Regional Networks to Innovation and Challenges for Regional Policy." *International Journal of Urban and Regioral Research* 33, no. 3: 719-737.

General Manager of Planning and Development Services. 2012. "CD-1 Rezoning: 955 East Hastings Street." Development and Building Policy Report, Vancouver Council City.

Gianoli, Alberto, and Riccardo Palazzolo Henkes. 2020. "The Evolution and Adaptive Governance of the 22@ Innovation District in Barcelona." *Urban Science* 4, no. 16. DO1: 10. 3390/urbansci4020016.

Gruehn, Dietwald. 2017. "Regional Planning and Projects in the Ruhr Region (Germany)." In *Sustainable Landscape Planning in Selected Urban Regions*, edited by Makoto Yokohari, Akinobu Murakami, Yuji Hara, and Kazuaki Tsuchiya, 215-225. Tokyo: Springer Japan.

Harrison, John. 2020. "Seeing Like a Business: Rethinking the Role of Business in Regional Development, Planning and Governance." *Territory*, *Politics*, *Governance*.

Hatuka, Tali, Gili Inbar, Coral Hemo-Goren, and David Kambo-Maina. 2019. "Strategic Plan: Eastern Galilee as an Industrial Ecosystem, Submitted to the Kiryat Shmona Municipality." [Hebrew].

Hatuka, Tali, Gili Inbar, and Zohar Tal. 2020. "Synchronic Typologies: Integrating Industry and Residential Environments in the City of the 21th Century." [Hebrew].

Healey, Patsy. 2006. *Urban Complexity and Spatial Strategies*: *Towards a Relational Planning for Our Times*. London: Routledge.

Helper, Susan, Timothy Krueger, and Howard Wial. 2012. "Locating American Manufacturing: Trends in the Geography of Production." The Brookings Institution.

Helper, Susan, Elisabeth Reynolds, Daniel Traficonte, and Anuraag Singh. 2021. *Factories of the Future*: *Technology*, *Skills*, *and Digital Innovation at Large Manufacturing Firms*. Cambridge, MA: MIT.

Jonas, Andrew E. G. 2012. "Region and Place: Regionalism in Question." *Progress in Human Geography* 36, no. 2: 263-272.

Jones, Allison. 2014. "Industrial Decline in an Industrial Sanctuary Portland's Central Eastside Industrial District, 1981-2014." Master's Research Paper, Portland State University.

Keil, Andreas, and Burkhard Wetterau. 2013. *Metrop-olis Ruhr*: *A Regional Study of the New Ruhr*. Essen: Regionalverband Ruhr.

Kim, Minjee, and Eran Ben-Joseph. 2014. "Matching Supply and Demand: A Prospect on the Spatial Needs of Manufacturing Activities and Land Use Policy Implications." Paper for the Association of Collegiate Schools of Planning Conference, Philadelphia, PA, October 30 November 2.

Leigh, Nancey Green, and Nathanael Z. Hoelzel. 2012. "Smart Growth's Blind Side." *Journal of the American Planning Association* 78, no. 1: 87-103.

MacLeod, Gordon. 2001. "New Regionalism Reconsidered: Globalization and the Remaking of Political Economic Space." *International Journal of Urban and Regional Research* 25, no. 4: 804-829.

Mayer, Margit. 2008. "To What End Do We Theorize Sociospatial Relations?" *Environment and Planning D*: *Society & Space* 26, no. 3: 414-419.

Minner, Jenni. 2007. *The Central Eastside Industrial Dis trict*: *Contested Visions of Revitolization*. Portland, OR: School of Urban Studies and Planning, Portland State University.

Mistry, Nisha, and Joan Byron. 2011. "The Federal Role in Supporting Urban Manufacturing."

Palm, Matthew, and Deb Niemeier. 2017. "Achieving Regional Housing Planning Objectives: Directing Affordable Housing to Jobs-Rich Neighborhoods in the San Francisco Bay Area." *Journal of the American Planning Association* 83, no. 4: 377-388.

Pastor, Manuel. 2000. *Regions That Work*: *How Cities and Suburbs Can Grow Together*. Vol. 6 of *Globalization and Community*. Minneapolis, MN: University of Minnesota Press.

pH+ Architects. 2021. "Iceland Wharf and Fish Island, East London."

Planningand Development Department City of Detroit. 2019. "Eastern Market: Neighborhood Framework and Stormwater Management Network Plan."

Policy Link and Pere. 2015. "Equitable Growth Profile of the Research Triangle Region."

Ogundiya, Anne. 2018. "Planning Permission Report: Iceland Wharf, Fish Island, London E9 5HJ-18/00095/FUL." London Legacy Development Corporation. October 23.

Research Triangle Regional Partnership. 2020. "Our Region."

Reynolds, Elizabeth. 2017. "Innovation and Production: Advanced Manufacturing Technologies, Trends and Implications for U. S. Cities and Regions." *Built Environment Journal* 43, no. 1: 25-43.

Roach, Emily, and Karen Chapple. 2018. "Creating a Regional Program for Preserving Industrial Land: Perspectives from San Francisco Bay Area Cities, Institute of Transportation Studies,

Research Reports."

Rota, Miguel Barceló. 2005. "22@ Barcelona: A New District for the Creative Economy." In *Making Spaces for the Creative Economy*, edited by Waikeen Ng and Judith Ryser, 390-399. The Hague: ISOCARP(International Society of City and Regional Planners).

San Francisco Planning Department. 2002. "Industrial Land in San Francisco: Understanding Production, Distribution, and Repair."

Scott, Allen J. 2019. "City-Regions Reconsidered." *Environment and Planning A*: *Economy and Space* 51, no. 3: 554-580.

Searle, Glen. 2020. "Metropolitan Strategic Planning after Modernism." *Planning Theory & Practice*. 21, no. 2: 325-329.

Soja, Edward. 2000. *Postmetropolis*: *Critical Studies of Cities and Regions*. Malden, MA: Blackwell.

Soja, Edward. 2015. "Accentuate The Regional." *International Journal of Urban and Reqional Research* 39: 372-381.

Storper, Michael. 1997. *The Regional World*: *Territorial Developmentin a Global Economy*. New York: Guildford Press.

Swyngedouw, Eric. 1997. "Neither Global nor Local: 'Glocalization' and the Politics of Scale." In *Spaces of Globalizotion*, edited by K. R. Cox, 137-166. New York: Guildford Press.

Tholons. 2011. "Bridging Development: The Medellín Experience (Whitepaper)."

Utile. 2021. "Eastern Market: Neighborhood Framework and Stormwater Management Network Plan."

Weaver, Clyde. 1984. *Regional Development and the Local Community*: *Plarning, Politics, and Social Context*. New York: Wiley.

World Economic Forum. 2020. "The Future of Jobs Report 2020."